Die „Monographien zum Pflanzenschutz"

behandeln in einzelnen Heften tierische und pflanzliche Schädlinge, nicht-
parasitäre Krankheiten und allgemeine Fragen der Pflanzenschutzforschung.
Ihre Entstehung geht von der Tatsache aus, daß der Raum der Handbücher
bei dem heutigen Umfange der Forschung für eine ausreichende Behandlung
gerade der wichtigsten Gegenstände zu eng geworden ist, während die
Einzeltatsachen so zahlreich und in der Zeitschriftenliteratur so weit zer-
streut sind, daß es unmöglich ist, sie bei Bedarf in kurzer Zeit herauszufinden.

Daher sollen die „Monographien" die notwendige Sammelarbeit in
Abhandlungen leisten, die von Spezialforschern nach einheitlichem Plane
ausgeführt sind. Sie sollen sowohl erschöpfende Auskunft auf besondere
Fragen geben, wie auch als Grundlage für die weitere Forschungsarbeit
dienen, indem sie die bisherigen Kenntnisse nach der Gesamtliteratur wieder-
geben und etwaige Lücken in ihnen aufzeigen.

Aus diesen Richtlinien ergibt es sich von selbst, daß die Darstellung
neben der biologischen Beschreibung auch die unmittelbar praktischen Fragen
der Vorbeugung und Bekämpfung von Schäden in gleich gründlicher Weise
berücksichtigen wird. Die Monographien wenden sich daher nicht nur an
die beruflich im Pflanzenschutzdienst und im Unterricht Tätigen, sondern auch
an die weiteren Kreise der Praktiker und wollen damit der wissenschaftlichen
Forschung ebenso wie der praktischen Förderung des Pflanzenschutzes dienen.

Herausgeber und Verlag.

Monographien zum Pflanzenschutz

Herausgegeben von Professor Dr. H. Morstatt · Berlin-Dahlem

3

Die Forleule

Panolis flammea Schiff.

Von

Dr. Hans Sachtleben

Regierungsrat bei der Biologischen Reichsanstalt
für Land- und Forstwirtschaft, Berlin-Dahlem

Mit 35 Abbildungen im Text
und einer mehrfarbigen Tafel

Berlin

Verlag von Julius Springer

1929

ISBN 978-3-642-89091-8   ISBN 978-3-642-90947-4 (eBook)
DOI 10.1007/978-3-642-90947-4

Vorwort.

Das Zustandekommen der vorliegenden Arbeit steht im unmittelbaren Zusammenhange. mit der letzten Forleulenkalamität, bei der ich durch den Direktor der Biologischen Reichsanstalt für Land- und Forstwirtschaft, Herrn Geheimen Regierungsrat Professor Dr. APPEL, den Auftrag erhielt, die Biologie der Forleule und ihrer Parasiten zu untersuchen. Obwohl die Untersuchungen infolge des überraschenden Ausbrechens der Kalamität erst einsetzen konnten, als die Massenvermehrung schon den Höhepunkt überschritten hatte und im Abflauen begriffen war, konnten doch noch alle Möglichkeiten, Tatsachenmaterial zu sammeln, ausgenutzt werden, dank der unverzüglichen großen Förderung der Arbeiten durch das Reichsministerium für Ernährung und Landwirtschaft und durch die Leitung der Biologischen Reichsanstalt. Im besonderen ist es dem großen Interesse und der weitgehenden Hilfsbereitschaft der Herren. Ministerialdirektor STREIL, Ministerialrat Dr. STROHMEYER und Oberregierungsrat SCHUSTER zu danken, daß die Untersuchungen ungestört und in dem erforderlichen Umfange durchgeführt werden konnten. Herr Ministerialrat Dr. STROHMEYER hat mir auch alle Gelegenheiten für Beobachtungen und Untersuchungen im Reichsforstamt Zossen zugänglich gemacht und mir bei Exkursionen im Befallsgebiet aus seiner reichen wissenschaftlichen und praktischen Erfahrung wertvolle Ratschläge erteilt und Anregungen gegeben. Dank dem liebenswürdigen Entgegenkommen des Herrn Forstdirektor GRASSO (Forstverwaltung der Stadt Berlin) wurde mir die Möglichkeit zur Materialbeschaffung und Beobachtung in der Städtischen Oberförsterei Oberspree gegeben. Ich möchte nicht verfehlen, allen Förderern meiner Arbeit auch an dieser Stelle meinen Dank auszusprechen.

Berlin-Dahlem, im April 1929.

Dr. HANS SACHTLEBEN.

Inhaltsverzeichnis.

I. Historischer Überblick über die Forleulenkalamitäten.

Die ersten sicheren Nachrichten über das Auftreten der Forleule als Forstschädling liegen 200 Jahre zurück: Im Jahre 1725 trat sie in großen Massen in den Ansbachischen und Nürnbergischen Waldungen auf, befraß 250 ha und verursachte einen beträchtlichen Holzabstand, der bis 1734 währte. Auch vor dieser Zeit, schon Mitte des 15. Jahrhunderts, haben große Raupenplagen die mittelfränkischen Kiefernwaldungen heimgesucht; doch ist heute nicht mehr festzustellen, ob damals die Forleule oder eine andere Kiefernraupe: Kiefernspinner oder Kiefernspanner, vielleicht auch Nonne, gefressen haben. Schon 1760 wurde der Nürnberger Reichswald abermals von der Forleule befallen; seit dieser Zeit ist kein Jahrzehnt verstrichen, in dem nicht mindestens eine Massenvermehrung des Schädlings in Deutschland stattfand. Die größte Ausdehnung und den erheblichsten Schaden hat die letzte Forleulenkalamität gebracht, die sich in den Jahren 1922—1924 über weite Gebiete Nord- und Ostdeutschlands erstreckte. Dieser Massenfraß war neben den Nonnenverheerungen das größte Unheil, das die deutschen Nadelholzforsten betroffen hat; übertraf seine Ausdehnung und Auswirkung doch sogar die Schäden, die durch die früher am meisten gefürchtete „Kienraupe": den Kiefernspinner, verursacht worden sind.

Eine eingehende Geschichte der bayerischen Eulenkalamitäten gibt Berwigs Arbeit „Die Forleule in Bayern". Eine Zusammenstellung der Foreulenkalamitäten in Deutschland haben Wolff und Krausse (4, S. 51/52) veröffentlicht; weitere Angaben geschichtlicher Daten von Eulenmassenvermehrungen finden sich bei Ratzeburg (1, II, S. 175/176); Judeich und Nitsche (II, S. 937); Hess-Beck (S. 450), und König (8, S. 394).

Auf Grund dieser Zusammenstellungen und der in der Literatur zu findenden Berichte über einzelne Kalamitäten habe ich versucht, nachstehend ein möglichst vollständiges Verzeichnis der in Deutschland, Polen, der Tschechoslowakei, in Lettland, Litauen, Rußland und Holland eingetretenen Massenvermehrungen der Forleule aufzustellen, das aber wohl nicht nur für Deutschland, sondern auch besonders für die außerdeutschen Kalamitätengebiete, noch manche Lücke aufweisen mag. Neben der historischen Übersicht hat die Zusammenstellung den weiteren Zweck, die Gebiete aufzeigen, in denen bisher Forleulenkalamitäten aufgetreten sind, und so zugleich Material für das spätere Kapitel über die geographische Verbreitung der Forleule beizubringen.

1. Forleulenkalamitäten in Deutschland.

1725 Mittelfranken: Ansbachische und Nürnbergische Forsten: Wendelstein, Schwand, Raubersried, Sperberslohe, Dürrenhembach (KOB, S. I/II; LOSCHGE, S. 34; HENNERT, S. 31; ZINKE, S. 101; BECHSTEIN, S. 543; BERWIG, 2, S. 167).
Sachsen: Freiberg und andere Orte (HENNERT, S. 3 und 31).

1760 Mittelfranken: Nürnberger Reichswald (BERWIG, 2, S. 167).

1776/77 Brandenburg: Groß-Schönebecker Forst, Uckermark: Fraß auf vielen tausend Morgen (HENNERT, S. 4/5; RATZEBURG, 1, II, S. 176).

1779 Schlesien: Görlitzer Forsten (RATZEBURG, 1, II, S. 176).

1780 Württemberg (WOLFF u. KRAUSSE, 4, S. 51).

1781 Pommern: Anklamsche und Mitzelburgsche Forsten, Vorpommern (HENNERT, S. 6; RATZEBURG, 1, II, S. 176). Der Fraß dauerte vermutlich bis 1784; in diesem Jahre wird Forleulenauftreten in der Garzischen Stadtheide gemeldet: auf einer Quadratrute wurden 300 Puppen gezählt (HENNERT, S.6).

1783 Schlesien: Görlitzer Heide (Bechstein, S. 543: auf dem Brandrevier Schaden von 18 494 Klafter Holz; RATZEBURG, 1, II, S. 176).

1783/84 Mittelfranken: Ansbachische und Nürnbergische Forsten: Wendelstein, Schwabach, Schwand, Roth, Sperberslohe, Pyrbaum, Raubersried (KOB, S. II/IV; HENNERT, S. 31; ZINKE, S. 101/102; BECHSTEIN, S. 543: „über dreyhundert Morgen Kiefernholz zu Grunde gerichtet"; BERWIG, 2, S. 167).

1783/85 Brandenburg: Neumark, Kurmark (HENNERT, S. 5/10).
Pommern: Vorpommern (HENNERT, S. 5/10).

1791/94 Brandenburg: Die Kalamität erstreckte sich über ein Gebiet, das etwa von Potsdam bis zur Oder, von Ruppin und der Uckermark bis Kunersdorf, Friedersdorf und Kolpin reichte (HENNERT, S. 88/95; RATZEBURG, 1, II, S. 155 u. 176: „die traurige Zeit, von welcher alle Bücher erzählen").

1792 Schlesien: Görlitzer Forsten (RATZEBURG, 1, II, S. 176).

1801 Anhalt-Zerbst (BECHSTEIN, S. 543).

1802 Thüringen: Meininger Unterland bei Altenstein (BECHSTEIN, S. 543).

1807/08 Mittelfranken: Forstämter Forst und Schwabach (BERWIG, 2, S.167/168).

1806/08 Lausitz (KÖNIG, 8, S. 394).

1808 Mittelfranken: Forstämter Lellenfeld, Triesdorf, Ansbach, Gunzenhausen, Feuchtwangen (BERWIG, 2, S. 168/169).

1809/10 Oberpfalz: Forstämter Amberg, Etzenricht, Teublitz, Weiden (BERWIG, 2, S. 169: Große Waldstrecken wurden verheert und ganze Distrikte gänzlich verwüstet).

1815 Mittelfranken: Forstämter Dinkelsbühl, Forsthof, Lichtenhof, Feucht und Triesdorf (BERWIG, 2, S. 169/170).
Ostpreußen (RATZEBURG, 1, II, S. 176).

1815/16 Grenzmark: Schlochauer Forst (WOLFF u. KRAUSSE, 4, S. 51).

1817/18 Oberfranken: Forstamt Pegnitz (BERWIG, 2, S. 170).

1818 Mittelfranken: Forstamt Schwabach (BERWIG, 2, S. 170).

1818/19 Mittelfranken: Forstämter Erlangen, Forsthof, Lichtenhof, Feucht, Heideck (BERWIG, 2, S. 170).

1819/22 Mittelfranken: Forstamt Bamberg-Ost (BERWIG, 2, S. 170).
Oberfranken: Forstamt Kosbach (BERWIG, 2, S. 170).

1820/21 Brandenburg: Oberförsterei Grimmnitz (HAUSENDORFF, 1, S. 258).

1826 Brandenburg: Hohenfinower und Tramper Forsten, Oberbarnim (WOLFF u. KRAUSSE, 4, S. 51).

1827/28 Mittelfranken: Forstamt Lauf a. Holz (Berwig, 2, S. 170).
Hannover: Lüneburger Heide (Freiherr von Vietinghoff, 1, S. 247; 5, S. 138), „Hannoversches Flachland" (König, 8, S. 394); Lingen, Reg.-Bez. Osnabrück: 1828 (Ratzeburg, 1, II, S. 176).
1828 Mittelfranken: Forstämter Schwabach, Allersberg, Heideck (Berwig, 2, S. 171: „sehr bedeutender Fraß").
1830 und folgende Jahre: Pommern, Mecklenburg, Brandenburg: Uckermark, bei Berlin und bei Eberswalde (Ratzeburg, 1, II, S. 176).
1836/39 Mittelfranken: Forstamt Schwabach (Berwig, 2, S. 171: „Es mußten bis 1843 220 ha kahl abgetrieben werden").
Oberpfalz: Forstamt Amberg (Berwig, 2, S. 171).
1837 Westpreußen: Tucheler Heide, besonders Oberförsterei Schwied (König, S. 394; Lüderssen, S. 824; Wolff u. Krausse, 4, S. 51: Kahlfraß auf rund 600 ha).
Brandenburg: Charlottenburger Forst (Hartig, 1, S. 246).
Unterfranken: Aschaffenburg (König, 8, S. 394).
1837/39 Mittelfranken: Forstämter Erlangen, Heroldsberg, Herrenhütte, Behringersdorf, Nürnberg-Süd und -Ost, Lauf a. Holz, Fischbach, Feucht, Altdorf, Cadolzburg, Neustadt a. Aisch, Ansbach, Allersberg (Berwig, 2, S. 171/173)
1838 Oberpfalz: Forstämter Pressath, Grafenwöhr, Gmünd (Berwig, 2, S. 174).
1838/40 Oberpfalz: Forstamt Pyrbaum (Berwig, 2, S. 174: 3000 Klafter Materialausfall).
1844 Mittelfranken: Forstamt Lellenfeld (Berwig, 2, S. 174).
1844/45 Mittelfranken: Forstamt Dinkelsbühl (Berwig, 2, S. 174).
1845 Oberbayern: Forstamt München-Nord (Schleißheim) (Berwig, 2, S. 174: Lichtfraß auf 50 ha).
1845/46 Schlesien: Schelitzer Forsten (König, 8, S. 394; Wolff u. Krausse, 4, S. 51).
Oldenburg: Cloppenburg (Tubeuf, 1, S. 33 und Ratzeburg, 4, S. 1009, nach Negelein).
1846 Oberpfalz: Forstamt Pyrbaum (Berwig, 2, S. 175).
Oberfranken: Forstamt Pegnitz (Berwig, 2, S. 175).
1847 Mittelfranken: Forstamt Lichtenhof (Berwig, 2, S. 175).
1850/52 Schlesien: Katholisch-Hammer, Forsten des Fürstentums Trachenberg und der Standesherrschaft Mielitz (Bando, S. 274/275 u. 285/286; Buro; Wagner).
1857/59 Brandenburg (König, 8, S. 394).
Provinz Sachsen (König, 8, S. 394).
1857/59 Freistaat Sachsen: Staatsforstrevier Neudorf bei Dresden: 1857/58 (Willkomm, 1, S. 267/268); Seyda: 1858/59 (Berwig, 1, S. 110).
1859 Hessen: Darmstadt (Tubeuf, 1, S. 33 nach Döbner: 336 Acker fast völlig entnadelt, 9 000 000 Raupen, 840 000 Puppen gesammelt).
1860 Unterfranken: Aschaffenburg (Tubeuf, 1, S. 33 nach Döbner).
1863/64 Oberpfalz: Forstämter Grafenwöhr, Etzenricht, Vilseck, Weiden (Berwig, 2, S. 175).
1864/65 Brandenburg: Eberswalde (Wolff u. Krausse, 4, S. 51).
1866/68 Ostpreußen: Oberförstereien Grondowken, Nikolaiken, Guszianka, Johannisburg (Ratzeburg, 8, S. 288/289; Guse, S. 54).
Westpreußen: Oberförstereien Hagenort, Wilhelmswalde, Okonin, Wirthy (Bail, 1, S. 245; 3, S. 135); Schwiedt (Lüderssen, S. 824: 2356 ha befallen).
1867 Hessen: Oberförstereien Mönchbruch und Mönchhof (Main-Rheinebene) (Muhl).

1869 Mittelfranken: Forstämter Nürnberg-Ost und -Süd, Fischbach, Herren-
    hütte, Petersgmünd, Schwabach (BERWIG, 2, S. 175/176); Allersberg
    (GIGGLBERGER, S. 321/322).
    Oberpfalz: Forstamt Nittenau (BERWIG, 2, S. 175).

1872/74 Mittelfranken: Forstamt Allersberg (Warteibezirk Brunnau) (GIGGL-
    BERGER, S. 323).

1882/83 Vorpommern (ALTUM, 2, S. 696; WOLFF u. KRAUSSE, 4, S. 51).

1882/84 Oberpfalz: Forstämter Grafenwöhr und Wernberg (BERWIG, 2, S. 176:
    1883 größtenteils Kahlfraß, in einem Distrikt allein 400 ha).

1883 Brandenburg: Reg.-Bez. Frankfurt a. O.: Christianstadt, Jänschwalde,
    Lichtefleck, Potsdam, Hohenwalde, Cladow, Carzig (ALTUM, 2, S. 696).
    Schlesien: Reg.-Bez. Liegnitz: Hoyerswerda und benachbarte Gemeinde-
    und Privatwaldungen (ALTUM, 2, S. 696).

1883/84 Mecklenburg (WOLFF u. KRAUSSE, 4, S. 51).

1887 Schlesien: Bunzlau, Sprottau, Mallmitz, Primkenau (HESS-BECK, S. 462).

1888/89 Mecklenburg: Ludwigslust, Jasnitzer Wildbahn, Techentiner Revier
    (JUDEICH u. NITSCHE, II, S. 937; HESS-BECK, S. 462).
    Pommern: Saßnitz, Rügen (JUDEICH u. NITSCHE, II, S. 937).
    Oberfranken: Forstämter Bamberg-Ost, Kosbach, Zentbechhofen, Forch-
    heim (LANG, S. 25/29; BERWIG, 2, S. 177).

1889 Mittelfranken: Forstämter Petersgmünd, Gunzenhausen, Dinkelsbühl, Alt-
    dorf, Feucht, Lauf a. Holz, Behringersdorf, Herrenhütte, Cadolzburg, Lel-
    lenfeld (BERWIG, 2, S. 177/178).
    Oberpfalz: Forstämter Bodenwöhr und Kirchenthumbach (BERWIG, 2,
    S. 177).
    Pfalz: Forstamt Edenkoben (BERWIG, 2, S. 177: Kahlfraß auf 50 ha, star-
    ker, teilweise sehr starker Befall auf 400 ha, geringer Befall auf 300 ha).

1890/92 Oberpfalz: Forstämter Grafenwöhr, Vilseck, Wernberg, Freudenberg,
    Kirchenthumbach (BERWIG, 2, S. 178/179: im Forstamt Grafenwöhr er-
    folgte auf 835 ha teils Licht-, teils Kahlfraß).

1894/95 Pfalz: Forstamt Landstuhl (BERWIG, 2, S. 179: starke Fraßbeschädi-
    gungen auf 847 ha; 467 ha sind im ganzen licht- oder kahlgefressen).
    Unterfranken: Forstämter Großostheim und Aschaffenburg (FÜRST, S. 604
    u. 605; BERWIG, 2, 180).
    Hessen: Oberforstamt Seligenstadt (FÜRST, S. 604/605).

1900/02 Mittelfranken: Forstämter Heideck, Petersgmünd, Allersberg, Cadolz-
    burg (BERWIG, 2, S. 180: im Forstamt Heideck mußten 60 ha eingeschlagen
    werden, Materialanfall 32 000 fm).
    Oberpfalz: Forstämter Pyrbaum und Etzenricht (BERWIG, 2, S. 209).

1903 Hannover: Luss, Sprakensehl, Langeloh (ECKSTEIN, 2, S. 331).

1907 Schlesien (SCHULZ, 1, S. 742/743).

1911/13 Provinz Sachsen: Oberförsterei Schweinitz (BACKE, 1, S. 59/92: Förste-
    reien Hohenlobbesse, Wendlobbese u. Borgsdorf bei Görzke).

(1912?) 1913/14 Freistaat Sachsen: Forstbezirk Dresden (NEUMEISTER, S. 164);
    Staatsforstrevier Okrilla (SCHNEIDER, S. 389); Laussnitzer Heide und
    Revier Okrilla (PAUSE).

1912/14 Ostpreußen: Oberförstereien Guszianka und Cruttinen (ALLERS, S. 940);
    Oberförsterei Breitenheide (CONRAD u. KRECKELER, S. 83).
    Westpreußen und Posen: WOLFF u. KRAUSSE, 4, S. 52.

1913 Mittelfranken: Forstämter Heideck, Allersberg, Altdorf, Erlangen-Ost, Behringersdorf, Lellenfeld, Nürnberg-Ost und -Süd, Schwabach, Triesdorf, Cadolzburg, Feucht, Petersgmünd, Ipsheim, Gunzenhausen, Heilsbronn, Herrenhütte (BERWIG, 2, S. 205: 1843 ha Naschfraß, 347 ha Halbfraß, 248,6 ha Lichtfraß, 89,5 ha Kahlfraß).
Pommern (BOHNSTEDT, S. 607).

1919/20 Baden: Schwetzinger Hardt, Gemeindewaldungen Offersheim und Walldorf (Forstamt Wiesloch), Stadtwald Kaiserslautern (Krankheiten und Beschädigungen der Kulturpflanzen im Jahre 1920, S. 94/95).
Hessen: Oberförsterei Viernheim (GROOS, S. 868).
Pfalz: Forstämter Speyer, Hassloch, Frankenstein, Ramsen, Kaiserslautern-Ost, Landstuhl-Nord, Hohenecken, Hochspeyer (BERWIG, 2, S. 212/213: etwa 3000 ha Fraßfläche).
Mittelfranken: Forstämter Ansbach, Cadolzburg, Altdorf, Behringersdorf, Feucht, Herrenhütte, Nürnberg-Ost (BERWIG, 2, S. 214).
Oberpfalz: Forstämter Wernberg, Amberg, Etzenricht, Pressath, Neumarkt, Pfreimd, Arzberg (BERWIG, 2, S. 214/215).
Oberbayern: Forstamt München-Nord (BERWIG, 2, S. 214).

1921/24[1] Ostpreußen: 1921 Vorbereitungsjahr, 1922 Prodromalstadium, 1923 Eruptionsstadium, 1924 Abflauen. Kreis Johannisburg: Oberförstereien Rudczanny, Breitenheide, Guszianka, Johannisburg.
Niederschlesien: 1921 Vorbereitungsjahr, 1922 Prodromalstadium, 1923 und 1924 Eruptionsstadium. Kreise Liegnitz, Goldberg-Haynau, Bunzlau, Rothenburg, Hoyerswerda, Lüben, Glogau, Sprottau, Sagan, Freystadt, Grünberg.
Brandenburg: 1921 Vorbereitungsjahr, 1922 Prodromalstadium, 1923 und 1924 Eruptionsstadium, 1925 Abflauen. Kreise Sorau, Guben, Lübben, Lebus, Krossen, Züllichau-Schwiebus, Oststernberg, Landsberg a. W., Königsberg (N.-M.), Soldin, Friedeberg, Arnswalde, Angermünde, Oberbarnim, Niederbarnim, Ostprignitz, Beeskow, Teltow, Jüterbog, Berlin.
Grenzmark: Kreise Meseritz, Schwerin, Schneidemühl, Deutsch-Krone und Netzekreis.
Pommern: Kreise Neustettin, Dramburg, Naugard, Greifenhagen, Ückermünde.

Das Massenauftreten verteilte sich auf mehrere Hauptbefallsgebiete: ein Fraßgebiet beschränkte sich auf eine Anzahl Staatsoberförstereien der Johannisburger Heide in Ostpreußen; ein zweites erstreckte sich über ausgedehnte Flächen — Staats-, Kommunal- und Privatforsten — in den Provinzen Niederschlesien (Reg.-Bez. Liegnitz), Brandenburg (Reg.-Bez. Frankfurt a. O. und Potsdam, sowie Berlin) und Grenzmark, und setzte sich — von mancher Seite als drittes Befallsgebiet betrachtet — bis in einzelne Kreise der Provinz Pommern (Reg.-Bez. Stettin und Köslin) fort.

Nach LEMMEL (S. 904/905) waren für den Wald aller Besitzarten im ganzen 170 000 ha Kahlfraß und 320 000 ha Teilfraß anzunehmen. Nach KÖNIG (8, S. 397) ergaben die Erhebungen des Landwirtschaftsministeriums

---

[1] Bei der großen Ausdehnung der Kalamität ist es nicht möglich, die einzelnen Fraßbezirke hier aufzuzählen. Ich führe daher nur die Kreise an, in denen Forleulenfraß eintrat. Einzelangaben über die Fraßbezirke, Ausdehnung des Fraßes und des Schadens finden sich mit Angabe der Belegstellen in meiner Zusammenstellung „Das Auftreten der Forleule in den Jahren 1922 bis 1924", S. 376 bis 383, mit Karte (Sachtleben, 2).

für den Preußischen Staatswald 83 921 ha Kahlfraß und 125 737 ha Teilfraß, mithin eine Fraßfläche von 209 658 ha. LEMMEL schätzte den Einschlag im Staatswald auf 4,7 Millionen Festmeter Derbholz, davon 3,5 Millionen Festmeter Nutzholz; im Privatwald auf 7,3 Millionen Festmeter Derbholz, davon 4,4 Millionen Festmeter Nutzholz. Mithin im ganzen auf 12 Millionen Festmeter Derbholz mit einer Nutzholzausbeute von 7,9 Millionen Festmeter.

2. Forleulenkalamitäten im Ausland.

a) Polen[1].

1842 Wilna (KÖPPEN, S. 376).

1866/67 Grodno (KÖPPEN, S. 377).

1890 Nordwestgalizien (WOLFF u. KRAUSSE, 4, S. 52).

1921/23 In den an Polen abgetretenen Teilen der ehemaligen deutschen Provinzen Posen und Westpreußen (Neustadt, Thorn, Dirschau, Tuchel, Schwetz, Stargard, Zempelburg, Putzig, Berent, Karthaus, Mewe, Graudenz, Soldau, Konitz, Kulm, Strasburg, Löbau, Briesen, Bromberg, Hohensalza, Lissa, Schrimm, Obernik, Birnbaum, Czarnikau, Mogilno, Wongrowitz, Kolmar, Neutomischel), Augustow, Grajewo sowie außerdem Wilna (MOKRZECKI, 2, S. 96/124).

b) Tschechoslowakei.

1913 Nordböhmen: zwischen Jungbunzlau und Böhmisch-Leipa: Herrschaften Weißwasser, Kosmanos und Reichstadt (SEDLACZEK, 1, S. 94/95); Woleschna (NESCHLEBA); Nordböhmen (BOHUTINSKI).

1922 (MACAL, S. 177).

c) Lettland.

1842 Neugut, Tauerkaln, Seezen, Baldohn (KÖPPEN, S. 375).

1914/15 Riga (RODZIANKO, 1 u. 2).

1923 (Rep. Inst. Plant Prot.).

d) Litauen.

1922/24 Tauroggen, Orany (MOKRZECKI, 2, S. 16).

e) Rußland.

1827 Kiefernwälder zu beiden Seiten der Düna in den Gouvernements Witebsk und Kurland (KÖPPEN, S. 375).

1837 Gouvernement Kiew: Revier Tripolje (KÖPPEN, S. 376).

1842 Gouvernement Kiew (KÖPPEN, S. 376).

1852 Gouvernement Twer (KÖPPEN, S. 376).

1862 Gouvernement Nishni-Nowgorod: Balachna (KÖPPEN, S. 377).

1866 Gouvernement Pensa: Gorodistsche, Gouvernement Wladimir: Wjasniki & Ssudogda und Gouvernement Moskau (KÖPPEN, S. 367/377).

---

[1] Bei MOKRZECKI (2, S. 94/124) findet sich offenbar eine eingehende Darstellung, die mir aber bis auf die in Tabellen und auf einer Karte niedergelegten Daten über 1921/23 nicht lesbar ist. — Über das frühere Auftreten in den ehemals deutschen, an Polen abgetretenen Gebieten, vgl. unter Deutschland.

1915 Uralgebiet (Kolossow), Wolhynien (KSENJOPOLSKI).
1924 Gouvernements Viatka (REICHARDT, S. 49), Nishni-Nowgorod (VORONTZOW, S. 389), Ivanow-Voznesenski (KAZANSKI).

f) Holland.

1843/45 Utrecht: Vuursche, Soest, Zeist, Driebergen (VERLOREN, 1, S. 105; 2, S. 132; RITZEMA BOS, S. 56).
    Gelderland[1] (RITZEMA BOS, S. 55/56 u. 58: 2269,80 ha befressen, 985,05 ha vernichtet).
1889 Gelderland: Otterloo und Ede (RITZEMA BOS S. 60: schwacher Fraß zusammen mit Nonne).
1901/02 Gelderland: Arnhem, Bennekom, Epe; Overijsel, Utrecht (RITZEMA BOS, S. 60).
1919 Overijsel, Gelderland, Utrecht, Nord-Brabant[1] (RITZEMA BOS, S. 50/53); Austerlitz (HESSELINK, S. 305).

II. Name und systematische Kennzeichnung.

Die wissenschaftliche Benennung der Forleule hat verschiedene Wandlungen durchgemacht.

Als Gattungsnamen findet man in der Literatur: *Noctua* L., *Trachea* HB. und *Panolis* HB. Alle Eulenschmetterlinge, die heute die große in viele Gattungen zerfallende Familie *Noctuidae* bilden, wurden früher als Gattung *Noctua* bezeichnet. Noch bei RATZEBURG (1, II) bildet *Noctua* L. (Eulen) eine alle forstlich wichtigen Eulen umfassende Untergattung der Gattung *Phalaena* L. (Nachtschmetterlinge). Nach dem damaligen Brauch tragen daher alle Eulen die Bezeichnung „*Phalaena Noctua*" mit dem folgenden Artnamen, z. B. *Phalaena Noctua nupta* LINN. oder *Phalaena Noctua piniperda* PANZ. Als mit der fortschreitenden systematischen Aufteilung die Familie *Noctuidae* geschaffen und in zahlreiche Gattungen zerlegt wurde, stellte man häufig die Forleule zur Noctuidengattung *Trachea* HB. Die morphologischen Kennzeichen der Gattung *Trachea* HB. in ihrer heutigen Begrenzung treffen jedoch auf die Forleule in vielem nicht zu: so ist besonders bei der Forleule die Behaarung des Rückens nicht mit glatten Schuppen vermischt wie bei *Trachea* HB. Die Forleule bildet heute wegen ihrer gestaltlichen Besonderheiten eine eigene Gattung: *Panolis* HB. Die Merkmale dieser Gattung sind: Augen klein, nierenförmig, Palpen sehr kurz, nicht bis zum Ende des Stirnschopfes reichend, lang und rauh behaart; Endglied der Palpen undeutlich; Fühler der ♂♂ mit dicht bewimperten Kammzähnen, Kopf und Brust nur mit Haaren bedeckt; Schienen von langen Haaren gesäumt (HAMPSON, S. 461, SPULER, I., S. 242, HERING, S. 67).

---

[1] Ausführliche Angaben über die befressenen Reviere und die Ausdehnung des Schadens bei RITZEMA BOS, S. 50/53 u. S. 58.

Auch der wissenschaftliche Artname hat mehrfach gewechselt. In der älteren Literatur, besonders in den Arbeiten der früheren Forstzoologen, wurde die Forleule zumeist als (*Noctua*) *piniperda* PANZ. bezeichnet. Seitdem man bemerkte, daß ein älterer Name von GOEZE: (*Noctua*) *griseovariegata* vorhanden war, wurde die Kieferneule unter dieser Bezeichnung geführt. Als ältester und damit gültiger Artname der Forleule wird heute der von SCHIFFERMÜLLER (und DENIS) 1776 gegebene: (*Noctua*) *flammea* angesehen.

Dem Namen ist nur der kurze Zusatz „Blaßgoldfarbene rotgewässerte E." (= Eule) beigefügt. Wenn man die vorhergehenden Arten (z. B. „Viereichen-Eule", „Himbeer-Eule") betrachtet, könnte man versucht sein, den kurzen Zusatz nur als deutschen Namen des Tieres anzusehen. *Noctua flammea* SCHIFF. wäre dann ein Name ohne genügende Kennzeichnung und Beschreibung. Andererseits ist allerdings in dem Zusatz die bezeichnende Färbung der Forleule gut getroffen. Auch wurde SCHIFFERMÜLLERS Name durch HÜBNER gedeutet, der unter Hinweis auf das „Wiener Verzeichnis" und unter Verwendung des Namens *flammea* eine eingehende Beschreibung des Falters und eine kenntliche Abbildung gegeben hat (HÜBNER, S. 166, Abb. *Noctuidae*, Nr. 91). Bedauerlicherweise ist hierbei ein Druckfehler unterlaufen: die Tafelabbildung trägt — wie aus dem Text hervorgeht versehentlich! — die Bezeichnung *ochroleuca*, da ihre Unterschrift mit der Bezeichnung von Abb. 92 verwechselt ist; man findet daher gelegentlich *ochroleuca* als Synonym von *flammea* zitiert.

Ein weiterer, bisher offenbar noch nicht beachteter, bereits 1777 veröffentlichter Name für die Forleule scheint mir SCOPOLIS *Noctua griseovaria* zu sein:

„8) — *griseovaria. Alae lineis transversis undulatis aut denticulatis. Larva nuda, viridula, linea latera lipallidiore. Pupa sepulta, Ph. Chi & c."* (SCOPOLI, S. 420).

Vielleicht hat diese Bezeichnung den zeitlich nunmehr folgenden Namen *Noctua griseovariegata* veranlaßt, der 1781 von GOEZE (S. 250) gegeben wurde.

Die Forleulenkalamitäten der achtziger Jahre des 18. Jahrhunderts lenkten die Aufmerksamkeit auf den Schädling, so daß er 1786 unter drei verschiedenen Namen beschrieben wurde: von PANZER (S. 51) als *Noctua piniperda* und von PAYKULL (mit einer eingehenden, ausgezeichneten Beschreibung, S. 60/64) als *Noctua telifera*; der dritte Name *Phalaena pinastri* BRAHM (S. 144) ist, wie der Autor selbst anführt (S. 167), ein Irrtum: „die oben angemerkte *Phalaena Pinastri* ist nicht die LINNAEische *Pinastri*, sondern irrig mit diesem Namen belegt worden".

1787 gibt FABRICIUS (S. 124) den Namen *Bombyx spreta*, obgleich ihm, wie aus dem Zitat hervorgeht, PANZERS *piniperda* bekannt war;

auf S. 164 wird von FABRICIUS außerdem eine *Noctua flamma* beschrieben, die nach dem Zusatz „*Habitat in Austria Mus. Dom.* SCHIEFFER-MYLLER" und der Beschreibung ebenfalls unser Tier zu sein scheint („*maculis ordinariis confluentibus*" deutet auf die von BRUNDIN beschriebene Aberration *insulata* hin).

1789 erhält die Forleule von VILLERS (S. 278) den Namen *Noctua pini.* THUNBERG benennt 1792 (S. 55) eine Eule *Noctua porphyrea* unter Bezug auf *Bombyx spreta* F. und mit der Kennzeichnung „*alis deflexis, carneo luteoque variis, stigmatibus albis*". Sie kann wohl ebenfalls als *Panolis flammea* SCHIFF. gedeutet werden. (Eine *Noctua porphyrea* ist jedoch bereits 1776 von SCHIFFERMÜLLER, S. 83, beschrieben worden.)

Die Synonymie von *Panolis flammea* SCHIFF. ist somit folgende:

Noctua flammea SCHIFFERMÜLLER, Systematisches Verzeichnis der Schmetterlinge der Wienergegend, S. 87, Wien 1776.

Noctua griseovaria SCOPOLI, Introductio ad Historiam Naturalem, p. 420, Pragae 1777.

Noctua griseovariegata GOEZE, Entomologische Beyträge zu des Ritters LINNÉ zwölften Ausgabe des Natursystems, Dritten Theiles Dritter Band, S. 250, Leipzig 1781.

Noctua piniperda PANZER IN KOB: Die wahre Ursache der Baumtrockniss der Nadelwälder durch die Naturgeschichte der Forlphaläne (Phalaena Noct. Piniperda), S. 51, Nürnberg 1786.

Noctua telifera PAYKULL, Kongl. Vetenskaps Academiens Nya Handlingar, Tom. VII, p. 60/64, Stockholm 1786.

Phalaena pinastri BRAHM (errore!), Neues Magazin für die Liebhaber der Entomologie, Dritten Bandes Zweytes Stück, S. 164 (u. S. 167), Zürich 1786.

Bombyx spreta FABRICIUS, Mantissa Insectorum, Tom. II, p. 124, Hafniae 1787.

Noctua flamma FABRICIUS, Mantissa Insectorum, Tom. II, p. 164, Hafniae, 1787.

Noctua pini VILLERS, CAROLI LINNAEI Entomologia, Faunae Suecicae Descriptionibus Aucta, Tom. II, p. 278, Lugduni 1789.

? *Noctua porphyrea* THUNBERG, Dissertatio Entomologica sistens Insecta Suecica, IV, p. 55, Upsaliae 1792.

Für „Varietäten" oder „Aberrationen" sind folgende Namen vergeben worden (vgl. Abschnitt Gestalt und Färbung):

Panolis piniperda PANZ. var. *grisea* TUTT, The British Noctuidae, vol. II, p. 129, London 1892.

Panolis griseovariegata GOEZE ab. *insulata* BRUNDIN, Entomologisk Tidskrift, Årg. 46, p. 36, Stockholm 1925.

Panolis flammea GOEZE ab. *W. Lomnickii* Mokrzecki, Strzygonia Choinówka (*Panolis flammea* SCHIFF.), p. 13, Warszawa 1928.

Als Volksnamen von *Panolis flammea* Schiff. konnte ich feststellen:

Forl- oder Kieferraupe (Loschge), Grauschecke (Goeze, S. 250), Forlphaläne (Kob), Forleulenphalene (Esper, S. 343), Forleule (Borkhausen, S. 445), Forelphalene, Föreneule (Hennert, S. 31), Fohreneule, Waldverderbernachtfalter (Zinke, S. 101), Forleule, Kieferneule, Förcheneule (Bechstein, S. 541), Forleule, Kieferneule, Föhreneule, Katzeneule, große grüne Raupe, orangestreifige Raupe, Waldverderber (Ratzeburg 1, II, S. 171), Eule (Ratzeburg, 9, S. 178).

Schweden: Tallflyet (Trägårdh, S. 140); Polen: Strzygonia choinówka (Mokrzecki, 2, S. 13); Frankreich: Noctuelle Pityphage, La Pityphage (Duponchel, S. 436), Noctuelle piniperde (Barbey, S. 311); Italien: Nottua del Pino (Cecconi, S. 72); Japan: Matsu-no-aomushi (Matsumura, S. 367).

Die heute ausschließlich verwendeten deutschen Namen sind Forleule und Kieferneule; auch spricht man in Forstkreisen in der Regel schlechtweg von der „Eule". Der Name Forleule ist aus der süddeutschen Bezeichnung „Forle" für Kiefer entstanden.

III. Geographische Verbreitung.

Die bisherigen Beobachtungen, Angaben und Versuche haben gezeigt, daß die Fraßpflanze der Forleulenraupe die Kiefer *Pinus silvestris* L. ist. Fraß an anderen Kiefernarten wurde nur gelegentlich, an wenigen anderen Pflanzen nur in der Not festgestellt (näheres hierüber im Abschnitt „Lebensweise"). Das Vorkommen einer ausschließlich an eine Wirtspflanze gebundenen Tierart, wie der Forleule, ist von der Verbreitung dieser Fraßpflanze abhängig.

Die Grenze des Verbreitungsgebietes von *Pinus silvestris* L. kann nach Willkomm (2, S. 201/203), Kirchner (in Kirchner, Loew, Schröter, S. 176/177) und Rubner (S. 217/218) in großen Zügen verfolgt werden: Nordwestküste Norwegens bei 70° n. Br., Porsanger Fjord, Enontekis (Lappland), Enaresee, Pasvig Fjord, mitten durch die Halbinsel Kola, unter dem 65. Grad n. Br. durch Nordrußland zum Ural; Sibirien südlich des Polarkreises (am Ob und Jennisei nahe an diesen heranrückend; im Lenagebiet südwärts sinkend und im Osten dieses Stromes den 64. Grad n. Br. nicht mehr überschreitend); am Südabhange des Wershojanskischen Gebirges, etwa unter 135° ö. L., östlichster Punkt; Stanowojgebirge, Gebiet der Seja, oberer Amur, Daurien, Baikalgebiet, Altai; nördlich Orenburg am Ural etwa unter 52° n. Br., im Gouvernement Tula ungefähr 54°30′ n. Br.; südöstlich von Charkow bis etwa 49° südwärts dringend, Kiew weit nördlich lassend, nach Westen streichend und etwa unter 50° n. Br. die Grenze von Galizien schneidend; Siebenbürgen, Kronstadt, Karpathenbogen, Kopaonikgebirge, Dalmatien, Kroatien, Illyrien, Venetien, Lombardei, Ligurischer Apennin, Seealpen, Cevennen, Auvergne, Ostpyrenäen, Catalonien; Gebirge von Süd-Aragonien und Nord-Valencia, Sierra Nevada (südlichster Punkt im ganzen Kieferngebiet), Gebirge von Avila und Leon, (über das Meer verlängert gedacht) Hoch-Schottland, Nordwestküste Norwegens.

Innerhalb dieses Verbreitungsgebietes von *Pinus silvestris* L. ist durch das Vorkommen der Nahrungspflanze Lebensmöglichkeit für die Forleule gegeben, falls klimatische Bedingungen nicht beschränkend eingreifen.

Ein vollständiges Bild der geographischen Verbreitung der Forleule läßt sich aus der bisher veröffentlichten faunistischen Literatur nicht geben; insbesondere liegen über das Vorkommen in dem zum paläarktischen Faunengebiet gehörenden Teil Asiens nur spärliche Angaben vor. Die Grenzen des paläarktischen Gebietes werden von der Forleule ebensowenig wie von *Pinus silvestris* L. überschritten.

Nach SPULER (I, S. 242) findet sich die Kieferneule „im nicht polaren Nord- und in Mitteleuropa, südlich bis Katalonien, Südfrankreich, Mittelitalien, Südwestrußland und bis ins Wolgagebiet (auch in Japan, wohl weiter verbreitet durch Asien)". HAMPSON (S. 462) gibt als Verbreitungsgebiet an: „Britain, Forres (SALVAGE), England, LEECH Coll.; France, SAND Coll.; Germany, ZELLER, FREY, and LEECH Coll.; Switzerland; Spain, Catalonia; N. Italy; S. W. Russia; Japan (PRYER)."

Als Belege über das Vorkommen in diesem Verbreitungsgebiet seien folgende Literaturstellen genannt:

Norwegen: Südnorwegen (LAMPA, S. 72).

Schweden: (TULLGREN u. WAHLGREN, S. 139); Süd- und Mittelschweden bis Jämtland (LAMPA, S. 72; TRÄGÅRDH, S. 140); Uppland (PAYKULL).

Dänemark: Seeland, Jütland (LAMPA, S. 72).

Schottland: (TUTT, S. 129).

England: (TUTT, S. 129).

Holland: (VERLOREN, 1, S. 105; 2, S. 132; RITZEMA BOS, S. 50/53, 58, 60).

Deutschland: (vgl. S. 2/5).

Schweiz: (KELLER, 1, S. 99; 2, S. 10; BARBEY, S. 313).

Frankreich: (BARBEY, S. 313).

Spanien: (AULLÓ y COSTILLA); südlich bis Katalonien (CECCONI, S. 72).

Italien: (CECCONI, S. 72).

Jugoslavien: Bosnien (REBEL, S. 335).

Bulgarien: (BACHMETJEW, S. 436).

Rumänien: Brosteni-Barnar und Bukowina (SALAY, S. 145); Herkulesbad und Siebenbürgen (REBEL, S. 335).

Ungarn: Nord- und Mittelungarn (SALAY, S. 145; REBEL, S. 335).

Tschechoslowakei: (BOHUTINSKI; NECHLEBA; SEDLACZEK, 1, S. 94/95; MACAL).

Polen: (KÖPPEN, S. 376/377; SALAY, S. 145; KÉLER; SITOWSKI, 1, S. 1/3; PETERSEN, S. 62; MOKRZECKI, 2, S. 94/124).

Litauen: (MOKRZECKI, 2, S. 16).

Lettland: (KÖPPEN, S. 375; RODZIANKO, 1, 2; PETERSEN, S. 62; Rep. Inst. Plant Prot.; MOKRZECKI, 2, S. 15/16).

Esthland: PETERSEN, S. 199).

Finnland: (LAMPA, S. 72, PETERSEN, S. 62); bis zum 63. Grad n. Br. (MOKRZECKI, 2, S. 14).

Rußland: Gouvernement Leningrad (KÖPPEN, S. 372; PETERSEN, S. 62);
Gouvernement Pskow (PETERSEN, S. 62);
Gouvernement Witebsk (KÖPPEN, S. 375);

Gouvernement Twer (Köppen, S. 376);
Gouvernement Moskau (Köppen, S. 377);
Gouvernement Wladimir (Köppen, S. 372, 377);
Gouvernement Iwanowo-Wosnessensk (Kazanski, Mokrzecki, 2, S. 15);
Gouvernement Wjatka (Kardakoff[1]; Petersen, S. 62; Mokrzecki, 2, S. 14; Reichardt, S. 49);
Gouvernement Nishegorod (Vorontzow, S. 389; Mokrzecki, 2, S. 14/15);
Gouvernement Pensa (Köppen, S. 376);
Gouvernement Kasan (Petersen, S. 62);
Gouvernement Wolhynien (Ksenjopolski);
Gouvernement Kijew (Köppen, S. 376).

Uralgebiet: (Kolossow); Jekaterinenburg (Kardakoff[1]).

Sibirien: Minussinsk (Mokrzecki, 2, S. 15); Ussurigebiet: Umgebung von Wladiwostock (Kardakoff[1]).

Japan: (Matsumura, S. 366/367); Yokohama (Pryer, S. 89); Yokohama, Gifu (Leech, S. 511).

Bei einem Vergleich der Verbreitungsgebiete von *Panolis flammea* Schiff. und *Pinus silvestris* L. erkennt man, daß beide — wenigstens in Europa — weitgehend übereinstimmen. Beobachtungen oder Untersuchungen über die Einwirkung des Klimas auf die geographische Verbreitung der Forleule liegen bisher nicht vor. Doch scheint es, als ob sich klimatische Bedingungen in der Ausdehnung der Forleule nach Norden und Süden, wo sie nicht bis zur Kieferngrenze reicht, geltend machten: In Nordeuropa geht die Kiefer bis etwa 70^0 n. Br., die Forleule nur bis 63^0; in Spanien erreicht die Südgrenze der Kiefer die Sierra Nevada, die Forleule soll, wenn die bisherigen Angaben in der Literatur vollständig sind, nur bis Katalonien gehen.

Über das Vorkommen der Forleule im paläarktischen Asien ist bisher sehr wenig bekannt. Spuler vermutet, daß ihr Auftreten in Japan auf eine weitere Verbreitung in Asien schließen lasse. Eine Bestätigung findet diese Vermutung durch die Angabe Mokrzeckis, daß die Forleule im Minussinskgebiet vorkommt, und die mir mündlich gemachte Mitteilung Kardakoffs, daß die Forleule von ihm in der Umgebung Wladiwostocks gesammelt worden ist.

Auf welcher Kiefernart sich *Panolis flammea* Schiff. in Japan findet, habe ich nicht feststellen können. Matsumura führt als „Futterpflanze: Kiefer" an. Zu vermuten ist, daß dort die japanische Rotkiefer, *Pinus densiflora* Sieb. & Zucc. (wohl nur eine Rasse des Formenkreises *Pinus silvestris* L.) die Fraßpflanze ist. Das Vorhandensein eines japanischen Vulgärnamens für die Forleule spricht dafür, daß sie dort einheimisch und nicht eingeschleppt ist.

Eine Verschleppung der Forleule scheint mir überhaupt im Hinblick auf ihre Lebensweise wenig wahrscheinlich zu sein. Zur Zeit des Versendens von Coniferen befindet sich die Forleule im Puppenzustand; auch kommen in der Regel nur junge Kiefernpflanzen zum Versand; ein Auftreten der Forleule in Kulturen

---

[1] Nach mündlicher Mitteilung von Herrn N. Kardakoff, Berlin-Charlottenburg.

kommt nur bei Kalamitäten vor, in Pflanzgärten und Baumschulen auch dann nur, wenn sie in der Nähe von älteren Kiefernbeständen liegen.

Bei der Besprechung der Verbreitung der Kiefer und der Forleule wird man den Widerspruch gefunden haben, daß England nicht zum Verbreitungsgebiet der Kiefer gehört, die Forleule aber dort vorkommt; das gleiche gilt für Seeland (Dänemark). Sowohl auf Seeland als auch in England ist die Kiefer (in England bezeichnenderweise „Scots Pine" genannt) künstlich angeforstet (Rate of Growth of Conifers in the British Isles, S. 44/50; Growth and Yield of Conifers in Great Britain, S. 97/98). Die ursprünglichen Kieferngebiete liegen hier so nahe, daß eine Verbreitung durch Überflug nicht ganz ausgeschlossen erscheint.

Wie die Verbreitung einer monophagen Tierart an die Verbreitung ihrer Fraßpflanze gebunden ist, kann auch das Massenauftreten eines monophagen Schädlings nur dort stattfinden, wo ausgedehnte Bestände der Fraßpflanze vorhanden sind. Die Gebiete, in denen Forleulenkalamitäten aufgetreten sind, wurden in der Einleitung im einzelnen aufgezählt. Sie fallen zusammen mit den Gegenden, in denen die Kiefer reine Bestände in großer Ausdehnung bildet; sei es, daß sie auf ausgedehnten Strecken — über ganze Provinzen hin — als Holzart vorherrscht, sei es, daß sie in Gegenden mit verschiedenen Holzarten wenigstens größere zusammenhängende Bestände bildet (vgl. auch RATZEBURG, 4, S. 954 bis 957). Legt man für die Ausdehnung und Bezeichnung der Kiefergebiete in Deutschland die von WERTH entworfene Waldkarte (WERTH, Karte VII) zugrunde, so fallen in das „Norddeutsche Kieferngebiet" (14—39% Waldfläche) die ausgedehnten Forleulenkalamitäten in den Provinzen Brandenburg, Grenzmark-Posen-Westpreußen, Niederschlesien (Kreise Hoyerswerda, Rothenburg, Sagan, Görlitz, Bunzlau, Sprottau, Freystadt, Grünberg, Glogau, Lüben, Goldberg-Haynau, Liegnitz, Militsch und Trebnitz), Ostpreußen (Kreis Johannisburg: Oberförstereien Grondowken, Nikolaiken, Guszianka, Johannisburg, Rudczanny, Breitenheide); im Norddeutschen Kieferngebiet haben Massenvermehrungen der Forleule in geringeren Ausmaßen in Mecklenburg (Ludwigslust, Jasnitz, Techentin), Anhalt (Zerbst), Sachsen (Dresden), in der Lausitz und in der Lüneburger Heide stattgefunden. (Freiberg, das aus dem Jahre 1725 als Ort einer Forleulenkalamität gemeldet wird, gehört nach der heutigen Waldverbreitung zum Mitteldeutschen Fichtengebiet.) Zum „Mittelfränkischen Kieferngebiet" (30—40% Waldfläche) gehören die so häufig von Forleulenplagen heimgesuchten mittel- und oberfränkischen Forstämter (Mittelfranken: Forstämter Allersberg, Altdorf, Ansbach, Behringersdorf, Cadolzburg, Dinkelsbühl, Erlangen, Feucht, Feuchtwangen, Fischbach, Forst, Forsthof, Gunzenhausen, Heideck, Heilsbronn, Heroldsberg, Herrenhütte, Ipstein, Lauf a. Holz, Lellenfeld, Lichtenhof, Neustadt a. Aisch, Nürnberg-Ost und -Süd, Petersgmünd, Triesdorf; Oberfranken: Forstämter Bamberg-Ost, Forchheim, Kosbach, Pegnitz, Zentbechhofen). Im „Oberrheinischen Kieferngebiet" (32 bis

43% Waldfläche) lagen die Massenvermehrungen in der Pfalz (Forstämter Edenkoben, Frankenstein, Haßloch, Hochspeyer, Hohenecken, Kaiserslautern-Ost, Landstuhl, Landstuhl-Nord, Ramsen, Speyer), Baden (Schwetzinger Hardt, Gemeindewaldungen Offersheim und Walldorf [Forstamt Wiesloch], Stadtwald Mannheim), in Hessen (Oberförstereien Mönchbruch und Mönchhof, Oberforstamt Seligenstadt) und Unterfranken (Forstämter Großostheim und Aschaffenburg).

Im „Oberpfälzischen Kiefern-Fichtengebiet" sind die Kiefernreviere wiederholt und stark vom Forleulenfraß heimgesucht worden (Forstämter Amberg, Arzberg, Bodenwöhr, Etzenricht, Freudenberg, Gmünd, Grafenwöhr, Kirchenthumbach, Neumarkt, Nittenau, Pfreimd, Pressath, Pyrbaum, Teublitz, Vilseck, Weiden, Wernberg). Ebenso sind die Massenvermehrungen der Forleule in den Kiefernbeständen des zum „Südbaltischen Kiefern-Laubholzgebiet" gehörenden Teiles der Provinz Pommern aufgetreten (1922/24: Kreis Neustettin: Oberförsterei Freierswald, Pinnow, Stadtforst Ratzebuhr, Forsten Hasenfier, Plinitz, Zamborst, Briesewitz und Burzen; Kreis Dramburg: Oberförsterei Balster; Kreis Naugard: Oberförstereien Friedrichswalde und Pütt; Kreis Greifenhagen: Karlshof; Kreis Ückermünde: Oberförstereien Eggesin und Neuenkrug, Torgelow, Mützelburg, Rieth und Ziegenort; 1781/84: Anklamsche und Mützelburgsche Forsten). Im „Oberschlesischen Kiefern-Fichtengebiet" liegen die 1845/46 heimgesuchten Schelitzer Forsten.

Vereinzeltes starkes Auftreten der Forleule in Kiefernbeständen außerhalb des großen „Norddeutschen Kieferngebietes", des „Oberpfälzischen und Oberschlesischen Kiefern-Fichtengebietes" oder der Kiefern-Laubholzgebiete hat stattgefunden auf der zum „Südwestbaltischen Buchengebiet" gehörenden Insel Rügen (Garzische Stadtheide und Saßnitz), im „Mitteldeutschen Fichtengebiet" (Meininger Unterland), im „Süddeutschen Fichtengebiet" (Oberbayern: Forstamt München-Nord: Schleißheim) und im „Norddeutschen Heidegebiet" (Lingen, Reg.-Bez. Osnabrück).

Auch die Forleulenkalamitäten außerhalb Deutschlands fallen in Gebiete mit ausgedehnten Kiefernbeständen, die in Nordwestpolen noch im „Norddeutschen Kieferngebiet" liegen; die von der Eule heimgesuchten Kiefernbestände Hollands können wohl als westliche Ausläufer des gleichen Kieferngebiets angesehen werden. Die Eulenverheerungen in Lettland, Litauen und Rußland haben Kiefern-Fichtengebiete betroffen.

Außer den vorher in Anlehnung an Werth besprochenen Kieferngebieten Deutschlands sind nach Rubner (S. 218/219) noch folgende Hauptverbreitungsgebiete der Kiefer in Deutschland zu nennen: „herzynischer Gebirgszug (Hessisches Bergland, Thüringer Wald, Harz, Fichtelgebirge mit Frankenwald, Erzgebirge, Sudeten, oberpfälzisch-böhmisches

Gebirge), . . . oberbayerisches Tertiärgebiet, bayerische Alpen, südwestdeutsche Gebirge (Schwarzwald, Vogesen)." Das Ausbleiben von Forleulenkalamitäten in diesen Gebieten darf wohl einesteils damit erklärt werden, daß in ihnen die Kiefer reine Bestände nur selten und in geringer Ausdehnung bildet, meist aber anderen Holzarten (Fichte, Tanne) beigemischt ist. Andernteils scheint aber auch die gerade in diesen Gebieten sich bemerkbar machende Höhenlage auf die Entstehung einer Forleulenkalamität Einfluß zu haben. So gibt BERWIG (2, S. 267) an, daß als Maximum der Höhe über dem Meere, in der Eulenvermehrungen stattfinden, für Bayern 480 m (Weiden) angenommen werden kann. „Es sind zwar auch in einer Höhe von 630 m (Arzberg, Opf.) kleine Eulenvermehrungen vorgekommen, doch waren diese unbedeutender Art. Die Hauptzentren liegen in den Höhen bis zu 400 m." Die Kiefer dagegen steigt im Gebirge zu bedeutenderen Höhen an, z. B. in den Bayerischen Alpen im Mittel bis 1600 m, im Schwarzwald bis 900 m, im Erzgebirge bis 850 m, im Riesengebirge bis 800 m (RUBNER, S. 219).

Mit Ausnahme der eben genannten Teile des Hauptverbreitungsgebietes der Kiefer sind bisher in allen anderen Kieferngebieten Deutschlands Forleulenkalamitäten aufgetreten, obgleich diese Gebiete klimatisch verschiedenen Bezirken angehören (nämlich dem „Rheinischen Bezirk", dem „Bezirk des Berg- und Hügellandes", dem „Nordatlantischen Bezirk", dem „Subsarmatischen Bezirk" und dem „Baltischen Bezirk" nach den Bezeichnungen WERTHS). BERWIG (2, S. 264) hat darauf hingewiesen, daß „die Eulengebiete in Bayern . . . klimatisch durchaus nicht gleichartig" sind und bringt folgende Tabelle über das

Klima der Fraßgebiete:

	Jährliche Niederschlagsmenge mm	Durchschnittliche Jahrestemperatur ^{0}	Januar-Isotherme ^{0}	Juli-Isotherme ^{0}
Pfalz	550—700	9—10	0	18—19
Unterfranken	700	8— 9	−1	18
Mittel- u. Oberfranken	550—700	8	−2	17—18
Oberpfalz	600—700	7— 8	−2 bis −3	17

„Wir sehen, daß die Jahresniederschlagsmengen in den Fraßorten mehr übereinstimmen als die Temperaturen. Erstere wechseln von 550—700 mm, letztere von 7—10^0 (mittlere Jahrestemperatur). Die Januar-Isotherme von 0 bis —3^0, die Juli-Isotherme von 17—19^0. Die Jahresniederschlagsmenge scheint also ausschlaggebender zu sein als die mittlere Jahrestemperatur."

Auch ZEDERBAUER (S. 65, 67 und 69) hat dargelegt, daß wie bei Nonne, Kiefernspinner und Kiefernspanner auch bei der Forleule die

Massenvermehrungen in regenarmen Gebieten mit 400—800 mm, meist mit 400—600 mm jährlichem Niederschlag fallen. Für die norddeutschen Forleulengebiete weist BECK (S. 423) darauf hin, daß sie eine jährliche Niederschlagsmenge von weniger als 600 mm und eine mittlere Jahrestemperatur von 8—9⁰ haben.

Die Vermutung BERWIGS wird sehr wahrscheinlich, wenn man bedenkt, daß die Fraßgebiete zusammenfallen mit den Hauptverbreitungsgebieten der Kiefer. Die heutige Verbreitung der Kiefer wird aber stark durch die Feuchtigkeitsverhältnisse beeinflußt. „Das große norddeutsche Kieferngebiet wird von der $+17^0$ Juli-Isotherme umfahren. Da die Kiefer bekanntlich bis an die polare Baumgrenze geht, so kann das natürlich nicht ein besonderes Sommerwärmebedürfnis und damit die Notwendigkeit einer langen Vegetationsperiode bedeuten, sondern deutet offensichtlich darauf hin, daß die Kiefer nur unter bestimmten Trockenheitsverhältnissen in der Konkurrenz mit dem Laubwald Sieger bleibt. Daß dies richtig ist, dürfte daraus hervorgehen, daß sowohl das norddeutsche wie die beiden süddeutschen Kieferngebiete zusammenfallen mit den extremen Lufttrockengebieten (72% relativer Luftfeuchtigkeit und weniger in den drei Sommermonaten Juni, Juli, August) in Deutschland" (WERTH, S. 38).

Nach WILLKOMM (2, S. 207 u. 208) „gedeiht die Kiefer, mag nun das geognostische Substrat aus Granit oder aus kristallinischen Schiefergesteinen oder aus Porphyr, Basalt, Phonolith oder aus Kalk, Dolomit, Sandstein usw. bestehen. Das Vorkommen prächtiger Kiefernbestände in den Tälern der Kalkalpen widerlegt die lang gehegte Meinung, daß der Kiefer Kalkboden nicht zusage. Ebenso irrig ist die Meinung, daß die Kiefer nicht auf einen frischen, humosen und sehr fruchtbaren Boden gehöre, ... Sie gedeiht am besten auf einem tiefgründigen, lockeren, im Untergrund mäßig feuchten sandigen Lehm- oder lehmigen Sandboden, wie solcher vorzugsweise in Diluvialebenen gefunden wird ... Sie nimmt aber auch noch mit magerem Sandboden vorlieb ..." Die folgenden Angaben BERWIGS (2, S. 265) über die geologische Beschaffenheit der Forleulengebiete Bayerns sind daher auch wieder verständlich aus der Anspruchslosigkeit der Kiefer gegenüber ihrer Umwelt „Die Eule tritt nicht nur auf in reinem Sandboden, sondern humosem Sand, lehmigem Sand, sogar moorigem Sand bis Moorboden. Alluvium und Diluvium, Buntsandstein, Burgsandstein, Keuper werden heimgesucht." BERWIGS weitere Angabe, „Im allgemeinen werden reine Sande bevorzugt" trifft nicht nur für Bayern zu, sondern im allgemeinen auch für die übrigen Gebiete, in denen Forleulenkalamitäten aufgetreten sind. Die Fraßgebiete liegen in der Regel auf leichten (sandigen) oder mittleren (sandig-lehmigen oder lehmig-sandigen) Böden. Dies erklärt sich wieder aus der heutigen Verbreitung der Kiefer: „Auf geringen Sandböden, in ebener, spätfrostgefährdeter Lage konnte die Kiefer ... den Kampf gegen die Buche mit Erfolg aufnehmen. Bei günstigeren Bodenverhältnissen in hügeligem Gelände mußte die schattenfeste Buche siegen" (RUBNER, S. 219). Gerade diese Böden und die durch sie bedingte Bodenflora scheinen nun aber auch der Forleule geeignete Bedingungen zur Verpuppung und Puppenruhe zu bieten und hierdurch auf die Entstehung von Forleulenkalamitäten begünstigend zu wirken. Dies ebenso wie der bedeutende Einfluß, den Temperatur und Feuchtigkeit auf die Massenvermehrung der Kieferneule ausüben, gehört jedoch nicht mehr zur Verbreitung des Schädlings, sondern zu der im Kapitel VII behandelten Entstehungsgeschichte einer Forleulenkalamität.

IV. Gestalt und Färbung.

Falter. Die morphologischen Kennzeichen des Forleulenfalters sind bei der Besprechung der Systematik der Gattung *Panolis* HB. gegeben worden; denn *Panolis flammea* SCHIFF. ist die einzige Art dieser Gattung. Die Einzelheiten der Färbung und Zeichnung des Falters sind aus den Abb. 1—3 der Farbentafel besser als aus einer langen Schilderung zu ersehen.

Während die Grundzüge der Zeichnung im allgemeinen gewahrt bleiben, variiert die Färbung individuell beträchtlich. Die Abb. 1—3 der Farbentafel geben die Variationsbreite einer Falterserie wieder, die aus dem Reichsforstamt Zossen (Provinz Brandenburg) stammt: Abb. 1 stellt das rötlich-gelbbraune Extrem, Abb. 2 das graue Extrem und Abb. 3 eine zwischen beiden Extremen liegende Färbungsvariante dar. Die ausgedehnte individuelle Variation macht sich vornehmlich in der Grundfärbung der Vorderflügel bemerkbar, erstreckt sich jedoch, wenn auch schwächer, auch auf die Farben des Hinterflügels und des Körpers; sie hat zu mehrfacher wissenschaftlicher Benennung der Forleule Anlaß gegeben. Als „*flammea* HB." wurde das rötlich-gelbbraune, als „*griseovariegata* GOEZE" oder „*grisea* TUTT" das graue oder grünlich-graue Extrem bezeichnet (TUTT, S. 128/129). MOKRZECKI (2, S. 13) hat eine Aberration als „ab. *W. Lomnickii*" beschrieben; die Beschreibung ist polnisch, nur eine kurze Kennzeichnung lateinisch: „*ab. alis anterioribus ferrugineis non griseo mixtis.*" Es scheint sich also auch bei diesem Namen um die Bezeichnung des rotbraunen Färbungsextrems zu handeln.

Das graue Extrem soll nach GUENÉE (S. 340) in Lappland besonders häufig sein, nach TUTT (S. 129) auch in England von einem großen Prozentsatz der Falter erreicht werden; bei deutschen Stücken scheint das rötlich-gelbbraune Extrem zu überwiegen. Über die geographische Variation der Forleule ist sonst nichts bekannt. Im Hinblick auf das Abändern anderer Tierarten hat TUTTS Vermutung viel Wahrscheinlichkeit, daß das graue Extrem der Art im Norden des Verbreitungsgebietes häufiger wird. *Panolis flammea flammea* SCHIFF. (mit dem Synonym *lomnickii* MOKRZ.?) wäre dann die mitteleuropäische Rasse, bei der die rotbraunen Stücke häufiger sind, *Panolis flammea grisea* TUTT die nordeuropäische Form mit Überwiegen der grauen Tiere. Wertvoll wäre die Untersuchung sibirischer Falter: vielleicht erbringt sie noch stärkeres Überwiegen des grauen Extrems oder grauere Allgemeinfärbung.

Von BRUNDIN (S. 36) wurde als „ab. *insulata*" eine Aberration beschrieben, bei welcher der weiße Ringfleck des Vorderflügels nach vorn in eine Spitze ausgezogen ist und sich mit dem weißen Nierenfleck derart vereint, daß eine braune Insel gebildet wird.

Das ♂ unterscheidet sich vom ♀ durch schlankeren Hinterleib und durch die Gestalt der Fühler, die am treffendsten von RATZEBURG (1, I, S. 171) für das ♂ beschrieben wird: „mit schön gewimperten Kammzähnen der Fühler".

Ei. Das frisch abgelegte Ei ist blaß- oder weißlich-grün [1]. Die Gestalt des Eies ist „napfkuchenförmig" (WOLFF und KRAUSSE, 1, S. 157); mit der flachen Seite sitzt es auf der Kiefernnadel, auf der es abgelegt wurde. Die Oberfläche des Eies ist gerieft; der höchste Punkt wird durch eine runde, wenig vorragende, innen schwach eingedrückte Erhebung gebildet (Abb. 4 der Farbentafel).

Raupe. Die Zahl der Häutungen bei der Forleulenraupe, die Dauer der einzelnen Raupenstadien und die Größe der Raupe während der verschiedenen Abschnitte des Raupenlebens sind erst neuerdings durch ECKSTEINs (6, S. 319/324) Beobachtungen festgestellt worden: die Forleulenraupe häutet sich in der Regel viermal. Die zeitliche Folge der Häutungen ist nach ECKSTEIN:

    1. Häutung 5—10 (im Mittel 7) Tage nach dem Schlüpfen;
    2.   ,,   3—9 (,,   ,, 6) ,,   ,,   der 1. Häutung
    3.   ,,   4—5 (,,   ,, 5) ,,   ,,   ,, 2.   ,,
    4.   ,,   4—7 (,,   ,, 5) ,,   ,,   ,, 3.   ,,

„Nach der 4. Häutung dauert es im Mittel noch 11 Tage bis sie" (die Raupe) „zur Verpuppung in den Boden geht, . . . Unter der Bodenstreu dauert es noch 3—5 Tage bis sie sich zur Puppe häutet" (ECKSTEIN, 6, S. 320).

Die Größenzunahme der Raupe wird von ECKSTEIN (6, S. 320) angegeben:

    Bis zur 1. Häutung ist die Raupe 6 mm lang;
    ,, ,, 2.   ,,   ,, ,,   ,, 12 ,,   ,,
    ,, ,, 3.   ,,   ,, ,,   ,, 19 ,,   ,,
    ,, ,, 4.   ,,   ,, ,,   ,, 29 ,,
    bis zum Verschwinden im Boden ist die Raupe 40 mm lang.

---

[1] Die Veränderung der Eifärbung im Laufe der Embryonalentwicklung ist im Abschnitt „Embryonalentwicklung" geschildert.

„Eine fünfte Häutung der Eulenraupe tritt dann ein, wenn nach Zurückbleiben im Wachstum infolge irgendwelcher Störungen des Gesundheitszustandes die wieder gesundete Raupe längere Zeit braucht, sich zur Verpuppung vorzubereiten, und bei nun wieder stärkerer Körperzunahme die Haut zu eng wird" (ECKSTEIN, 6, S. 324).

In der älteren Literatur finden sich keine genauen Angaben über Zahl und Dauer der Raupenhäutungen und ebensowenig zusammenhängende Darstellungen der für die einzelnen Raupenstadien charakteristischen Färbungen. Abgesehen von vereinzelten Beschreibungen jüngerer Raupen wird meist nur eine Kennzeichnung der erwachsenen Forleulenraupe gegeben. Auch mir ist es bei meinen Untersuchungen, die vorwiegend auf biologische Beobachtungen eingestellt waren, nicht möglich gewesen, die Morphologie der Forleulenraupe in ihren verschiedenen Entwicklungsstadien lückenlos zu verfolgen. Ich kann daher nur das folgende, aus der Literatur und meinen eigenen Beobachtungen gewonnene, noch lückenhafte Bild zusammenstellen:

Die Raupe im ersten Stadium, das vom Ausschlüpfen aus dem Ei bis zur ersten Häutung währt, wird in der Literatur nur wenig behandelt:

„Die . . . Raupe . . . . ist anfänglich blaßgelb oder weißlich grün" (BECHSTEIN, S. 542).

„Die frisch ausgekrochenen . . . . Räupchen sind ganz schmutzig grün . . ., nur daß der Kopf hellbraun ist und auf dem ersten Ringe auch ein hellbraunes Schildchen steht" (RATZEBURG 1, II, S. 171).

„Das junge Räupchen . . . ist mit Ausnahme des braunen Kopfes dunkelgrün. Später . . . werden weiße und gelbe Streifen schwach bemerkbar . . ." (HENSCHEL, S. 36).

Auch nach meinen Beobachtungen ist das frisch geschlüpfte Räupchen noch ohne merkbare Zeichnung, dunkelgrün mit gelbbraunem Kopf und (am Rande schwach geflecktem) Halsschild auf dem ersten Brustsegment.

Die Raupe im zweiten Stadium, nach der ersten Häutung, ist meist heller grün mit anfänglich undeutlicher, später immer deutlicher werdender Zeichnung, die aus weißen und gelblich-weißen Längsstreifen besteht (Abb. 8 der Farbentafel). Dies dürfte das von RATZEBURG und JUDEICH & NITSCHE folgendermaßen beschriebene Stadium sein: „Noch früher . . . ist die Grundfarbe und das Weiß der sehr schmalen Streifen noch schmutziger, und am sehr breiten Unter-Luftlochstreifen kaum etwas Gelb zu erkennen" (RATZEBURG, 1, II, S. 171). „Die junge Raupe hat einen kleinen, braungelben Kopf und hellgrünen Leib, der einen deutlichen weißen Rückenstreif, zwei unterhalb der Luftlochlinien liegende, etwas breitere, gelbweiße Seitenstreifen und dazwischen jeder-

seits zwei ganz feine helle Längslinien, also im ganzen sieben Längs-
zeichnungen hat" (JUDEICH und NITSCHE, II, S. 929).

Nach der zweiten Häutung ist die Raupenzeichnung in der Hauptsache die gleiche, nur tritt meist das Gelb des Stigmenstreifens deutlicher hervor (Abb. 9 und 10 der Farbentafel). Kennzeichnend für die
Raupe in diesem Stadium scheint mir der dunkle Saum über dem obersten hellen Seitenstreifen zu sein, der beim dunkelgrünen Färbungsextrem schwarz, bei den heller grünen Raupen dunkelgrün ist Von
diesem oder vom nächsten Stadium an bis zur Verpuppung erreicht nämlich ein kleiner Prozentsatz der Raupen ein sehr dunkles Färbungsextrem
(Abb. 9 und 11 der Farbentafel), das bereits KOB und RATZEBURG vermerkt haben: „(Manche Raupen sehen mehr weißlicht), manche mehr
schwärzlicht aus" (KOB, S. 6). „Jetzt oder schon vor der drittletzten Häutung zeigen sich oft Raupen, die ganz dunkelgrüne, fast schwarze Grund-
farben mit schmalen weißen und gelben Längsstreifen haben" (RATZE-
BURG 1, II, S. 171).

Über die Färbung der Raupe nach der dritten Häutung ist mir nichts
Sicheres bekannt, vor allem nicht, ob die Raupe in diesem Stadium
noch die soeben geschilderte Färbung zeigt oder bereits die in folgendem
angegebene Zeichnung nach der vierten Häutung.

Nach der vierten Häutung zeigt die Raupe die Färbung (Abb. 11
und 12 der Farbentafel), die in der Literatur allgemein bei einer Beschreibung der Forleule angegeben wird: „Kopf . . . glänzend gelblich
mit rother, netzartiger Zeichnung, daher röthlich erscheinend. Die frühere
Leibeszeichnung besteht im allgemeinen noch, aber die obere weiße
Längslinie jederseits ist verbreitert und nach der Mitte zu scharf gesäumt; die untere weiße Längslinie wird undeutlich, indem sich der
Raum zwischen ihr und dem breiten Seitenstreifen graugrün ausfüllt
und zu einem dunklen, oben und unten fast schwarz gesäumten Rande
wird. Der untere Rand des Seitenstreifens verwandelt sich in eine
orangerote Längslinie" (JUDEICH u. NITSCHE, II, S. 930). Der in diesem
Stadium besonders auffallende orangerote Längsstreifen (Abb. 12 der
Farbentafel) ist bei dem dunkelgrünen Färbungsextrem durch Chromgelb ersetzt (Abb. 11 der Farbentafel).

„Gegen die Verpuppung verkürzt sich die Raupe und wird fast überall gleichmäßig schmutzig aber dunkler grün, und nur vier feine schwarze,
nach außen etwas blaßgrüne gesäumte Längsstreifen bleiben" (RATZE-
BURG 1, II, S. 171). Dieser an und für sich treffenden Beschreibung
RATZEBURGs kann ich insofern nicht zustimmen, als ich den Eindruck
hatte, als ob die Raupe vor der Verpuppung wohl schmutziger, jedoch
nicht dunkler, sondern heller grün würde; so daß die weiße Zeichnung
schwächer, die schwarze Streifung (besonders der Streifen über dem
oberen hellen Seitenstrich und der Streifen über den Stigmen) deutlicher

hervortritt. Der orangerote Streifen unter den Luftlöchern wird auch bei dem helleren Färbungsextrem chromgelb. Die weiteren Einzelheiten der Färbung einer verpuppungsreifen Raupe sind in Abb. 13 und 14 der Farbentafel in Rücken- und Seitenansicht wiedergegeben.

Vor jeder Häutung wird die Raupe schmutzig-grün; die stärker chitinisierten Teile, Kopf, Halsschild und Brustfüße werden ganz dunkel. Nach der Häutung sind diese Partien anfänglich hellgelb, so daß die allgemeine Körperfärbung im Kontrast zu ihnen dunkler erscheint. Die alte Haut wird nach Beendigung der Häutung meist von der Raupe gefressen; nur die Kopfkapsel wird übrig gelassen (KRAUSSE, 4, S. 311).

Bis auf wenige, feine, je auf einem dunklen Punkte stehende Härchen ist die Forleulenraupe nackt.

Auf eine morphologische Besonderheit der jungen Forleulenraupe hat zuerst RATZEBURG (1, II, S. 171) aufmerksam gemacht. Beim Eiräupchen ist das erste Bauchfußpaar sehr klein, das zweite etwas größer, jedoch nicht von der Größe des normalen dritten und vierten Bauchfußpaares. Beim Kriechen wird das erste kürzeste Bauchfußpaar nicht aufgesetzt, das zweite etwas längere nur gelegentlich; das dritte und vierte wird zusammen mit den Nachschiebern — und den Brustfüßen — zum Kriechen benutzt; hierdurch entsteht die eigentümliche spannerähnliche Fortbewegungsweise der jungen Forleulenraupe. Auch nach der ersten Häutung ist, wenn auch nicht mehr so ausgesprochen, noch der beschriebene Größenunterschied der vier Bauchfußpaare vorhanden; er verschwindet jedoch nach der zweiten Häutung.

Der Raupenkot ist länglich, dünn und durch zwei Querfurchen in drei Abschnitte geteilt.

Puppe. Die unmittelbar nach der Verpuppung grüne Puppe wird binnen kurzem glänzend schwarzbraun oder dunkelbraun, ins Weinrote übergehend (Abb. 16 der Farbentafel). Auf der Dorsalseite des vierten Hinterleibsegmentes findet sich das für die Forleulenpuppe charakteristische Grübchen, das von einem dunkleren, halbmondförmigen, gerunzelten Walle umgeben ist. Der Cremaster (Afterfortsatz) weist zwei Enddornen und zwei feine Borsten auf (Abb. 1, S. 22 nach LJUNGDAHL, 1, Abb. 28, S. 84; ferner Abbildungen bei RATZEBURG, 1, II, Taf. X, Fig. 4P und WILDE, tab. VI, fig. 57).

Auf eine Besonderheit der Puppenhaut der Forleule wurde zuerst von KRAUSSE hingewiesen: „Eine höchst interessante Tatsache, die in der Literatur bisher nicht erwähnt zu sein scheint, konnte ich hinsichtlich der Sculptur der Forleulenpuppen feststellen. Es gibt zwei Sorten Forleulenpuppen in dieser Beziehung. Bei der einen ist die Ventralseite des Thorax glatt, bei der anderen zeigt sie auffällige grobe „Fingerhutsculptur", die ohne Lupe deutlich zu erkennen ist. Mit sexuellen Differenzen hat die Tatsache nichts zu tun" (KRAUSSE, 3, S. 121/122 u. 4, S. 312). Zutreffend ist die Ansicht KRAUSSES, daß die verschiedene Skulptur der Puppe keine Geschlechtsunterschiede anzeige; beide Strukturen finden sich sowohl bei männlichen wie bei weiblichen Puppen. Die „Fingerhutskulptur" ist seltener: unter 24 männlichen Puppen stellte ich 5 mit und 19 ohne Fingerhutskulptur, unter 26 weiblichen Puppen 4 mit und 22 ohne diese fest. Über die Bedeutung dieser Skulpturen, die von LJUNGDAHL (2) in einer von eindrucksvollen Zeichnungen begleiteten Arbeit bei vielen Schmetterlingen, besonders auf den Hinterleibssegmenten der Noctuiden- und Geometridenpuppen, nachgewiesen wurden, ist nichts bekannt; ebensowenig über Entstehung oder Bedeutung des charakteristischen Rückengrübchens der Forleulenpuppe. Als Zweck des Cremasters vermutet LJUNGDAHL (2, S. 218): „Dieses kann man auch von dem Kremaster und dessen Ausrüstung sagen, da sie in einer derartigen Form auftritt, daß man sie für einen Apparat halten muß, der die Schale der Puppe bei dem Her-

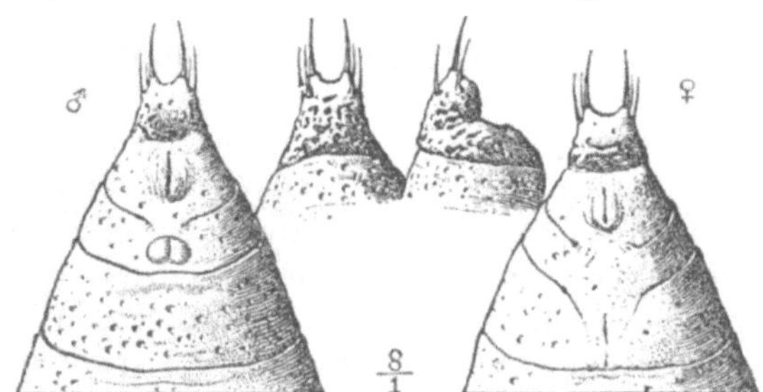

Abb. 1. Hinterende einer männlichen und weiblichen Forleulenpuppe. (Aus: LJUNGDAHL, D.: Några Lepidopterologiska Anteckningar. Entomologisk Tidskrift, 37, S. 84, Fig. 28, Uppsala 1916.)

ausschlüpfen Imago's zurückhält . . ."

Die Unterschiede zwischen männlichen und weiblichen Puppen sind die gleichen wie bei anderen Lepidopterenpuppen und aus der von LJUNGDAHL (1, S. 84) übernommenen Abbildung 1 zu ersehen.

V. Biologie.

1. Falter.

a) Flugzeit.

Die Angaben über die Flugzeit der Forleule lauten in der Literatur recht verschieden. ALTUM (1, III, 2, S. 135): Mitte März bis Mitte April; BARBEY (S. 312): „essaime en mars ou avril suivant l'altitude et surtout d'après les conditions atmosphériques"; ECKSTEIN (8, S. 265): „der Falter erscheint im März und wird im April und Mai schwärmend gefunden"; (6, S. 313): 1913 Beginn der Flugzeit am 14. März; ESPER (S. 354): „die Phalene kommt erst des Frühlings, nach früher oder später sie begünstigender Witterung im April, am gewöhnlichsten aber im Mai hervor"; HARTIG (in HARTIG, G. L. u. Th. HARTIG, S. 582): „Der Schmetterling schwärmt im April oder Mai, zuweilen auch früher, je nachdem die Witterung günstig ist"; HENNERT (S. 32): „Gemeiniglich bei gutem Frühjahrswetter im Monath April oder doch gewiß im May entschlüpfet die Phaläne; der Herr Prediger VAN SCHEWEN hat diese Phaläne bereits im März bei warmer Witterung ausfliegen sehen"; HENSCHEL (S. 36): „Gegen Ende März erscheint der Schmetterling. Die Schwärmzeit dauert bis in den Mai . . ."; HESS-BECK (S. 459): Ende März bis Anfang Mai; JUDEICH u. NITSCHE (II, S. 930): „Die regelmäßige Flugzeit des Falters fällt von Mitte März bis in den April, nur selten noch in den Mai"; KOB (S. 2): „im Hauss erhält man schon im März, April, Schmetterlinge; aber im Walde schlüpften sie später aus"; NÜSSLIN-RHUMBLER (S. 429): „hauptsächlich Mitte März und April (zuweilen vereinzelt bis Anfang Juni)"; RATZEBURG (1, II, S. 172): „Gewöhnlich sieht man zum Ende des März schon einzelne Schmetterlinge und bis Ende April ist der Flug meist beendet"; (9, S. 179): „Die Eule ist schon durch ihren frühzeitigen Flug im April, oder gar schon Ende März, ausgezeichnet, leidet daher auch leicht von der Witterung"; WOLFF und KRAUSSE (1, S. 161): „Der Falter fliegt von Ende März ab bis Mitte April, nur Nachzügler dürften selbst in klimatisch rauhen Gebieten noch Anfang Mai anzutreffen sein"; (8, S. 2/4): März: „zeitige Falter"; April: „Durchschnittlich der Hauptflugmonat" und „In normalen Jahren mehr zu Beginn, in Jahren einer Massenvermehrung oder einer solchen unmittelbar vorausgehenden Jahren gegen Ende des Monats oder noch später"; Mai: „Auch Anfang Mai noch häufig starker Flug; in Fraßjahren oft erst jetzt Höhepunkt des Fluges"; ZINKE (S. 105): „Bey warmer Witterung bricht er schon im April aus der Puppe hervor, die gewöhnlichste Zeit seiner Erscheinung aber ist der May; doch findet man ihn auch noch zuweilen im Juni." Eine weitere Zusammenstellung von Daten gibt KRAUSSE in seiner Veröffentlichung „Die Flugzeit der Forleule" und schreibt bei diesem Anlaß: „Die Forleule brachte uns bei Eberswalde 1923 und 1924 unter anderem insofern eine Überraschung, als der Flug in diesen beiden Jahren beträchtlich spät erfolgte, nämlich im Mai und zum Teil noch Anfang Juni. Unsere bisherigen Beobachtungen hatten ergeben, daß die Eule oft schon Ende März und zumeist Anfang und Mitte April fliegt." Auf Grund seiner Beobachtungen und Literaturfeststellungen gibt KRAUSSE abschließend als Zeit des Falterfluges „Ende März bis Anfang Juni" an.

Die Verschiedenheiten in den Angaben über die Flugzeit der Forleule sind zweifellos aus der von den meisten Autoren angegebenen Beobachtung zu erklären, daß die Witterung das frühere oder spätere Auftreten der Falter beeinflußt. Welche klimatischen Bedingungen hierbei im einzelnen maßgebend sind, ob neben der Temperatur auch die Feuchtigkeit eine Rolle spielt, ist noch nicht beobachtet, ebensowenig welchen

Einfluß das während der Flugzeit herrschende Wetter (Nachtfröste!) auf die Dauer der Flugzeit ausüben kann.

Der Einfluß der Temperatur auf das Schlüpfen der Falter wurde auf streuberechten Flächen häufig beobachtet; so geben Judeich und Nitsche (II, S. 930) an, daß Puppen, die durch Streuentnahme der Frühlingswärme zugänglicher gemacht waren, ungefähr 8 Tage früher schlüpften. Nach Wolff u. Krausse (4, S. 40) sollen Luftdruckschwankungen für das Sprengen der Puppenhülle durch den Falter entscheidende Bedeutung besitzen. (Einige nähere Mitteilungen über die Witterung während der Flugzeit 1923 und 1924, jedoch ohne genauere Angabe der Temperaturen, finden sich bei Hausendorff, 2, S. 1047.)

Judeich u. Nitsche (II, S. 930) berichten, daß nach Buros Beobachtungen Kälte und Schnee nach dem Ausschlüpfen der Falter diese massenhaft töten. Dagegen hat Eckstein (6, S. 316/318) im Freilandzwinger beobachtet, daß die Eule gegen Regen, Schnee und selbst gegen Frost wenig empfindlich ist und durch Niederschläge nicht einmal bei Copula oder Eiablage merklich gestört wird. (Theuerkauf [S. 308] berichtet, daß am 16. März 1925 in Matschdorf, Bezirk Frankfurt an der Oder, bei — 5⁰ Eulenfalter geschlüpft waren und ganz munter auf dem Schnee umherkrochen.)

Da Beginn, Dauer und Ende der Flugzeit von der der Flugzeit vorhergehenden und vielleicht auch von der während der Flugzeit herrschenden Witterung beeinflußt werden, kann nur eine Zeitspanne angegeben werden, innerhalb deren die Flugzeit der Forleule stattfinden kann. Nach den bisherigen Beobachtungen muß man diese Zeitspanne von Mitte März bis Anfang Juni festsetzen. Will man eine Angabe für die durchschnittliche Zeit des Falterfluges machen, darf man wohl sagen, daß Ende März die ersten Falter erscheinen, daß der Hauptflug gewöhnlich von der ersten April- bis zur ersten Maiwoche dauert, und daß dann eine ständige Abnahme der Falter bis Ende Mai stattfindet.

Ganz aus den übrigen Beobachtungen herausfallend ist die Angabe von Brettmann (S. 283), daß im Revier Seeläsgen, Kreis Züllichau-Schwiebus, Provinz Brandenburg, am 11., 12. und 13. Februar 1925 (bei 5—7⁰) Forleulenflug festgestellt wurde. Ich selbst habe im gleichen Jahre — ebenfalls in der Provinz Brandenburg (Reichsforstamt Zossen) — die ersten Falter erst am 26. März festgestellt. Eine der Brettmannschen Meldung vorangehende Notiz an der gleichen Stelle (Dtsch. Forstztg. 40. Jg., S. 283, 1925) berichtet ebenfalls, daß erst am 16. März in einem Revier bei Kottbus (Provinz Brandenburg), Eulenfalter beobachtet wurden; auch in Wordel bei Märkisch-Friedland flogen 1925 die ersten Falter erst am 24. März (Von der Forleule, S. 358).

b) Lebensdauer.

Beobachtungen über die Lebensdauer der Falter sind von Eckstein (6, S. 313/314) und mir (3, S. 444/445) mitgeteilt worden.

Nach Eckstein lebten die Falter im nicht geheizten Raum:

Januar 1913 . . . . ♂ 22—38, im Mittel 28 Tage,
♀ 16—41, ,, ,, 32 ,,
Februar 1913 . . . . ♂ 21—31, ,, ,, 24 ,,
♀ 25—33, ,, ,, 29 ,,
vom 22. März ab . . . . . . ♂ 11—40, ,, ,, 24 ,,
♀ 12—39, ., ,, 28 ,,

,,Der Schmetterling lebt also etwa 28 Tage oder 4 Wochen.''

Im geheizten Raum war nach Eckstein die Lebensdauer eine weit kürzere, schwankte für beide Geschlechter zwischen 5 und 15 Tagen und betrug im Mittel 9 Tage.

Meine Beobachtungen haben die Ergebnisse Ecksteins bestätigt: Es lebten im Insektarium, in dem teilweise hohe Temperaturen durch Sonnenbestrahlung entstanden, in Einzelzuchten (in kleinen Zuchtgläsern) die ♂♂ im Mittel 8,7, die ♀♀ 10,4 Tage; in Massenzuchten (in größeren Zuchtgefäßen) wurden die ♂♂ im Mittel 16,4, die ♀♀ 14,4 Tage alt. Im Freien gehaltene Falter zeigten weitaus längere Lebensdauer: die längste Lebensdauer von ♂♂ betrug 32 Tage, von ♀♀ 33 (im Mittel 28,5) Tage.

Diese Feststellungen in Verbindung mit Beobachtungen über die Flugzeit der Forleule im Jahre 1925 im Reichsforstamt Zossen und über die Schlüpfzeiten von Eulenfaltern im Freilandzwinger veranlassen mich, in Übereinstimmung mit Eckstein anzunehmen, daß der Forleulenfalter im Walde bis zu 4 Wochen leben kann.

c) Zahlenverhältnis von ♂ und ♀.

Nüsslin-Rhumbler (S. 429) geben für das Zahlenverhältnis von ♂ und ♀ an: ,,♀♀ bilden in der Regel etwa ein Drittel der Gesamtzahl der Falter''; das gleiche Zahlenverhältnis nennen auch Wolff und Krausse (8, S. 2).

Eckstein (6, S. 314) hat dagegen gefunden, daß sich bei der Forleule ♂ : ♀ = 1 : 1 verhalten. Diese Zahlen wurden gefunden:

1. ,,Durch Zucht von 1152 Faltern, deren Puppen aus neun Revieren stammten; es schlüpften 628 ♂ und 524 ♀, daher ♂ : ♀ = 1,2 : 1.''

2. ,,Durch Bestimmung des Geschlechts nach äußeren Merkmalen der Puppe . . . Unter 815 Puppen waren 382 ♂, 433 ♀, daher ♂ : ♀ = 1 : 1,14 oder beide Ergebnisse zusammen: ♂ : ♀ = 1 : 1.''

Unter 2103 von mir im Zwinger aus Puppen erzogenen Faltern waren 1075 ♂♂ und 1028 ♀♀, mithin ebenfalls ♂ : ♀ = 1 : 1.

d) Nahrung.

Die Forleulenfalter werden gewöhnlich keine Nahrung zu sich nehmen. Eine Gelegenheit hierzu wird ihnen ja auch nur an wenigen Stellen ihres Aufenthaltortes, den ausgedehnten eintönigen Kiefernbeständen, geboten sein. Es finden sich daher in der Literatur auch nur wenige Beobachtungen über die Nahrung der Forleulenfalter. Taschenberg (2, S. 356) berichtet, daß sie an den Blütenkätzchen der Weiden Honig saugen. Lang (S. 25) beobachtete im März 1888 in Oberfranken, daß die Falter ziemlich zahlreich an Blütenkätzchen der Salweide saßen. Ritzema Bos (3, S. 30) teilt mit, daß man dort, wo Weiden in der Nähe der Kiefernbestände stehen, die Falter an den blühenden Weidenkätzchen Honig saugen sieht. Eckstein gibt folgende Beobachtungen wieder: „Man hat sie früher schon an den Weidenkätzchen honigsaugend gefunden, und 1924 schwärmten sie um die in Blüte stehenden Ahornbäume der den Wald durchziehenden Landstraßen, ebenso um die in Blüte stehenden Apfelbäume" (5, S. 4). „Nur vereinzelt war bisher die Nahrungsaufnahme an Weidenkätzchen beobachtet worden; jetzt ist der Blütenbesuch allabendlich zu sehen" (12, S. 176).

e) Schlüpfen der Falter, Flug, Schwärmen und Copula.

Als Tageszeit, an der das Schlüpfen der Falter aus der Puppenhaut stattfindet, geben Wolff u. Krause (8, S. 2) an: „Die Falter kommen tagsüber aus der Streudecke aus." Nach meinen im Reichsforstamt Zossen 1925 gemachten Beobachtungen geschieht das Schlüpfen vielfach in den frühen Morgenstunden. Nach dem Schlüpfen aus der Puppenhaut krochen die Falter durch die Streudecke an die Oberfläche, wo sie noch etwas feucht und mit zusammengefalteten Flügeln ankamen. Sie hingen sich nun an emporstehende Streuteile, an Rinden- oder Aststückchen, Moosstengel und trockene Blätter und begannen Luft in die Flügeltracheen einzupumpen. Waren die Flügel nahezu fertig gestreckt, schlug sie der Falter über dem Rücken zusammen und blieb in dieser Stellung längere Zeit still sitzen; sobald die Flügel voll ausgebildet waren, wurden sie dachförmig über den Körper gelegt. Die Falter waren auch dann meist noch so flugunlustig, daß sie in die Luft geworfen, nicht aufflogen, sondern sich wieder zu Boden fallen ließen. Sobald jedoch, etwa von 11 Uhr an, die Sonnenbestrahlung stärker wurde, flogen die Falter auf und begaben sich in die Kronen, zum geringen Teil auch an die Stämme.

Tagsüber sollen die Eulen nach Angabe einiger Autoren (z. B. Zinke, S. 107) ruhig an Stämmen und Ästen der Kiefer sitzen. So schreibt Eckstein: „die bei Tage ruhig sitzenden, nur durch irgendwelche Störung aufgescheucht fliegenden Eulen . . ." (5, S. 4). Diese Beobachtungen sind nur teilweise zutreffend; wohl sitzen bei kaltem Wetter alle Falter still zwischen den Nadeln der Kiefernzweige, bei warmem Wetter kann man aber auch bei Tage zahlreiche Falter lebhaft umherfliegen sehen. Ratzeburg schreibt daher: „Der Schmetterling ist auch am Tage ziemlich

unruhig" (1, II, S. 172), „Sie schwärmt auch am Tage" (9, S. 179). „Die
Beweglichkeit ist beim Falter ziemlich bedeutend, denn man sieht ihn
selbst bei Tage schwärmen und sich hoch an die Bäume setzen, was
immer sehr für einen leichten Flug spricht" (1, II, S. 173). Auch JUDEICH
u. NITSCHE berichten: „Die Schmetterlinge sind auch am Tage beweglich" (II, S. 930).

Das Schwärmen der Forleule, das bei Massenauftreten so eindrucks-
voll werden kann, wie das Schwärmen der Maikäfer, findet allerdings
erst am Abend statt und ist besonders anschaulich von WOLFF u. KRAUSSE
(1, S. 161) mit folgenden Worten beschrieben worden: „Das eigentliche
Schwärmen des Falters findet stets abends, und zwar nach unseren, bei
der letzten großen Massenvermehrung der Forleule gemachten Beobachtungen mit merkwürdiger Regelmäßigkeit sofort nach Sonnenuntergang
statt und dauert alsdann $\frac{1}{2}$ bis $\frac{3}{4}$ Stunden in voller Stärke. Die Eule
umschwärmt dann in wahren Wolken die Wipfelregion, dabei ein Ge-
räusch erzeugend, das recht treffend von den Forstbeamten mit dem
Summen eines in der Ferne arbeitenden Dreschsatzes verglichen wurde.
Diese eigentümliche Flugzeit dürfte wohl in engem Zusammenhange mit
der Begattung stehen, die nach einstimmiger Angabe aller Autoren, der
wir uns anschließen, ausschließlich nachts stattfindet."

Über die Copula selbst hat bisher nur ECKSTEIN (6, S. 314) eingehend
berichtet: Im Zwinger wurde die Copula zwar auch im allgemeinen nachts
beobachtet; gelegentlich fand sie aber auch bei Tage, am Nachmittag,
gegen Abend statt. Bei der Copula saßen die Paare teilweise mit von-
einander abgewendeten Köpfen, teilweise mit gleichgerichteten Köpfen.
Wiederholte Begattung des Weibchens wurde beobachtet. JAZENT-
KOWSKI (S. XCIX) hat festgestellt, daß Copula (und Eiablage) nur stattfinden, wenn die Temperatur nicht unter 3—4⁰ sinkt. Die Begattung
dauert nach ihm 3—5 Stunden. Die Beobachtungen ECKSTEINs, daß
wiederholte Begattung eines Weibchens stattfindet, wird durch JAZENT-
KOWSKIS Befunde bestätigt: er fand in der Bursa copulatrix eines Weibchens bis zu sechs Spermatophoren; bei jeder Begattung wird vom Männchen nur eine Spermatophore in die Bursa copulatrix des Weibchens
eingeführt.

Trotz der Beweglichkeit des Forleulenfalters scheint er weite Flüge
nicht zu unternehmen. Er bleibt in den Beständen, in denen er seine
Entwicklung durchgemacht hat. Es sind daher auch keine Überflüge
auf weitere Entfernungen, wie sie von anderen Schmetterlingen berichtet
werden, bei der Forleule beobachtet worden. Beobachtungen, daß
Massenauftreten der Forleule durch Überflug aus weiter entfernten Revieren entstanden sei, haben sich wohl noch immer als Täuschung erwiesen: die vorhergehende oft bis zum Prodromaljahre noch wenig auffallende Zunahme der Schädlingszahl wurde nicht beachtet. Die Zähig-

keit, mit der die Forleule an ihrem Entstehungsort hängt, geht aus folgender Beobachtung WOLFF u. KRAUSSES (1, S. 162) hervor: „Wo durch geeignete Bekämpfungsmaßnahmen, Zusammenbringen der Streu in Wälle, der Falterflug vernichtet oder vermindert wurde, hört der Flug, wenn unbehandelte Bestandteile angrenzen, so scharf abgeschnitten auf, als ob eine unsichtbare gläserne Wand die Bezirke mit intakt gebliebener Streu und demgemäß normal schwärmenden Faltern von den streuberechten Teilen trennte. Ein Überfliegen findet also nicht statt." Auch an anderer Stelle (8, S. 2; 9, S. 823) haben WOLFF u. KRAUSSE betont, daß Überflüge und Überwehungen von größeren Faltermassen mit nachfolgender Eiablage noch nicht einwandfrei erwiesen seien. Nach den Beobachtungen dieser beiden Verfasser kommen lediglich Flüge auf wenige hundert Meter am Ende der Flugzeit (nach der Eiablage) oder Verwehungen größerer Faltermassen durch starke Luftströmungen auf einige hundert Meter vor (vgl. auch BECK, S. 422). Es liegen jedoch auch Beobachtungen vor, daß zum mindesten aus benachbarten Beständen eine Übertragung der Kalamität durch schwärmende Falter (und überwandernde Raupen) wie auch durch Überflug der Falter erfolgen kann. Freiherr VON VIETINGHOFF (3, S. 41/42) hat beobachtet, daß Falter eine Kultur überflogen und einen Altholzbestand befielen, in dem es zur Eiablage und Raupenfraß kam. HAUSENDORFF (1, S. 259) hat berichtet, daß die Forleulenfalter den 800—1200 m breiten Werbellinsee (Oberförsterei Grimmnitz) überflogen und ihre Eier in den Beständen östlich des Sees ablegten. Ebenso teilt CONRAD (2, S. 495) mit, daß die Eule in Ostpreußen über die Wasserflächen des Niedersees und des Wiartelsees hinweg die Bestände der gegenüberliegenden Seeufer befallen habe. (Auf die Angaben ADLERS [S. 595], die völlig von allen übrigen Beobachtungen abweichen, kann ich hier nur hinweisen. ADLER gibt nicht nur nach einer Beobachtung in Rußland einen Überflug aus einer Entfernung von 48 km an, sondern behauptet auch, daß die Eule in Schwärmen dahinziehe, nach Zurücklegung beträchtlicher Strecken einfalle und am nächsten Abend weiterfliege. Bei diesen Flügen sollen die Weibchen in mehreren Etappen ihre Eier ablegen.)

f) Eizahl.

Über Entwicklung und Reifung des Eies und über die Eizahl der Forleule findet man in der Literatur keine genaue Angabe, obgleich gerade die Kenntnis der Eizahl für die Voraussage einer zu erwartenden Kalamität von besonderer Bedeutung ist. Nur ESCHERICH u. BAER (S. 167/168) haben mitgeteilt, daß im Zwinger 3 ♀♀ 189, 202, 228 Eier ablegten, und daß durch Sektion von ♀♀ 189, 202, 207 und als Maximum 255 Eier festgestellt wurden. Erst ECKSTEIN (6, S. 314/15) hat 1924 Einzelangaben über die Eizahl eines Forleulenweibchens gemacht:

„Die geringste Gesamtzahl abgelegter Eier eines ♀ war 8, die höchste
291, das Mittel 150. Die Eier reifen in den acht Eischnüren des Eier-
stockes allmählich heran. Das ♀ hat bald nach dem Schlüpfen (Mittel
aus zahlreichen Zählungen) in den einzelnen Eischnüren 12—16 legereife
Eier und 36—79 unreife Eier oder Eianlagen; im ganzen Ovarium wurden
gezählt 28—92, im Mittel 56 legereife Eier und 348—544, im Mittel
433 Anlagen, so daß unter günstigsten Lebensbedingungen das ♀ 483
bis zu 636, rund 500 Eier produzieren kann.‟

1928 gibt SPRENGEL (S. 29) folgende Tabelle:

Individuum Nr.	Alter in Stunden	Zahl der Eier in den Ovidukten			Zahl der Eier in den Eiröhren		Gesamtzahl der Eier	Zahl der abgelegten Eier laut Literatur
		Ov. c.	l. O.	r. O.	reife	unreife		
1	2	1	1	1	78	250	331	300
2	6	1	1	1	55	310	368	
3	8	1	1	1	93	280	376	
4	12	2	2	2	253	198	457	
5	24	3	3	3	481	209	699	
6	24	3	2	2	439	266	712	

und fügt hinzu (S. 29/30):

„1. Das Lebensalter der Falter betrug in 4 Fällen 2, 6, 8 und 12, in
2 Fällen 24 Stunden.‟

„2. Beide Ovidukte enthielten reife Eier, deren Zahl nach 12 Stunden
höher war als vorher.‟

„3. Die Gesamtzahl der Eier hatte nach 24 Stunden um 277 zugenommen.‟

„4. In den Eiröhren waren in allen Fällen reife und unreife Eier vorhanden. Die Zahl der reifen Eier wuchs in 24 Stunden von 78 auf 439 an,
also um 361. Bei den unreifen Eiern konnte man in derselben Zeitspanne
nur eine starke Schwankung aber keine Abnahme oder Zunahme feststellen.‟

„5. In der Literatur wird als Zahl der abgelegten Eier rund 300 angegeben. Im Höchstfall geht die Gesamtzahl der hier gefundenen Eier
um etwa 300, die Zahl der reifen Eier um etwa 100 darüber hinaus.‟

In meiner früheren Arbeit über die Forleule (3, S. 449/452) habe ich
angegeben, daß in einer Versuchsreihe von Einzelzuchten mit je einem ♂
und einem ♀ die Zahl der von 20 ♂♂ abgelegten Eier war: 15, 22, 22,
25, 29, 36, 41, 47, 62, 63, 94, 97, 115, 119, 129, 140, 145, 199, 208, 231.
Nimmt man aus diesen, allerdings wenigen Zahlenangaben den Durchschnitt, so ergibt sich 90 als Durchschnittszahl der von einem ♀ abgelegten Eier.

Die Zahl der in meinen Zuchten von einem ♀ abgelegten Eier erschien mir
nun damals beim Vergleich mit den Angaben in der Literatur, besonders mit den
von ECKSTEIN berichteten Zahlen recht gering. Ich schrieb daher:

„Wenn man nun aber die bei den Beobachtungen über die Eiablage in Zossen
wiedergegebenen Zahlen der Eier je Stamm mit den Zahlen der im Winterlager
gefundenen Puppen (durchschnittlich je Stamm 17,4 Falter; da das Verhältnis
von ♂ zu ♀ wie 1 : 1 ist, wären auf den Stamm etwa 8 ♀ zu rechnen gewesen),
so scheint auch im Walde die Eiablage im Verhältnis zur Zahl der ♀ sehr gering
gewesen zu sein. ... 12 Eiröhren von ♀, die vor der Eiablage konserviert wurden,
enthielten 35, 50, 50, 55, 60, 60, 65, 68, 70, 70, 70, 70 Eier und Eianlagen, mithin durchschnittlich je Eiröhre 60,2. Die 4 Eiröhren eines Ovars würden dann
durchschnittlich 240,8 und beide Ovarien zusammen 481,6 Eier und Eianlagen
enthalten; eine Zahl, die mit der von ECKSTEIN angegebenen übereinstimmt.
Nimmt man für ein ♀ die durchschnittliche Eiproduktion auf 500 Eier an, so
hätten für die Ablage der bei den Probefällungen in Zossen festgestellten Zahl von
137, 167, 248, 283, 294, 305, 307 und 386 Eiern je Stamm jedesmal ein einziges ♀
genügt, obwohl nach den Probesammlungen mit 8 ♀ auf den Stamm gerechnet
werden mußte."

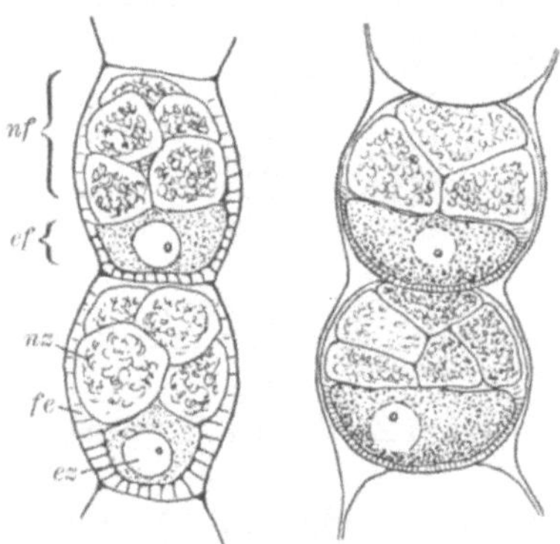

Abb. 2. Zwei verschiedene Zonen der Eiröhre
eines frisch geschlüpften Forleulenweibchens.
ef Eifach; *ez* Eizelle; *fe* Follikelepithel; *nf*
Nährfach; *nz* Nährzellen. (Aus: EIDMANN, H.:
Eizahl und Eireifung einiger forstlich wichtiger Schmetterlinge. Zeitschrift für angewandte Entomologie, 13, S. 551, Abb. 2,
Berlin 1928.)

Nun hat neuerdings EIDMANN
(6, S. 551/553) bemerkenswerte Beobachtungen über Eizahl und Eireifung bei der Forleule gemacht:

„Viele Autoren geben nun an,
daß die Eier der Schmetterlinge schon
während der Puppenruhe völlig ausgebildet werden, und daß die Ovarien
frisch geschlüpfter Schmetterlinge
nur oder doch zum größten Teil reife
Eier enthielten. Beides ist nur teilweise richtig. Allerdings reift ein gewisser Prozentsatz der Eier bereits
in der Puppe heran, so daß in den
Eiröhren frisch geschlüpfter Falter
meist schon legereife Eier vorhanden
sind, sonst wären ja die Schmetterlinge nicht imstande, wie es vielfach
der Fall ist, bereits kurz nach dem Schlüpfen mit der Eiablage zu beginnen."

„Die Zahl der reifen Eier wird jedoch meist stark überschätzt. In
keinem Falle habe ich gefunden, daß bei frisch geschlüpften Schmetterlingen alle Eier entwickelt waren. Bei der Forleule (*Panolis piniperda*
PANZ.) z. B. sind bei frisch geschlüpften Faltern nur $^1/_5$ der Eier lege-
reif, $^4/_5$ dagegen noch in unreifem Zustande. Wenn wir die Abschnitte
der Ovarien einer frisch geschlüpften Forleule untersuchen, erhalten wir
Bilder, wie sie auf Abb. 2 (gleich Abb. 2 dieser Arbeit) dargestellt sind.
In der Endzone finden wir Eizellen, die erst etwa die Größe einer Nähr-
zelle [1] haben, so daß das Nährfach noch weit größer als das Eifach ist.

---

[1] Die Eiröhren der Forleule sind wie die der übrigen Lepidopteren nach dem
„polytrophen Typus" gebaut: nur ein Teil der Keimzellen wird zu Eiern, die

Ei- und Nährfach zusammen haben etwa tonnenförmige Gestalt. Weiter unten rundet sich der Ei-Nährzellenkomplex mehr und mehr ab, wir sehen wie das Ei heranwächst und schließlich beim reifen Ei die Nährzellen degenerieren und zugrunde gehen. Reife Eier sind nur im untersten Drittel der Eischläuche anzutreffen. Die Reifezone geht ganz allmählich und ohne scharfe Grenze in die Zone der unreifen Eier über, so daß eine Eiröhre wie eine Perlschnur aussieht, deren einzelne Perlen nach dem dünnen Ende hin ganz gleichmäßig an Größe abnehmen" (Abb. 2 dieser Arbeit).

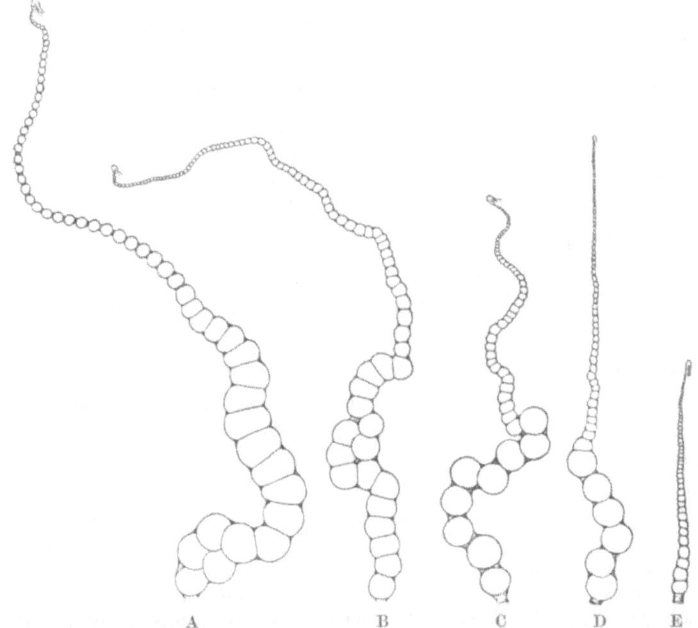

Abb. 3. Eiröhren von Forleulen verschiedenen Alters (am Eikelch abgetrennt). A frisch geschlüpft. B 3 Tage alt. C 7 Tage alt. D Eier zum größten Teil abgelegt. E Eier sämtlich abgelegt. (Aus: EIDMANN, H.: Eizahl und Eireifung einiger forstlich wichtiger Schmetterlinge. Zeitschrift für angewandte Entomologie, 13, S. 552, Abb. 3, Berlin 1928.)

„Dieses Bild ändert sich bald. Schon bei einer 3 Tage alten Forleule sehen wir, wie die Reifezone sich ganz scharf gegen den Endabschnitt

---

übrigen werden zur Ernährung der Eier, daher „Nährzellen" genannt, verwendet. Im Gegensatz zu den „telotrophen" oder „acrotrophen" Eiröhren (z. B. Hemipteren), bei denen die Nährzellen im vorderen Ende der Eizelle in einer besonderen Nährkammer versammelt sind, liegen beim polytrophen Typus die Nährzellen über die ganze Eiröhre verteilt zwischen den Eizellen, so daß Ei- und Nährkammern miteinander abwechseln. Beiden steht der „panoistische Typus" (z. B. Orthopteren) gegenüber, bei dem Nährzellen fehlen und alle Keimzellen sich zu Eiern entwickeln (Anm. d. Verf.).

der Eiröhren absetzt, so daß auf das letzte Reifei ganz plötzlich und ohne Übergang ein viel dünnerer Abschnitt folgt, der wie ein Rattenschwanz an dem prall mit dicken Eiern gefüllten Basalteil der Eiröhre anhängt. Man hat den Eindruck, daß die Eier sich nur von einem gewissen Punkte ab fertig entwickeln, der Rest aber auf der Entwicklungsstufe stehen bleibt, wie er beim Ausschlüpfen des Falters gegeben ist" (Abb. 3, B—D dieser Arbeit).

„Während bei frisch geschlüpften Forleulen in der Regel noch keine Eier in die Ovidukte übergetreten sind, finden wir später, auch wenn keine Begattung erfolgt ist, sowohl im paarigen wie im unpaaren Ovidukt Eier. Untersucht man ein totes Tier, das nach beendeter Eiablage gestorben ist, so findet man im Ovar noch eine ganze Reihe unentwickelter Eier vor" (Abb. 3, E dieser Arbeit). „Die Eiröhren sind stark kontrahiert, so daß der mit Eiern gefüllte Abschnitt der Eischläuche wie bei einem normalen Ovar den Eikelchen fast unmittelbar aufsitzt. Das Abdomen erscheint durch die erfolgte Eiablage stark verdünnt und zusammengeschrumpft."

„Zählt man die Eier in den Eiröhren aus, so findet man, daß die Gesamteizahl frisch geschlüpfter Forleulen in beiden Ovarien durchschnittlich 580 beträgt. Von diesen gelangen jedoch nur etwa ein Fünftel zur völligen Reifung und Ablage. Der Rest bleibt unentwickelt im Ovar zurück. Nach Nüsslin-Rhumbler beträgt die Eizahl der Kieferneule im ganzen gegen 300, doch dürfte diese Zahl nach dem hier Gesagten wahrscheinlich zu hoch gegriffen sein. Die geschilderten Verhältnisse gehen aus dem in der folgenden Tabelle niedergelegten Zahlen ohne weiteres hervor."

Nr.	Alter	1 Ovarialhöhe			Ganzes Ovar		Bemerkungen
		Eizahl	reif	unreif	Eizahl	reif	
1	frisch geschlüpft	59	13	46	462	104	Ovidukte nicht gefüllt.
2	frisch geschlüpft	52	11	41	416	88	Ovidukte nicht gefüllt.
3	12 Stunden	76	11	65	608	88	Eier i. d. paarigen Ovidukten
4	3 Tage	87	17	70	696	136	Eier im unpaaren Ovidukt
5	3 Tage	109	18	91	872	144	Eier im unpaaren Ovidukt
6	7 Tage	54	9	45	432	72	Eier im unpaaren Ovidukt
7	$9^{1}/_{2}$ Tage	72	12	60	576	96	Eier im unpaaren Ovidukt
8	unbekannt	64	6	58	512	48	Eier zum großen Teil abgelegt
9	unbekannt	41	—	41	328	—	Eier alle abgelegt, Tier abgestorben, Ovar stark verkleinert, Abdomen dünn

(Tabelle aus Eidmann, 6, S. 553.)

Nach Eidmanns Feststellungen ist mithin die Gesamteizahl frisch geschlüpfter Forleulenweibchen durchschnittlich 580. Von ihnen gelangen jedoch nur etwa ein Fünftel zur völligen Reifung und Ablage.

Nach brieflicher Mitteilung Eidmanns sind seine oben wiedergegebenen Angaben nur eine vorläufige Mitteilung, der demnächst eine ausführliche Darstellung mit genauen Zahlenangaben folgen soll[1]. Bis dahin muß man sich damit begnügen, durch theoretische Berechnungen auf Grund der bisherigen Feststellungen, besonders der Beobachtungen über die Zahl der von einem ♀ im Zwinger abgelegten Eier, einen Überblick über die Eizahl der Forleule zu gewinnen.

Das in EIDMANNs Tabelle angeführte ♀ Nr. 5 weist eine Gesamtzahl von 1016 unreifen und reifen Eiern auf. Nimmt man einmal 1000 als Höchsteizahl eines Forleulenweibchens an, so wäre die Höchstzahl der ablegefähigen Eier ($^1/_5$ der Gesamteizahl nach EIDMANN) 200. Auf eine etwas höhere Zahl gelangt man, wenn man theoretisch die ursprüngliche Eizahl des ♀ Nr. 9 in EIDMANNs Tabelle errechnet. Dieses Tier war gestorben, nachdem alle ablegefähigen Eier abgelegt waren. Es enthielt noch 328 unreife Eier im ganzen Ovar. Legt man die Durchschnittsgesamtzahl von 580 Eiern zugrunde, so könnte dies Weibchen 252 Eier abgelegt haben.

Die von EIDMANN gemachten Feststellungen decken sich also mit den von mir im Zwinger über die Gesamteizahl eines Forleulenweibchens gemachten Beobachtungen. 20 ♀♀ legten nach ihnen im Durchschnitt 90, im Maximum 225 Eier. ECKSTEIN stellte als Gesamtzahl im Zwinger abgelegter Eier im Mittel 150, im Maximum 291 fest.

Meine oben wiedergegebene frühere Mutmaßung, daß die Eiablage in meinen Zuchten durchweg unter der Normalleistung geblieben wäre, war daher zum mindesten was die Ablage von über 40 Eiern von einem ♀ betraf, nicht zutreffend. Es erklärt sich hieraus auch, daß die von mir 1925 im Reichsforstamt Zossen beobachtete Eiablage bei weitem nicht so gering im Verhältnis zur Zahl der ♀♀ war, als ich damals annahm. Der Fehler in meiner Annahme über die Eizahl der Forleule erklärt sich daraus, daß ich die Gesamtzahl der in den Ovarien gefundenen Eier zugrunde legte und nicht beachtete, daß, wie EIDMANN nunmehr nachgewiesen hat, nur ein geringer Teil von ihnen zur Ablage gelangt.

Zusammenfassend kann man wohl annehmen, daß die Zahl der von einem Forleulenweibchen abgelegten Eier im Durchschnitt etwa 150 beträgt. Die Höchstzahl, die nur ausnahmsweise überschritten wird, dürfte etwa 250—260 sein (ein von ECKSTEIN gehaltenes ♀ legte 291 Eier ab).

---

[1] Ihr erster Teil ist nach Drucklegung dieses Abschnittes erschienen EIDMANN, H.: Morphologische und physiologische Untersuchungen am weiblichen Genitalapparat der Lepidopteren. I. Morphologischer Teil. Zeitschrift für angewandte Entomologie, XV, p. 1–66, Berlin 1929. Unter Beigabe zahlreicher Abbildungen werden behandelt: die Segmentierung des Abdomens, die Ovarien mit ihren Ausführgängen, die Bursa copulatrix, das Receptaculum seminis, die Kittdrüsen und die Eizahl in den Ovarien frisch geschlüpfter Weibchen von *Panolis flammea* Schiff.

Beobachtungen wieviel Eier täglich von einem ♀ abgelegt werden, wurden von ECKSTEIN und mir gemacht. ECKSTEIN (6, S. 314) gibt die Legefähigkeit und die Eizahl von 3 ♀♀ wieder: a) ein ♀ legte in 10 Legetagen 219 Eier, die geringste Tagesleistung waren 5, die höchste 56 Eier; b) ein ♀ legte in 9 Legetagen 261 Eier, die geringste Tagesleistung waren 10, die höchste 79 Eier; c) ein ♀ legte in 8 Legetagen 291 Eier, die geringste Tagesleistung waren 7, die höchste 97 Eier. „Nach diesen und anderen Beobachtungen legt ein ♀ im Mittel täglich 24—29 Eier" (ECKSTEIN). In meinen Versuchen war die geringste von einem ♀ an 1 Tag agbelegte Eizahl 1 Ei; die größte Tagesleistung eines ♀ waren 145 Eier. Im Mittel wurden täglich von einem ♀ 24 Eier abgelegt (ausführliche Zahlen bei SACHTLEBEN, 3, S. 449/452).

g) Zeit und Art der Eiablage.

Beginn, Dauer und Beendigung der Eiablage hängt naturgemäß vom Beginn und der Dauer des Falterfluges ab. Wenn man jedoch weiß, am wievielten Tage nach dem Schlüpfen aus der Puppenhaut das ♀ gewöhnlich mit der Eiablage beginnt und wie lange Zeit ein ♀ durchschnittlich braucht, um seine Eier abzulegen, kann man nach sorgsamer Beobachtung des Falterfluges immerhin grob berechnen, wann die erste Eiablage stattfinden wird und wann die Haupteiablage zu erwarten ist.

Nach meinen Versuchen beginnt die Eiablage selten schon am 2., meist am 4.—9. Tage nach dem Schlüpfen. In verschiedenen meiner Zuchten fand jedoch die 1. Eiablage erst am 11., 12. oder 13. Tage nach dem Schlüpfen statt. Nach ECKSTEINS Beobachtungen (6, S. 314) beginnt die Eiablage „am 2.—9. Tag nach der Befruchtung, meist am 4., selten erst am 8. und 9., im Mittel am 5. Tag". Die Zeit, die ein ♀ braucht, um die Gesamteimenge abzulegen, ist durchschnittlich etwa 14 Tage, kann jedoch nach meinen Beobachtungen bis zu 20 Tagen betragen. So legte in meinen Zuchten ein ♀ am 9. Tage 6 Eier, am 10.: 7, am 11.: 19, am 13.: 47, am 14.: 100, am 15.: 23, am 16.: 18, am 18.: 5, insgesamt 225 Eier ab. Ein zweites ♀ legte am 13. Tage 15 Eier, am 14.: 4, am 15.: 9, am 17.: 35, am 18.: 3, am 20.: 8, insgesamt 94 Eier. Andererseits legte ein ♀ in 4 Tagen, und zwar am 8., 9., 10. und 11. Tage nach dem Schlüpfen 199 Eier; ein weiteres ♀ innerhalb 3 Tagen 97 Eier, und zwar am 6., 7. und 10. Tage nach dem Schlüpfen.

Man darf daher wohl im allgemeinen etwa eine Woche nach dem Schlüpfen der ersten Falter die erste Eiablage erwarten; also wenn der Falterflug Ende März einsetzt, etwa Ende der ersten Aprilwoche. Die Haupteiablage wird in der Regel von Mitte April bis zur ersten Maiwoche stattfinden. Bis Ende Mai wird in der Regel, wenn nicht besonders später Flug stattfindet, die Eiablage beendet sein. Als Beispiel diene das Jahr 1925, an dem ich folgende Daten im Reichsforstamt

Zossen feststellte: 26. März erster Falter beobachtet, 10. April erste Eiablage festgestellt. Hauptflugzeit vom 10. April bis Anfang Mai, Haupt-
zeit der Eiablage vom 15. April bis 8. Mai (29. Mai letzter Falter gesehen,
am gleichen Tage noch vereinzelte frische Gelege festgestellt).

Abb. 4. Eigelege der Forleule. Reichsforstamt Zossen, 24. V. 1925.

Die Eier werden vom Forleulenweibchen an die vorjährigen Nadeln
abgelegt. Über die Zahl der von einem ♀ an eine Nadel abgelegten
Eier, also über die Eizahl eines Geleges, wurden in der Literatur recht
verschiedene Ansichten geäußert. Die Angaben in der älteren Literatur,
daß das Forleulenweibchen seine Eier einzeln an die Nadeln ablegt, sind
wohl auf Kob (S. 2) zurückzuführen, der die Eiablage nach Zwingerbeobachtungen schilderte: „Es klebte an mehrerern Nadeln vorn an die

Spitze, wo die Raupen allemal zu nagen anfangen ein Ey . . .“ Wie aber JUDEICH u. NITSCHE (II, S. 930) dargelegt haben, ist KOB hier wohl eine Verwechslung mit „*Lyda stellata* CHRIST.“ (*Acantholyda pinivora* ENSLIN) unterlaufen, da die angeführten Abbildungen deutlich das Ei dieser Blattwespe und nicht das der Forleule erkennen lassen. RATZEBURG dagegen fand, aber auch wohl nur bei Zwingerbeobachtungen, daß „meist nur 6—8 in einer Reihe, aber auch bis 20 und mehr“ Eier an einer Nadel abgelegt wurden. Der Ansicht RATZEBURGs folgten alle späteren Autoren und verneinten mit Ausnahme ALTUMs die Einzelablage der Eier. ALTUM (1, III, 2, S. 135; 3, S. 199; 4, S. 86) seinerseits vertrat, jedoch nur auf Grund von Überlegungen, nicht von Beobachtungen, die Ansicht, daß die Forleuleneier einzeln an die Nadeln abgelegt würden. Nach meinen Beobachtungen finden sich jedoch sowohl einzeln an Nadeln abgelegte Eier als auch Gelege, die aus einer wechselnden Zahl von Eiern bestehen. Im Jahre 1925 stellte ich im Reichsforstamt Zossen fest, daß die Zahl der Eier in den einzelnen Eigelegen zwischen 1 und 13 schwankte. Wiederholt wurden Gelege, die nur aus einem Ei bestanden, gefunden. Am häufigsten waren Gelege mit 2—7 Eiern, seltener mit 8—13 Eiern. Als höchste Zahl eines Geleges wurden einmal im Walde 18, einmal im Zwinger 36 Eier festgestellt. JUDEICH u. NITSCHE (II, S. 931) geben als Höchsteizahl eines Geleges 22 Eier, WOLFF u. KRAUSSE (1, S. 157) 25 Eier an.

WALTERS Feststellungen über die Eiablage in der Oberförsterei Biesenthal im Jahre 1925 stimmen völlig mit meinen Beobachtungen überein: „Die Eiablage selbst war zumeist in Reihen erfolgt. Die geringste Zahl der abgelegten Eier betrug 1 bis 2 Stück je Nadel. Sie war sogar verhältnismäßig häufig zu finden. Die durchschnittliche Zahl der reihenweise an einer Nadel abgelegten Eier betrug 9 bis 10 Stück. Die höchsten Zahlen, die ich für je eine Eiablage feststellen konnte, waren 18 und 19 Stück . . .“ (WALTER, S. 24).

Die nebenstehende Abbildung gibt Nadeln mit Eigelegen wieder, die am 24. V. 1925 in einer Kiefernkrone im Reichsforstamt Zossen gesammelt wurden. Die Zahl der Eier in den Gelegen ist: 1, 1, 2, 3, 3, 4, 5, 6, 6, 7, 9, 10.

JUDEICH u. NITSCHE (II, S. 930) teilen Feststellungen des Forstrates RUEFF im Bayerischen Forstamt Grafenwöhr mit, nach denen der Belag einer Kiefernstange an Eiern proportional der Dichte der Benadelung war.

WALTER (S. 23/24) berichtet, daß nach seinen Beobachtungen in der Oberförsterei Biesenthal 1925 die Eiablage hauptsächlich an der dem Erdboden zugekehrten Nadelseite vorjähriger Kurztriebe stattgefunden hatte, bemerkt aber hierzu: „Daß sich die Eiablage nicht ausschließlich auf die morphologische Unterseite der Nadeln beschränkt — wie an manchen Stellen in der Literatur behauptet wird —, kann man der Tatsache

entnehmen, daß zahlreiche Eiablagen der Eule auf der durch Wuchs-
verkrümmung dem Erdboden in der Wachstumsperiode des Vorjahres
(1924) nachträglich zugewendeten Nadeloberseite gefunden wurden. Andererseits sind mir aber auch des öfteren Eiablagen an der im Raum
anormal orientierten morphologischen Nadelunterseite aufgefallen. Allem
Anschein nach hatte in diesen Fällen eine, nach frühzeitig erfolgter Eiablage stattgefundene, schraubenförmige Drehung um die Längsachse

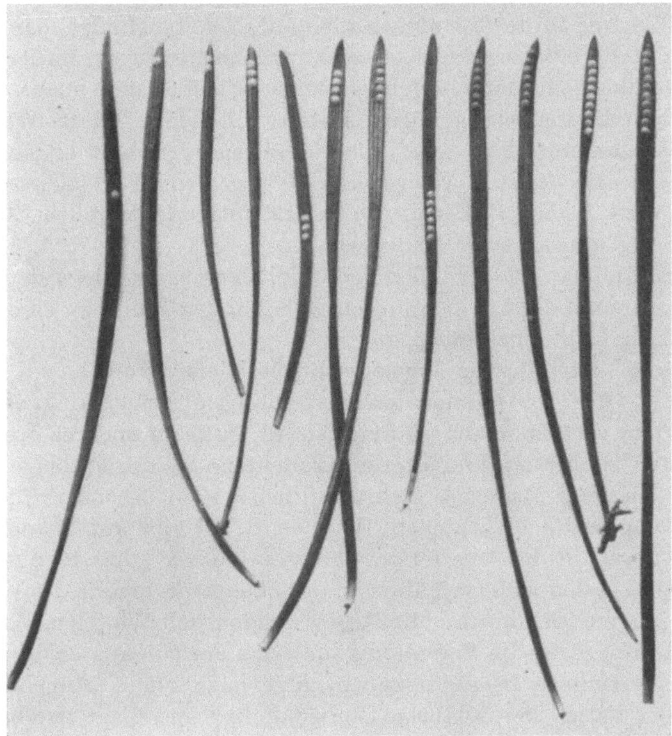

Abb. 5. Eigelege der Forleule aus einer Kiefernkrone. Reichsforstamt Zossen, 24. V. 1925.

während der diesjährigen Wachstumsperiode die Nadeln aus ihrer im
Raum normal orientierten Lage abgekehrt, so daß einzelne Stellen der
morphologischen Nadelunterseite dem von oben einfallenden Licht zu-
gekehrt waren. Eine quirlartige Vorwärtsbewegung des eierlegenden
Weibchens um die Nadel herum beim Vorgang der Eiablage scheint mir
nach den hierüber in der Literatur vorhandenen Angaben sowie nach
meinen eigenen Beobachtungen so gut wie ausgeschlossen zu sein."

Eine Bevorzugung der runden oder der flachen Seite der Nadeln bei
der Ablage der Eier konnte ich nicht feststellen: Von 436 Eigelegen fanden sich 221 auf der runden, 215 auf der flachen Nadelseite. Selten wer-

den dagegen die Eigelege auf der Nadelkante abgelegt; in einem Falle
verlief das Gelege von der flachen Seite der Nadel über die Kante auf
die runde Seite.

Bei der Eiablage hat das Weibchen den Kopf zur Nadelbasis gerichtet. Die Eigelege beginnen daher entweder unmittelbar an der Nadelspitze und ziehen sich von dieser der Nadelbasis zu, oder liegen, wenn
sie nicht an der Nadelspitze beginnen, doch in der distalen Nadelhälfte:
von 414 von mir untersuchten Gelegen begannen 217 an der Nadelspitze, 197 lagen in der distalen Nadelhälfte. Selten findet man in der
Mitte der Nadel abgelegte Gelege und nur ausnahmsweise in der proxi-
malen Nadelhälfte liegende. Auch bei ihnen ist jedoch stets noch zwischen
letztem Ei und Nadelbasis genügend Raum vorhanden, daß das Weibchen
beim Eierlegen mit dem Kopf zur Nadelbasis gerichtet sitzen kann.

Über die Zeit, die zum Ablegen eines Geleges vom Forleulenweibchen
benötigt wird, macht ECKSTEIN (6, S. 315) folgende Angaben: Zur Ablage von 12 Eiern an einer Nadel wurden je 6, 20, 5, 15, 5, 5, 5, 12, 4,
9, 6, 10, zusammen 102 Sekunden benötigt; an einer Nadel wurden ferner
binnen 3 Minuten 4 Eier, in weiteren 14 Sekunden 3 und an eine zweite
Nadel 4 Eier in je 6 Sekunden gelegt.

Über die Verteilung der Eigelege auf die Kiefernkrone haben WOLFF
u. KRAUSSE (1, S. 159) einmal geäußert, daß sie gleichmäßig über die
ganze Krone verteilt seien, während sie (8, S. 2) an anderer Stelle angeben, daß die obersten und älteren Kronenteile bei der Eiablage bevorzugt werden. Bei Massenvermehrung dürfte wohl besonders die erste
Beobachtung zu Recht bestehen. WALTER (S. 23) gibt auf Grund seiner
Beobachtungen in der Oberförsterei Biesenthal im Jahre 1925 an, daß
die Eiablage in den meisten Fällen an der oberen Peripherie des Kronen-
daches stattgefunden hatte. Mit Recht wenden sich WOLFF u. KRAUSSE
(1, S. 161/162) gegen die Vorstellung, daß das Forleulenweibchen bei der
Eiablage bestimmte Bestandestypen aktiv bevorzuge: „Angeblich bevorzugt der Falter 25—50jährige Stangenhölzer und fliegt erst bei stärkerer Vermehrung auch in den Althölzern, meidet dagegen freistehende
Kusseln und Kusselbestände. Wir sind nicht geneigt, der Annahme einer
derartigen Gesetzmäßigkeit zuzustimmen. Ein eiserner Bestand ist in
diesem Falle, wie auch von anderen Schädlingen, stets vorhanden und
um so größer, je mehr es sich um gleichartige oder gar gleichalterige
Bestände handelt. Auch zur Zeit geringer Vermehrung der Forleule wird
der Falter und beim Probesuchen die Puppe in Beständen aller Altersklassen gefunden. Daß die Licht-, Wärme- und Streuverhältnisse in
Stangenorten die Entwicklung des Schädlings mehr begünstigen, und daß
sein Fraß dort eher bemerkt wird, als es in Altholzbeständen der Fall
ist, soll nicht bestritten werden.... Nach Kahlfraß werden die nicht
eine Spur von Grün mehr aufweisenden Kronen der genannten Stangen-

und Althölzer mit derselben Beharrlichkeit von neuem mit Eiern belegt und bleiben benachbarte Kusseleien und junge Kulturen ebenso sicher vom Fluge und von der Eiablage verschont, als ob im ersteren Falle für die Nachkommenschaft ein reich gedeckter Tisch vorhanden wäre und als ob die Nadeln 'der letzterwähnten Klasse nicht existierten." Eine Eiablage in jungen Kulturen ist bisher noch nicht beobachtet worden.

Wind und ständige Luftbewegung scheinen jedoch den Falter an der Eiablage an bestimmten Stellen zu hindern. So berichtet HAUSENDORFF (1, S. 259), daß die zum Werbellinsee ziemlich steil abfallenden Bestandesränder vom Fraß verschont blieben. (Dagegen beobachtete CONRAD, 2, S. 495, daß in Ostpreußen große Kiefernbestände, die unmittelbar an den Ufern des Niedersees und des Wiartelsees lagen, befallen und völlig vernichtet wurden.) Auch sonst waren nach HAUSENDORFFs Beobachtung freistehende Bestandesränder grün geblieben oder doch weniger stark befressen. Die gleiche Beobachtung habe ich an den Randbäumen breiter Schneisen oder durch den Bestand führender Chausseen gemacht.

2. Ei.

a) Dauer der Embryonalentwicklung.

WOLFF u. KRAUSSE (1, S. 157/158) wie auch ECKSTEIN (6, S. 315/319) haben den großen Einfluß der Witterung, insbesondere der Temperatur, auf die Embryonalentwicklung (Entwicklung des Embryos von der Ablage des Eies bis zum Schlüpfen der Raupe aus dem Ei) betont.

Über die Dauer der Embryonalentwicklung hat ECKSTEIN folgende Beobachtungen auf dem Versuchsfeld gemacht:

„I. Aus 32 Eiablagen, erhalten in der Zeit vom 1. April bis 7. Mai 1913, schlüpften die ersten Räupchen nach 11—28, im Mittel nach 20 Tagen. Auffallenderweise benötigten die im Mai abgelegten Eier mit 22, 24 und 26 Entwicklungstagen etwa ebensoviel Zeit wie die Eier aus den ersten Apriltagen mit 28, 27, 26, 25tägiger Entwicklungsdauer, während die Eier vom 20.—23. April nur 11—13 Tage brauchten, um Raupen zu liefern" (ECKSTEIN, 6, S. 315).

Die Erklärung dürfte wohl darin liegen, daß (nach ECKSTEINs Tabelle, 6, S. 318) vom 26. April bis 5. Mai 1913 wesentlich höhere Temperaturen herrschten als in der vorhergehenden und folgenden Zeit.

„II. 58 Eiablagen von je einem Tag, die in der Zeit vom 1.—7. April gewonnen wurden, lieferten die ersten Räupchen frühestens nach 14, spätestens nach 31 Tagen, im Mittel nach 28 Tagen" (ECKSTEIN, 6, S. 315).

Beobachtungen bei einem weiteren Zwingerversuch im Freien, in dem die ersten Raupen nach 12—28, im Mittel nach 20 Tagen schlüpften, veranlaßten Eckstein zu der Ansicht: „Daß von diesen am selben Tag, dem 2. Mai, 17 Erstlinge erschienen sind, zeigt deutlich den Einfluß der Witterung. Wahrscheinlich wartet das Räupchen vollkommen entwickelt in der Eischale, bis es durch günstige Witterung beeinflußt die Eischale durchnagt. Die Schwankungen in der Zeit, die zum Reifen der Eier, der Eiablage und zur Embryonalentwicklung nötig ist, sind wahrscheinlich auf die im Frühjahr sehr wechselnden meteorologischen Einflüsse zurückzuführen" (Eckstein, 6, S. 316).

Von mir im Frühjahre 1925 im Freien gehaltene Zuchten zeigten ebenfalls, daß mit Vorschreiten der Jahreszeit die Dauer der Embryonalentwicklung von 26—27 Tagen bei Eiern, die am 16. April abgelegt wurden, beschleunigt wurde auf 9 Tage bei Eiern vom 14. Mai.

Je nach der Temperatur kann mithin die Dauer der Embryonalentwicklung zwischen 9 und 31 Tagen schwanken. Eckstein setzt auf Grund von 92 Versuchen als Mittel 20 Tage fest.

Über Verzögerung der Embryonalentwicklung durch kalte Witterung gibt Ratzeburg (1, II, S. 172/173) Beobachtungen aus dem Jahre 1837 wieder: Die ersten Eier wurden am 27. März abgelegt; im Zimmer schlüpften die ersten Raupen am 22. April. „Im Freien erschienen die Räupchen aber erst am 22. Mai, da der April und zum Theil auch noch der Mai, so sehr unfreundlich gewesen waren." Auch im Jahre 1851 erschienen die Raupen verspätet, da noch im Mai Kälte eintrat (Ratzeburg, 7, I, S. 151).

In den von mir im Mai 1925 durchgeführten Einzelzuchten, die aus je einem Gelege bestanden, schlüpften meist die sämtlichen Raupen eines Geleges am gleichen Tage; war dies nicht der Fall, so doch am nächsten und in seltenen Fällen am 3. Tage. Im Gegensatz zu diesem Ergebnis stehen Ecksteins (6, S. 315/316) Befunde, nach denen Zwischenräume von 1—13 Tagen zwischen dem Ausschlüpfen der Geschwister aus einem Eigelege auftreten.

b) Verfärbung des Eies während der Embryonalentwicklung.

Die Schale des Forleuleneies ist durchsichtig, glashell, irisierend. Durch den durchscheinenden Eiinhalt und den sich entwickelnden Embryo erhält das Ei im Laufe der Embryonalentwicklung eine wechselnde Färbung. Das bei der Eiablage weißlich- oder hellgrüne Ei verfärbt sich gelblich, bräunlichgelb, violettbraun und wird schließlich vor dem Schlüpfen graublau. Einzelne dunkler grüne Eier werden im Laufe der Embryonalentwicklung gelblichbraun, goldglänzend olivgrün, graublau. Der Zeitpunkt des Eintretens der verschiedenen Färbungsphasen richtet sich nach der durch die Außentemperatur bedingten Geschwindigkeit der Embryonalentwicklung. Als Beispiele mögen zwei Gelege mit verschiedenen Entwicklungszeiten dienen:

a) 1. Tag: Eier weißlichgrün   11. Tag: Eier braun, Spitze violett
   2. „   „   „   12. „   „   „   „   „
   3. „   „   „   13. „   „   violettbräunlich
   4. „   „   grünlichgelb   14. „   „   „
   5. „   „   „   15. „   „   „
   6. „   „   gelb   16. „   „   „
   7. „   „   gelbbraun   17. „   „   „
   8. „   „   „   18. „   „   graublau
   9. „   „   „   19. „   „   Raupen geschlüpft
 10. „   „   braun, Spitze violett

b) 1. Tag: Eier weißlichgrün   8. Tag: Eier olivgrau mit violettem
   2. „   „   „   Spitzenschimmer
   3. „   „   gelblichgrün   9. „   „   hellgrauviolett
   4. „   „   olivgelblich   10. „   „   grauviolett
   5. „   „   „   11. „   „   graublau
   6. „   „   olivgrau   12. „   „   3 Raupen geschlüpft
   7. „   „   olivgrau mit violettem   13. „   „   1 Raupe geschlüpft
                  Spitzenschimmer

Die im Laufe der Embryonalentwicklung wechselnde Färbung der Eier rührt, wie gesagt, von der durchscheinenden Farbe des Embryos her. Dies ist besonders deutlich kurz vor dem Schlüpfen der Raupe zu bemerken: Man sieht dann die kleine grau- oder schwarzblau erscheinende Raupe im Innern der Eischale gekrümmt liegen. Nach dem Ausschlüpfen der Raupe bleibt die glashelle irisierende Eischale übrig (Eier mit einem oder mehreren kleinen Löchern und bleibender schwarzblauer Färbung waren von *Trichogramma evanescens* WESTW. parasitiert: Fig. 6 der Farbentafel, vgl. S. 83).

c) Ausbleiben der Embryonalentwicklung.

Nach ECKSTEINS Versuchen lieferten 50 im geschlossenen Raum gehaltene Eiablagen mit 877 Eiern 643 Räupchen, d. h. 73,3%. 26,7% der Eier kamen mithin nicht zur Entwicklung. In meinen Zuchten zeigte sich häufiges Ausbleiben der Embryonalentwicklung bei Eiern von solchen Faltern, die (♂ und ♀) unter ungünstigen Bedingungen (hohe Temperaturen!) im Insektarium gehalten waren. Aus 20 627 Eiern, die im Freien in täglich befeuchteten PETRI-Schalen gehalten wurden, schlüpften nur 13 167 Raupen, 7460 oder über ein Drittel der Eier entwickelten sich mithin nicht. Dagegen schlüpften aus 3136 Eiern, die ebenso wie die vorigen gezüchtet wurden, aber von im Freien eingezwingerten Faltern stammten, 2767 Raupen; nur 369, oder kaum ein Zehntel der Eier hatten sich also nicht entwickelt.

Über die Zahl der Eier, die im Walde nicht zur Entwicklung gelangen, liegen Angaben von WALTER (S. 32/35) aus der Oberförsterei Biesenthal (1925) vor: a) von 1382 Eiern waren 131 faul oder vertrocknet und 281 gesund oder geschlüpft (920 Eier waren von *Trichogramma evanescens* WESTW. parasitiert), b) von 899 Eiern waren 48 faul oder vertrocknet und 172 gesund oder geschlüpft (679 Eier waren von *Tr. evanescens* parasitiert).

Welche Faktoren die Embryonalentwicklung verhindern können, ob unmittelbare klimatische Einflüsse auf das Ei, klimatische Einwirkungen auf die Falter (vgl. die obigen Angaben), vielleicht auch Nichtbefruchtung der Eier wäre noch zu untersuchen.

WOLFF u. KRAUSSE (1, S. 157) geben an, daß die Eier gegen Frost äußerst unempfindlich sind: „wir konnten Ende April abgelegte Eier bis zum 9. Juni in der Entwicklung so zurückhalten, daß erst vom letzten Termin an das Schlüpfen der Räupchen erfolgte, indem wir sie in der ganzen Zwischenzeit in einer Kältekammer hielten, in der die Temperatur zwischen — 3⁰ und — 11⁰ C schwankte."

3. Raupe.

a) Schlüpfen und Erscheinen der ersten Raupen, Dauer des Raupenlebens.

Die Zeit des Schlüpfens und Erscheinens der ersten Räupchen im Walde ist abhängig von der jeweiligen Flugzeit der Falter und der Dauer der Embryonalentwicklung, die, wie im vorigen Kapitel gezeigt, je nach der Witterung sehr schwanken kann. Eine Norm für das Auftreten der Forleulenraupe kann daher nicht angegeben werden. Wenn man die in den vorhergehenden Abschnitten angeführten Daten für die durchschnittliche Zeit des Falterfluges und die mittlere Dauer der Embryonalentwicklung zugrunde legt, wenn also der Falterflug Ende März einsetzt und die ersten Eiablagen etwa Ende der ersten Aprilwoche erfolgen, kann man die ersten Raupen um den 1. Mai erwarten. Wenn der Hauptflug der Falter von Mitte April bis zur ersten Maiwoche stattfindet, wird das Schlüpfen der Hauptzahl der Räupchen etwa in der Zeit vom 5. bis 20. Mai stattfinden. Früherer oder späterer Falterflug verfrüht oder verspätet natürlich diese Termine. Als Beispiel mögen wieder meine Beobachtungen aus dem Reichsforstamt Zossen im Jahre 1925 angeführt sein: 26. März erster Falter beobachtet, 10. April erste Eiablage und 1. Mai erste Raupen festgestellt.

Das Schlüpfloch, durch das das auskriechende Räupchen das Ei verläßt, ist sowohl in Form und Größe wie in der Lage sehr verschieden, so daß keine feste Regel angegeben werden kann (Abb. 5 der Farbentafel). Bei Vorhandensein ausreichender und zusagender Nahrung befrißt das frisch geschlüpfte Räupchen die Eischale nur selten oder nur schwach. Anders bei Fehlen geeigneten Futters oder bei Mangel an

Futter: Dann wird die Eischale von den Räupchen mehr oder minder stark benagt (Abb. 7 der Farbentafel).

Die Zahl und zeitliche Folge der Häutungen bei der Forleulenraupe, die Größenzunahme der Raupe und die für die einzelnen Raupenstadien charakteristische Färbung sind ebenso wie die eigentümliche spannerartige Fortbewegungsweise der jungen Räupchen und ihre Ursache im Kapitel „Gestalt und Färbung" geschildert.

Als Gesamtdauer des Raupenlebens stellte ich an eingezwingerten Raupen fest: 100 Raupen brauchten vom Schlüpfen bis zu dem Zeitpunkt, da sie sich voll erwachsen zur Verpuppung in die dargereichte Streu begaben, 28—56 Tage (vgl. SACHTLEBEN, 3, S. 461/462). Bis zur Verpuppung dauert es dann in der Regel noch 3—5 Tage. Es ist nicht ausgeschlossen, daß die Verschiedenheiten in der Entwicklungsdauer dieser Raupen bis zur Puppe durch verschiedene Fütterung verursacht worden sind. Sie waren im Zwinger mit Maitrieben und Nadeln verschiedener Kiefernarten, mit männlichen Blüten von *Pinus silvestris* L., sowie auch mit Lärchentrieben gefüttert worden. Allzu groß dürfte jedoch die Abweichung von der Normaldauer des Raupenlebens nicht sein, da völlig normal mit Maitrieben und später mit Nadeln von *Pinus silvestris* L. gefütterte Raupen 54 Tage vom Schlüpfen bis zur Verpuppung brauchten. Raupen mit der längsten Entwicklungsdauer von 56 Tagen hatten allerdings als Eiräupchen Lärchentriebe erhalten.

b) Fraßpflanzen.

Die natürliche Fraßpflanze der Forleulenraupe ist die Kiefer *Pinus silvestris* L. Im Abschnitte über die Verbreitung der Kiefer habe ich dargelegt, daß die Forleule daher nur im Verbreitungsgebiete von *Pinus silvestris* L. vorkommt, und daß Massenvermehrungen der Forleule nur in ausgedehnten Beständen von *P. silvestris* erfolgen.

Nur bei Massenauftreten, besonders dann, wenn Nahrungsmangel eintritt, werden weitere Pflanzen von der Raupe angenommen. Am stärksten werden naturgemäß andere Kiefernarten befressen, die im Verbreitungsgebiet der Forleule künstlich eingeführt sind. Besonders häufig wird berichtet, daß bei Massenvermehrungen Weymouthskiefern (*Pinus strobus* L.) befressen werden (ALTUM, 1, III, 2, S. 35; ECKSTEIN, 1, S. 504; 3, III, S. 58; JUDEICH u. NITSCHE, II, S. 931; MALKEWITZ, S. 563; WOLFF, 7, S. 739; WOLFF u. KRAUSSE, 1, S. 162). Zur Feststellung, welche Kiefernarten außer *Pinus strobus* von der Forleule befressen werden können, wurden von mir im Zwinger Schwarzkiefer, *Pinus Laricio* POIR., Bankskiefer, *Pinus Banksiana* LAMB. und Legföhre oder Latsche, *Pinus montana* MILL. versuchsweise verfüttert.

Junge Maitriebe von *P. montana* wurden von Eiräupchen gut angenommen und stark befressen; ein Unterschied gegenüber Maitrieben von

P. silvestris war nicht festzustellen. Nadeln von *P. montana*, an ältere
Raupen verfüttert, wurden, wenn andere Nahrung fehlte, gut angenommen; wurden sie zusammen mit Nadeln von *P. silvestris* verfüttert,
so wurden diese vorgezogen.

Junge Maitriebe von *P. Laricio* wurden teils schlecht angenommen,
teils aber ebenso stark befressen, wie Maitriebe von *P. silvestris*. Wurden
Maitriebe beider Kiefernarten gereicht, so wurde *P. silvestris* bevorzugt.
Nadeln von *P. Laricio* wurden von älteren Raupen gleichfalls teilweise
gut, teilweise mittelmäßig angenommen.

Nadeln von *P. Banksiana* wurden von älteren Forleulenraupen gleichfalls teils wenig, teils stark befressen.

Man kann daher annehmen, daß neben der eigentlichen Fraßpflanze:
Pinus silvestris L. und außer *Pinus strobus* L. auch andere in Forleulenfraßbeständen stockende Kiefernarten von den Forleulenraupen befressen werden können. Doch zeigten die Zwingerversuche, daß bei
gleichzeitigem Füttern mit verschiedenen Kiefernarten die natürliche
Fraßpflanze im allgemeinen vorgezogen wird. Hinsichtlich der Schwarzkiefer wurden auch im Walde während des letzten großen Forleulenfraßes ähnliche Beobachtungen gemacht. v. BURGSDORFF (S. 731) berichtet aus dem Bezirk Frankfurt a. O., daß gleichaltrige Schwarzkiefern-
horste, die sich inmitten geschlossener Bestände von *Pinus silvestris* befanden, ebenso wie einzelne Schwarzkiefern unversehrt blieben, daß dagegen Weymouthskiefern befressen wurden. Auch MINTZLAFF (S. 758)
beobachtete im Revier Lang-Heinersdorf, Kreis Züllichau, daß einge-
sprengte Schwarzkiefern zwar kahl gefressen, geschlossene Schwarzkie-
fernbestände jedoch verschont blieben. Nach Mitteilung v. KESSELS
(S. 812) wurden Bankskiefern 1924 in Niederschlesien stark befressen.

Dagegen können die sonstigen in der Literatur verzeichneten Nah-
rungspflanzen bei der an Kiefer gebundenen Monophagie der Forleulenraupe wohl nur als Notnahrung in Betracht kommen.

Über Fraß an Fichte (*Picea excelsa* LK.) wird berichtet von GÜTH
(nach RATZEBURG, 1, II, S. 172); ALTUM (1, III, 2, S. 135); ECKSTEIN
(3, III, S. 58), JUDEICH u. NITSCHE (II, S. 931); LANG (S. 28: Fichten-
unterwuchs); WOLFF u. KRAUSSE (1, S. 162); MALKEWITZ (S. 563). KÖP-
PEN (S. 373) hat angegeben, daß Forleulenraupen „keine Fichten be-
rührten, oder wenn sie durch Hunger dazu gezwungen wurden, stets um-
kamen". Andererseits teilte er jedoch eine Beobachtung BACHs mit, der
Eulenraupen auf jungen Fichten in Kiefernbeständen antraf. WOLFF
beobachtete, daß in Forleulenrevieren „die Fichte regelmäßig, ja zum
Teil vernichtend" befressen wurde. KRAUSSE hat jedoch beobachtet
(nach WOLFF, 7, S. 740), daß Weymouthskiefer der Fichte vorgezogen
wurde: „Ein etwa 20jähriger Weymouthskiefernbestand mit eingespreng-
ten gleichalterigen Fichten war von dem angrenzenden Kiefernstangen-

ort einige Meter tief mit Raupen überschüttet worden. Erfolg: Weymouthskiefern kahlgefressen, Fichten blieben unberührt." In Holland wurden nach Ritzema Bos (S. 33) Nadeln von Douglasfichten (*Pseudotsuga Douglasii* Carr.) gefressen.

Über Befall von Tanne (*Abies pectinata* Dc.) liegt nur eine Beobachtung vor: Wolff (7, S. 740) teilt eine Nachricht mit, nach der in der Oberförsterei Neuthymen bei Fürstenberg i. M. Tanne befressen wurde; die häufig als Unterholz vorkommende Fichte blieb dagegen verschont.

Fraß an Wacholder (*Juniperus communis* L.) wird angegeben von Bail (1, S. 246), Döbner (nach Judeich u. Nitsche, II, S. 932), Eckstein (3, III, S. 58), Wolff u. Krausse (1, S. 162); Malkewitz (S. 563); Wolff (7, S. 739).

Nach Ritzema Bos (S. 33) wurde in Holland von den Forleulenraupen „*Chamaecyparis Menziezii*" befressen.

Als Laubhölzer, die von der Forleule befallen wurden, werden Eiche (*Quercus* sp.) von Lang (S. 28: Eichenunterwuchs) und Ritzema Bos (S. 33: „Amerikanische Eiche"), Birke (*Betula* sp.) von Malkewitz (S. 563) und von Wolff (7, S. 739) und Weide (*Salix* sp.) von Köppen (S. 373) angegeben.

Außerdem sollen Forleulenraupen (Judeich u. Nitsche, II, S. 932 nach Döbner) an Adlerfarn, *Pteris aquilina* L., gefressen haben.

Über den Fraß an Birke und Grasunterwuchs gibt Wolff (7, S. 739) folgende Schilderung: „Sehr eigenartig und diesmal in vielen Revieren beobachtet worden ist der Fraß der Forleulenraupe an Birke. Die Raupe beißt die Blattstiele dicht am Ansatz der Blattspreite durch, so daß das Blatt zu Boden fällt. Den Blattstiel befrißt die Raupe dann vom Stumpfende her ganz nach Art einer Kiefernadel. Ähnlich sahen wir Forleulenraupen sogar am Graswuchs fressen, der in den schon in den Vorjahren stärker befressenen Orten sich reichlich entwickelt hat. Auch hier beißt die Raupe den Halm in der Nähe der Spitze durch und frißt ihn nun, mit über die Schnittstelle gebeugtem Kopfe — also in der Fraßstellung, die sie auch an der Kiefer einzunehmen pflegt— ein Stück herunter." Auch bei dem von Ritzema Bos gemeldeten Fraß an Eiche wurden nur die Blattstiele verzehrt. Fütterungsversuche mit Lärche (*Larix europaea* DC.), Fichte (*Picea excelsa* Lk.), Wacholder (*Juniperus communis* L.) und Birke (*Betula verrucosa* Ehrh.) habe ich im Zwinger durchgeführt: die jungen Eiräupchen erhielten meist neben den geschälten *Pinus silvestris*-Knospen junge Lärchentriebe, die in einzelnen Zuchten nicht, in der Regel aber schwach befressen wurden. Außerdem wurden einige Zuchten 4—5 Tage vom Schlüpfen der Raupen an ausschließlich mit jungen Lärchentrieben gefüttert. Die Nadeln wurden mäßig angenommen, immerhin aber so weit, daß der Abgang an toten Raupen nicht stärker war als in Zuchten, die mit Kiefernmaitrieben gefüttert wurden;

doch wirkte sich diese Fütterung der jungen Raupen insoweit aus, als der Zeitpunkt der Verpuppung bei ihnen weiter hinausgeschoben wurde.

Eiräupchen in Zuchten mit jungen Fichtentrieben verhungerten nahezu sämtlich; nur vereinzelte Räupchen hielten sich durch ganz schwachen Fraß 9—10 Tage am Leben.

Ebenso gingen Eiräupchen, denen Birkenblätter gereicht wurden, ohne Fraß ein.

Dagegen wurden von Raupen nach der vierten Häutung Wacholdernadeln schwach befressen; doch gelangte von diesen Raupen keine zur Verpuppung.

Was das Alter der von der Forleule befallenen Kiefernbestände anbetrifft, so findet sich in der Literatur im allgemeinen RATZEBURGs Anschauung vertreten: „Nach allen Nachrichten und meinen eigenen Erfahrungen zieht sie die Hölzer unter der Haubarkeit vor und liebt am meisten Stangenhölzer auf einem dürftigen, durch Streurechen entkräfteten Boden" (RATZEBURG, 1, II, S. 172). Auch JUDEICH u. NITSCHE (II, S. 932) betonen das Vorkommen der Forleule in Stangenhölzern von 25—50 Jahren, weisen jedoch darauf hin, daß die Forleule bei starker Vermehrung sich auch in den Althölzern findet, Überhälter annimmt und bei Kahlfraß, „trotz ihrer im allgemeinen geringen Beweglichkeit", auch in junge Kulturen wandert und diese kahl frißt. Freistehende Kusseln sollen nach JUDEICH u. NITSCHE gemieden werden und mitunter auch jüngere Kulturen neben Kahlfraßflächen verschont bleiben.

Stark und bis zur Vernichtung befressen werden auch stets bei Kalamitäten — von den herabgefallenen oder durch Witterungseinflüsse heruntergeworfenen Raupen — der Unterwuchs und die Anflugkiefern (RATZEBURG, 1, II, S. 172).

HAUSENDORFF (1, S. 260) berichtet hierüber nach seinen Erfahrungen in der Oberförsterei Grimnitz 1923/24: „Der Kiefernanflug wird in all den Beständen befressen, in denen er im Trauf oder in unmittelbarer Nähe alter Bäume steht; die einzelnen durch den Wind oder aus sonstigen Gründen herabgewehten Raupen fallen unmittelbar auf die unter den alten Kiefern stehenden Anflugpflänzchen oder doch in ihre allernächste Nähe und befressen sie und nehmen sogar ihre zarten, im Halbschatten erwachsenen Triebe. Steht der Anflug auf größeren Lücken oder Räumen, so ist er im sonst befressenen Altholz grün geblieben (vgl. auch CONRAD, 2, S. 495 u. a.).

Der jüngste Forleulenfraß in Norddeutschland hat wieder gezeigt, daß bei einer Massenvermehrung mit Kahlfraß jedes Holzalter von der 10jährigen Schonung bis zum 140 Jahre alten Altholz befressen wird; daß die Forleule dann auch nicht nur in reinen Kiefernbeständen, sondern auch in Mischbeständen frißt und selbst Feldhölzer und einzeln stehende Kiefern befallen kann (vgl. u. a. ALLERS, S. 941; BOUVIER, S. 266; LANG, S. 28; STOLBERG-WERNIGERODE, S. 788/789).

Am klarsten sind die Verhältnisse und die für sie maßgebenden Bedingungen von Wolff u. Krausse (8, S. 2) wiedergegeben worden: „Bei schwacher oder zu Beginn größerer Massenvermehrungen werden zur Eiablage die 25—50jährigen Stangenhölzer bevorzugt, wo die Eule die günstigsten Lebensbedingungen hat. Halten günstige Witterungsbedingungen an, so hebt sich auch in den Althölzern, Dickungen und sogar Schonungen die Zahl der auch dort in anderen Jahren stets in geringer Menge vorhandenen Forleulen in solchem Maße, daß es auch hier zu einer starken Eiablage und einem entsprechenden gefährlichen Fraß kommt."

Soweit hier über die Frage nach dem Alter der befallenen Bestände. Da sie ebenso wie die Bodenfrage bei der Entstehung einer Kalamität eine bedeutende Rolle spielt, wird sie in dem hierüber handelnden Kapitel noch näher besprochen werden.

c) Fraß der jungen Raupe.

Ratzeburg hat zuerst darauf aufmerksam gemacht, daß sich die junge Forleulenraupe anders ernährt als die ältere: „Eine Eigentümlichkeit haben die Forleulenraupen im Fraße, die wir bei keiner anderen Kienraupe wiederfinden und die den Bäumen höchst nachtheilig ist ... die eben auskommenden Räupchen sahe ich nämlich gleich auf den sich entwickelnden Maitrieb wandern, wo sie sich durch die rothen Ausschlagsschuppen bis zur Scheide der jungen Nadeln hindurchfressen und oft so tief darin stecken, daß man sie gar nicht bemerkt. Sie fressen anfänglich nur kleine Bissen aus den Nadeln, später aber verzehren sie sie von der Spitze gegen die Basis, jedoch so, daß sie an der Fraßfläche immer nur kleine Bissen wegnehmen. Oft fressen sie die ganze Scheide mit weg. Die jungen Kiefern, auf welche ich eine Portion Eier im Mai ausgesetzt hatte, waren bis zum Ende Juni's hart mitgenommen. Die Maitriebe sahen ganz braun aus" (Ratzeburg, 1, II, S. 172). Auch in späteren Schriften (5, S. 40; 9, S. 180) hat Ratzeburg wiederholt darauf hingewiesen, daß der Fraß des jungen Räupchens durch Beschädigung der Maitriebe besonders schädlich wirkt. In seiner „Waldverderbniß" (S.154) hat er sich nochmals eingehend auf Grund seiner Beobachtungen aus den Jahren 1858/1859 über diesen Gegenstand ausgesprochen: „Das Wichtigste und Eigenthümlichste bleibt immer das Einbohren der jungen Räupchen in die weichen Maitriebe ... Ich kann den Eindruck, welchen der Fraß an den Maitrieben hervorbringt, auch nicht besser als mit „Krümmung, Herabhangen und Braunwerden" bezeichnen. Im Juni fand ich zwar hin und wider die kleinen Bohrlöcher ziemlich verwachsen und nur noch an braunen Flecken kenntlich; dies konnte die Triebe aber doch nicht retten ..." Altum (1, III, 2, S. 136; 4, S. 86/90) hat die Angaben Ratzeburgs lebhaft bestritten. Judeich u. Nitsche (II, S.932)

haben ebenfalls RATZEBURG zum Vorwurf gemacht, daß er das Ein-
fressen der Raupen in junge Triebe zu sehr betont hätte. Doch geben
sie weiterhin zu, daß — mit dieser Einschränkung — RATZEBURGS allgemeine Darstellung zu Recht bestehe, da die Zerstörung der jungen
Triebe von hervorragender Schädlichkeit sei. Sie haben jedoch über-
sehen, daß nicht nur die hervorragende Schädlichkeit durch Zerstörung
der jungen Triebe eine eingehende Untersuchung und Behandlung rechtfertigt, sondern daß die Fraßart des Eiräupchens für das Entstehen oder
das Nichtzustandekommen einer Forleulenkalamität maßgebend sein
kann. Hierauf haben neuerdings WOLFF u. KRAUSE (1, S. 158) ausführlich hingewiesen: „Die jungen Räupchen sind durchaus darauf angewiesen, daß ihnen schon in den ersten 3—4 Tagen — länger vermögen
sie nach unseren Beobachtungen nicht zu hungern — die jungen Nadeln
des Maitriebes wenigstens im ersten Stadium des Hervorbrechens zugänglich sind. Sie sind nämlich streng monophag und außerstande, die
vorjährigen Nadeln anzugreifen. Es muß also mindestens der Spitzenteil der jungen Nadel, eventuell noch mit der umgebenden Scheide so
weit freistehen, die Triebachse also sich derartig entwickelt und gestreckt
haben, daß die junge Raupe, die zu diesem Zwecke eventuell ein rundes
Loch in die Nadelscheide schneidet, entweder die Nadel oder aber die
zarte grüne Triebrinde benagen kann. Anderfalls muß die Raupe ver-
hungern, und hieraus, nicht nur durch die Tätigkeit zahlreicher Parasiten und pflanzlicher Krankheitserreger, erklärt es sich, daß nicht selten
trotz starken Falterfluges und reichlicher Belegung der vorjährigen Nadeln mit Eiern die Entwicklung einer Fraßkalamität oder wenigstens
eines verhängnisvollen auf ein Vorfraßjahr folgenden Kahlfraßes unter-
bleibt. (Daß die Räupchen regelmäßig die leeren Eischalen fressen, haben wir nicht beobachtet.) Wenige warme Tage im zeitigen Frühjahr
wirken sowohl auf die schlüpfbereite Puppe, wie auf das Tempo der
Embryonalentwicklung des Eiräupchens viel energischer ein, als auf die
Beschleunigung der Entwicklung des Maitriebes. Als Norm für das Erscheinen der Räupchen können daher die letzten Tage des April angesehen werden. Räupchen, die wesentlich früher auskommen, sind in
den meisten Jahren dem Untergang geweiht" (vgl. auch WOLFF, 3,
S. 80/81).

Bei der Wichtigkeit dieser Frage habe ich ihr im Jahre 1925 sowohl
in Zwingerversuchen, als auch bei der Beobachtung im Walde besondere
Aufmerksamkeit gewidmet und folgendes festgestellt:

WOLFF u. KRAUSSES Beobachtung, daß Forleulenraupen nicht länger
als 3—4 Tage hungern können, ist auch nach meinen Versuchen durchaus zutreffend. Von 359 Eiräupchen überlebten eine Hungerzeit von
4 Tagen nur 19 Raupen, von denen nur 1 zur Verpuppung gelangte.
Unter 419 Eiräupchen überstanden eine Hungerperiode von 3 Tagen nur

87; eine solche von 2 Tagen 244 Räupchen. Eintägiges Hungern überlebten von 457 Eiräupchen 370.

Das junge Eiräupchen ist nicht imstande, vorjährige Kiefernnadeln anzugreifen, sondern ist für den Fraß seiner ersten Lebenszeit auf den Maitrieb und seine jungen Nadeln angewiesen. Dagegen vermag das ältere Eiräupchen kurz vor der ersten Häutung in vereinzelten Fällen vorjährige Kiefernnadeln zu befressen. So erreichten von 578 Raupen, die bis kurz vor der ersten Häutung mit Kiefernknospen gefüttert wurden und dann vorjährige Nadeln erhielten, 84 noch das Einhäuterstadium; die Nadeln waren in der Regel sehr schwach, nur in seltenen Fällen stärker befressen. Von diesen 84 Raupen, die sämtlich im Vergleich zu anderen, mit Maitrieben gefütterten Raupen in der Größe sehr zurückblieben, wurden nur 15 noch zu Zweihäutern; auch diese starben sämtlich vor der dritten Häutung. WOLFF u. KRAUSSES Angabe, daß die Forleule bis zur ersten Häutung als Nahrung des Maitriebes bedarf, ist daher auch durch meine Versuche bestätigt.

Es fragt sich nun, welches Entwicklungsstadium des Maitriebes dem Eiräupchen als erste Nahrung dienen kann. WOLFF u. KRAUSSE (1, S.158) geben an, daß „mindestens der Spitzenteil der jungen Nadel, eventuell noch mit der umgebenden Scheide so weit frei stehen muß, die Triebachse also sich derartig entwickelt und gestreckt haben" muß, „daß die junge Raupe, die zu diesem Zwecke eventuell ein rundes Loch in die Nadelscheide schneidet, entweder die Nadel oder aber die zarte grüne Triebrinde benagen kann".

Zur Klärung dieser wichtigen Frage habe ich in einer großen Zahl von Zwingerversuchen zahlreichen frisch geschlüpften Forleulenräupchen Maitriebe in den verschiedensten Entwicklungsstadien vorgelegt. Es zeigte sich, daß — wenigstens im Zwinger — Maitriebe bereits in einem früheren Entwicklungszustand (wenn die Hüllblätter anfangen sich zu lockern) vom Forleulenräupchen befressen werden können, als WOLFF u. KRAUSSE annahmen. Die Abbildungen 6—12 werden besser als Beschreibungen den Entwicklungszustand des Maitriebes erkennen lassen, der jungen Forleulenräupchen als Nahrung dienen kann. Abb. 6 stellt einen Maitrieb dar, der von den Räupchen noch nicht befressen werden kann; Abb. 7 und 9 zwei aufeinander folgende Entwicklungsstadien des Maitriebes: In diesem Zustande kann der Maitrieb bereits von den Räupchen angenommen werden. Dies zeigen Abb. 7 und 9 (je ein Einbohrloch eines Räupchens in der Knospe sichtbar) und Abb. 8 (Inneres der durchschnittenen und vergrößerten [5 : 1] Knospe aus Abb. 7). Wie die Bilder erkennen lassen, bohren sich die Räupchen tief in die Knospe ein und höhlen diese von innen aus. Die Räupchen sind dann meist im Innern der Knospe, in der sie minieren, ganz verborgen, wie dies schon RATZEBURG beschrieb. Nicht immer dringen die Räupchen in das Innere ein,

sondern sitzen auch häufig schabend und nagend auf der Knospe, reißen
die Hüllblätter auf oder durchbeißen sie und befressen dann die darunter
liegenden jungen Nadeln (Abb. 10. Den Minierfraß des jungen Forleulen-

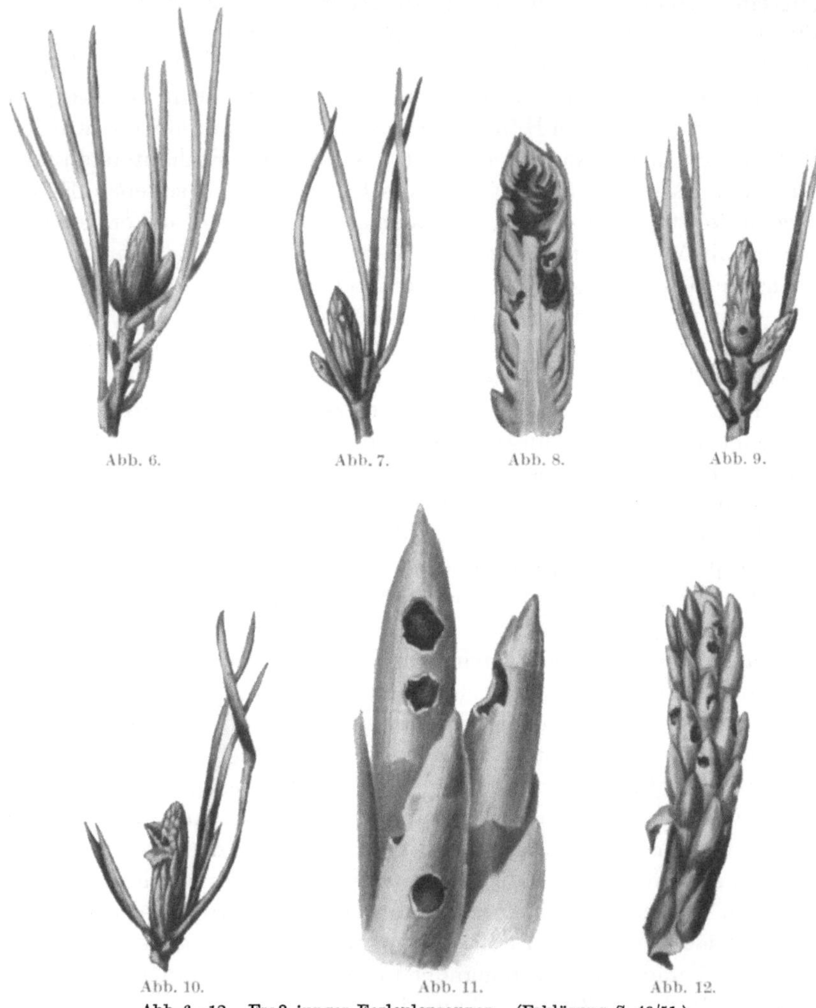

Abb. 6—12. Fraß junger Forleulenraupen. (Erklärung S. 49/51.)

räupchens gibt der auf Abb. 11 dargestellte offene Maitrieb [Vergr. 8 : 1]
von *Pinus Lacicio* POIR. deutlich wieder). Bei diesen Versuchen könnte
man den schon von ALTUM (4, S. 87) gegenüber RATZEBURGS Beobachtungen gemachten Einwand geltend machen, daß es Zwingerversuche
seien, und daß im Walde das Einbohren der jungen Raupen im Maitriebe ihr Ersticken im Safte zur Folge haben müßte. Abb. 12, die einen

im Reichsforstamt Zossen am 21. Mai 1925 gesammelten Maitrieb in Vergrößerung (3 : 1) darstellt, zeigt, daß auch im Walde den Raupen das Einbohren in Maitriebe gelingt. (Eine sehr anschauliche Abbildung der Fraßspuren junger Forleulenraupen in Maitriebe findet sich auch bei Koch, Abb. 47.) Dieser bereits weit entfaltete Maitrieb dürfte das Entwicklungsstadium sein, das die Forleulenraupen — wenigstens die Hauptmasse der Raupen — gewöhnlich im Walde beim Schlüpfen vorfinden.

Meine Zwingerversuche haben ergeben, daß bereits Maitriebe in einem noch recht unentwickelten Zustand vom Eiräupchen angenommen werden können. Hierzu sind allerdings nicht alle Raupen befähigt, ein großer Teil geht zugrunde, wenn ihm Maitriebe in dieser Entwicklung vorgesetzt werden. Immerhin dürfte eine derartige Entwicklung des Maitriebes im Walde genügen, um wenigstens eine Anzahl der Forleulenräupchen am Leben zu erhalten.

Bei der Beurteilung der Wichtigkeit der Erstlingsnahrung der Forleule ist des weiteren zu bedenken, daß das Schlüpfen sämtlicher Falter nicht in wenigen Tagen vor sich geht, sondern sich einige Wochen hinzieht, daß demgemäß von der ersten bis zur letzten Eiablage und entsprechend vom Schlüpfen der ersten bis zum Auskommen der letzten Raupen ein gewisser Zeitraum vergeht; wenn also auch die ersten Räupchen mit einer solchen Notnahrung vorlieb nehmen müssen, werden die späteren doch bereits weiter entwickelte Maitriebe vorfinden. Ferner ist auch zu berücksichtigen: wenn nach anfänglich günstigen Temperaturen, die ein Schlüpfen der Falter und Eiablage veranlassen, Kälterückschläge eintreten, die einen Stillstand in der Entwicklung des Maitriebes hervorrufen, so ist dies auch wiederum für die Forleule nicht ungünstig; bei der großen Abhängigkeit der Embryonalentwicklung von der Temperatur wird durch die Kälte auch ein späteres Schlüpfen der Raupen bedingt werden. (Wie Wolff, 3, S. 80 selbst beschrieben hat, kann auch kalte Witterung das Schlüpfen der Falter unterbrechen, so daß trotz frühen Schlüpfbeginns und später einsetzender Kälte doch die Hauptmasse der Raupen den Maitrieb noch rechtzeitig erreicht.) Allerdings wird bei Obwalten solcher Verhältnisse wenigstens ein starker Abgang an jungen Eiräupchen und damit eine Minderung der Kalamität eintreten. Ein Eingehen sämtlicher Räupchen und damit der Zusammenbruch einer Kalamität dürfte wohl nur bei Vorliegen besonders ungünstiger Witterungsverhältnisse eintreten, nämlich dann, wenn alle Eiräupchen noch völlig geschlossene Maitriebe in ihren ersten Lebenstagen vorfinden.

Die von Wolff u. Krausse dargelegte Ansicht, daß die Entwicklung des Maitriebes maßgebend für die Entwicklung einer Fraßkalamität oder wenigstens eines verhängnisvollen auf ein Fraßjahr folgenden Kahlfraßes sein kann, scheint mir daher bei Vorwalten bestimmter Witterungsverhältnisse richtig zu sein. Ich möchte jedoch annehmen, daß in Jahren mit normalem Witterungsverlauf die Forleulenraupen — zum mindesten der größte Prozentsatz der Raupen — beim Schlüpfen bereits befreßbare Maitriebe vorfinden, die in der Regel etwa einen Entwicklungszustand aufweisen werden, wie die auf Abb. 11 und 12 dargestellten Maitriebe. Die jungen Räupchen bohren sich dann in die jungen Nadeln ein und fressen si⟩ von innen aus. Nach Wolff u. Krausse (8, S. 4; 2, S. 135) wird auch die zarte grüne Rinde der sich streckenden Maitriebe plätzend befressen, so daß die Triebe welken, herabhängen und braun werden. Diesen Fraß an der Rinde der Maitriebe habe ich — allerdings nur in Zwingerversuchen — ebenfalls beobachtet.

Eckstein (3, III, S. 58) hat für den Fraß der jungen Forleulenraupe die Frage aufgeworfen: „Ob zuerst an den männlichen Blüten der Kiefer? Dann an den Nadeln der Maitriebe.“ Hierzu wäre zu sagen, daß wohl meist der Maitrieb bereits früher einen Entwicklungszustand erreicht, der einen Fraß des Eiräupchens möglich macht, als die männlichen Blüten. Auch würden bei Massenauftreten der Forleule die männlichen Blüten wohl nicht als Nahrung für die Raupen ausreichen, die sich in der Mehrzahl doch an die Maitriebe halten müßten. Andererseits zeigten mir aber zahlreiche Zwingerversuche, daß bei Darreichung von männlichen Blüten und Maitrieben die männlichen Blüten fast immer vorgezogen und stärker befressen wurden. Reichte man den jungen Raupen einen Kieferntrieb mit männlichem Blütenstand an der Basis des Maitriebes, so wurde häufig der männliche Blütenstand stark befressen, der Maitrieb aber schwach oder gar nicht. Ecksteins Vermutung ist daher insofern durchaus berechtigt, als vom Eiräupchen — wenn die Gelegenheit vorhanden ist — die männliche Blüte dem Maitriebe vorgezogen wird.

d) Fraß der älteren Raupe.

Nach der ersten Häutung vermag die Raupe die vorjährigen Nadeln zu befressen; sie zog jedoch in meinen Zwingerversuchen, wenn ihr Maitriebe gereicht wurden, diese vor. Auch Wolff u. Krausse (1, S. 159) berichten, daß schon der Einhäuter die vorjährigen Nadeln anzugreifen beginnt. Die Raupe nach der zweiten Häutung vermag sich schon durchaus von alten, vorjährigen Nadeln zu ernähren. Doch soll sich auch die ältere Raupe (nach Wolff u. Krausse, 8, S. 4) noch gern an die Mainadeln halten, so daß bei Massenauftreten die Maitriebe bald völlig oder bis auf die obersten (zuletzt entwickelten) Nadeln kahl gefressen sind.

Die alten vorjährigen Nadeln werden von der Spitze her nach der Nadelbasis zu aufgefressen. Die Nadel wird bis in die Scheide hinein aufgezehrt, oder es wird ein mehr oder minder langer aus der Nadel-

scheide hervorragender Stummel stehen gelassen. In diesem Falle sind
die beiden Reste eines Nadelpaares nicht immer gleich lang. In seltenen
Fällen wird die Nadel nicht von der Spitze her verzehrt: die Raupe beginnt dann in der Mitte der Nadel diese von der Kante her anzufressen,
bis die Nadel an dieser Stelle durchnagt ist; der Spitzenteil fällt zu Bo-

Abb. 13. Von Forleulenraupen befressene Kiefernzweige. Oberförsterei Oberspree, 10. VII. 1924.
(Auf dem rechten Zweige von *Empusa aulicae* REICH. befallene Raupen.)

den, der basale Teil wird nach dem Ast zu wie sonst üblich aufgefressen.
Aus den Stummelenden der Nadeln wie auch aus Rindenverletzungen
treten kleine Harztröpfchen aus.

Die Haltung der Raupe beim Fraße ist von ESPER (S. 352) anschaulich geschildert worden: „Im ruhenden Stand schließt sie sich nach der
Länge des Nadelblattes sehr gedränge an, bey dem Genuss ihres Futters
aber, erhebt sie die vorderen Ringe über die Spitze des Blatts, und

benagt den äußersten Theil desselben in gekrümmter Stellung, wo es dann das Ansehen hat, als würde es ganz in ihren Körper eingeschoben."

Über den Nadelverbrauch der älteren Raupe hat ECKSTEIN (6, S. 321) folgende Feststellung gemacht: Zwischen der dritten und vierten Häutung frißt die Raupe durchschnittlich 31 Nadeln; ihr täglicher Bedarf sind 6 Nadeln. Nach der vierten Häutung frißt die Raupe sehr stark

Abb. 14. Befressenes Stangenholz in der Oberförsterei Oberspree, 10. VII. 1924. (An der linken Kiefer ist zu erkennen, wie der Fraß der Eulenraupe sich von unten nach oben bewegt.)

und verbraucht in diesem letzten Stadium vor der Verpuppung im Mittel 192 Nadeln, an einem Tage vertilgt sie etwa 18 Nadeln.

Wie WOLFF u. KRAUSSE (8, S. 4) betonen, schreitet daher um die Zeit, wenn die Mehrzahl der Raupen die vierte Häutung hinter sich hat, die Wirkung des Fraßes außerordentlich rasch fort. Binnen einer Woche kann sich Lichtfraß zum Kahlfraß steigern (vgl. JUDEICH u. NITSCHE, II, S. 931).

Nach Krausses (2, S. 105) Feststellungen brauchte eine Raupe zum Durchbeißen einer vorjährigen Nadel 50 Sekunden; darauf wurde in 2 Minuten etwa 1 cm der Nadel gefressen.

Es ist noch hinzuzufügen, daß sich nach Hess-Beck (S. 460) bei Massenvermehrung und Nahrungsknappheit die Raupen auch an jungen Kiefernzäpfchen vergreifen.

Was die Richtung des Fraßes an der einzelnen Kiefer anlangt, so stimmen alle Beobachter überein, daß sich der Fraß von unten nach oben bewegt. Als Erklärung dieser Erscheinung nimmt man seit Altums (4, S. 90) Beobachtungen an, daß die herabgefallenen oder vom Winde herabgeworfenen Raupen von den unteren Zweigen der Krone aufgefangen werden, diese zuerst befressen und dann den Fraß nach obenhin fortsetzen. Die untersten Zweige werden daher anfangs am stärksten befressen; bei einer Massenvermehrung mit ausgedehntem Kahlfraß verwischt sich natürlich dieses Bild bald (vgl. Abb. 14). Nach Wolff u. Krausses (1, S. 159) Feststellungen bewegt sich der Fraß außerdem infolge des primären Triebfraßes von den äußersten Zweigspitzen beginnend nach dem Inneren der Krone zu.

e) Spinnen der jungen Räupchen, Verhalten der Raupen im Zwinger.

Über das Spannen der jungen Forleulenraupen ist im Kapitel „Gestalt und Färbung" berichtet worden. Das Spinnen der jungen Forleulenraupen hat schon Kob (S. 3) beobachtet: „So wächst die Raupe wacker bei gutem Fraß im Walde, den sie sich schon selbst, so zu sagen fliegend, an einem Faden, den sie aus dem Maul spinnt zu verschaffen weiß, wenn ihr auf dem Baum worauf sie gebohren ist nicht ferner das Futter ansteht . . ." Im Walde wird das Spinnen besonders auffallend, wenn man Stämme, die mit Raupen besetzt sind, anprellt oder Zweige abklopft. Hierdurch beunruhigt lassen sich die Räupchen an einem Spinnfaden herab. Sowohl Eiraupe wie Ein- und Zweihäuter spinnen, letztere jedoch seltener; nach der dritten Häutung bemerkte ich das Spinnen nicht mehr. Nach Judeich u. Nitsche (II, S. 931) und Wolff u. Krausse (1, S. 160) verliert die Forleulenraupe durchschnittlich Ende Mai ihr Spinnvermögen. Wenn Stämme, die mit solchen älteren Raupen besetzt sind, angeschlagen werden, fallen die Raupen ohne zu spinnen herab. Ratzeburg (1, II, S. 173) gibt an, daß die jungen Räupchen im Zwinger die ganzen Nadeln zusammenspinnen; ich selbst habe im Zwinger kein Spinnen beobachten können.

Die „Unverträglichkeit" der Forleulenraupen hat Kob (S. 7) (dessen Beschreibung wohl Zinke und Hennert gefolgt sind) sehr ansprechend geschildert: „Die Forlraupen sind nicht gesellschäftlich und wenn man auch bißweilen, besonders junge noch beysamen sah, so war doch unter ihnen beym geringsten Anlass ein Schlagen mit dem halben Vorderleib gegeneinander und die den stärksten Schlag bekam, fiel gleich ab. Die größern ältern Raupen aber sind sehr empfindlich, und so zu sagen böß, hauptsächlich im Walde, und nicht so sehr im Zimmer, wo sie bald zahmer werden. Wenn zwoo Raupen ungefähr im hurtigen muntern Gang zusammentreffen, so schlagen sie gleich hefftig gegeneinander, bleiben so dann beyde in einer entschloßenen drohenden erwartenden Positur mit dem halben Leib in der Höhe sitzen, und ein guter Physiognomist würde vielleicht manches in ihren Augen alsdann lesen, die ich selbst oft mit Verwunderung betrachtete. Gemeiniglich giebt eine oder die andere Raupe nach, und fällt oder spinnt sich herab, und räumt so fliehend das Feld. Wenn die Raupen von Mucken, Spinnen, Ameißen, Ichneumons, Schlupffwespen angegriffen werden, so wehren sie sich besonders gegen Ameißen und Spinnen recht verzweiffelt, und wälzen sich mit dem Feinde viertelstundenlang auf der Erde herum, wobey dieser offt verstümmelt und an Gliedern gelähmt unterliegt."

Nicht nur bei der Abwehr von Parasiten, sondern auch im Verhalten der Raupen eines Zuchtgefäßes untereinander habe ich öfters ähnliche Kämpfe wie Kob beobachten können. In zwei Fällen wurde sogar eine (lebende!) Raupe von einem Zwingergenossen angefallen und zur Hälfte aufgefressen.

Wiederum Kob hat bereits die Schwierigkeit der Züchtung junger Forleulenraupen beschrieben: „Zu Hauß aber sterben die jungen Raupen fast alle in wenigen Tagen, und die man aus dem Wald nach Hauß bringt gar alle in noch kürzerer Zeit." Auch Esper (S. 349) und Zinke (S. 104) berichten über die schlechte Züchtbarkeit junger Forleulenraupen. „Im Stande der Freyheit gedeihen sie besser als in der Gefangenschaft, und wenn sie noch so gut gewartet werden, so will ihre Verwandlung doch nicht recht glücken" (Zinke). Auch bei meinen Zuchten war die Sterblichkeit der Raupen, besonders der Eiräupchen, außerordentlich groß. So gingen z. B. von 1815 Raupen vor der ersten Häutung 1404 und zwischen erster und zweiter Häutung 240 Raupen ein. Die schlechte Züchtbarkeit der jungen Forleulenraupen ist (schon Kob schrieb „wegen des Futters") zum Teil aus der schwierigen Beschaffung geeigneten Futters zu erklären. Da die Raupen im Zwinger in der Regel früher schlüpfen als im Freien, sind die Maitriebe der Kiefer noch nicht so weit entwickelt, daß sie ohne weiteres den Eiräupchen als Futter gereicht werden können. Die ersten Eiräupchen wurden daher von mir anfangs mit geschälten und meist auch zerschnittenen Kiefernknospen gefüttert; als die Maitriebe weiter entwickelt waren, erhielten die Raupen diese unvorbehandelt. (Etwa von der zweiten Häutung an können die Raupen mit vorjährigen, und wenn sich der Maitrieb genügend entwickelt hat, auch mit diesjährigen jungen Kiefernnadeln gefüttert werden.) Andererseits ist es aber eine bekannte Erscheinung, daß die Sterb-

lichkeit der Raupen im Zwinger besonders hoch im ersten Entwicklungsstadium ist. So berichtet z. B. auch KNOCHE für die Nonne, „daß die
physiologisch schwachen Tiere zumeist vor der ersten Häutung sterben"
(S. 773). Für das Verhalten im Walde vermutet KNOCHE: „Draußen
im Walde sterben wohl alle solche physiologisch schwachen Raupen vorzeitig ab."

4. Puppe.

a) Zeitpunkt der Verpuppung, Abwandern vom Baum, Lage der Puppen im Bestande.

Auch für den Zeitpunkt, an dem die Verpuppung der Forleulenraupe
beginnt, kann ebensowenig wie für Beginn, Dauer und Beendigung der
vorhergehenden Entwicklungsstadien eine feste, für jedes Jahr geltende
Norm angegeben werden. Früher Falterflug, kurze Dauer der Embryonalentwicklung und damit auch frühes Schlüpfen der Raupen wird ein
frühes Einsetzen der Verpuppung zur Folge haben und umgekehrt. Trotz
frühen Falterfluges kann sich jedoch, wie wir schon sahen, das Schlüpfen
der Raupe verzögern, wenn die Embryonalentwicklung durch ungünstige Witterung verlangsamt wurde; dann wird auch die Verpuppung
der Raupen erst zu einem späteren Zeitpunkt einsetzen.

Die ersten verpuppungsreifen Raupen kann man gegen Ende Juni
erwarten. Da es noch 3—5 Tage nach ihrem Eindringen in die Bodendecke dauert, bis sie sich zur Puppe häuten, können Anfang Juli die
ersten Puppen gefunden werden. Als Beispiel (selbstverständlich nur
für ein bestimmtes Jahr und nicht als Regel) mögen wieder meine Beobachtungen im Reichsforstamt Zossen (1925) dienen: 26. März erster
Falter, 10. April erste Eiablage, 1. Mai erste geschlüpfte Raupen,
27. Juni erste verpuppungsreife Raupen beobachtet. Gegen Ende Juli
wird die Mehrzahl der Raupen verpuppt sein, Anfang August werden
sich in der Regel die letzten verpuppungsreifen Raupen in den Boden
begeben haben, so daß spätestens von Mitte August ab alle Forleulen
als Puppen im Boden ruhen werden. (RITZEMA BOS, 3, S. 35, berichtet
allerdings, daß sich bei der letzten Forleulenkalamität in Holland die
Raupen erst im August und noch später verpuppt hätten, ja daß sogar
noch im November 1919 lebende Forleulenraupen gesehen wurden.)

Die Puppenruhe dauert den folgenden Herbst und Winter über, bis
im kommenden Frühjahre die Falter zu dem im ersten Abschnitt dieses
Kapitels geschilderten Zeitpunkt aus der Puppe schlüpfen.

Die verpuppungsreife Raupe, deren Färbung im Kapitel „Gestalt
und Färbung" geschildert wurde, zieht sich etwas zusammen und liegt
— nach Zwingerbeobachtungen — wurmförmig gekrümmt da. In diesem Stadium kann die Raupe nicht mehr kriechen, sondern bewegt sich,

besonders wenn sie berührt wird, schnellend und schlängelnd fort. Wurden solche Raupen in Zuchtgefäßen, die mit Erde und auf dieser mit einer dicken Streulage gefüllt waren, auf die Streu gelegt, so bohrten sie sich meist augenblicklich in die Streu ein; nur wenige verweilten noch kurze Zeit an der Streuoberfläche. Ich habe nicht beobachten können, ob dieses Stadium im Walde bereits auf dem Baume erreicht wird oder erst, wenn die verpuppungsreife Raupe zu Boden gelangt ist.

Soweit Angaben in der Literatur vorliegen, wird stets berichtet, daß die verpuppungsreifen Raupen am Stamme herabwandern oder sich vom Baum herabfallen lassen (vielleicht die Raupen in dem vorher beschriebenen Entwicklungsstadium?). Nur STUBENRAUCH (S. 550) gibt an, daß die Eulenraupen nicht den Stamm herabwandern, sondern „von den Spitzen der Äste spinnend oder fallend irgendwie auf den Boden gelangen". Auch ESPER (S. 353) schildert, daß sich die erwachsene Raupe „. . . vermittelst befestigter Fäden auf den Boden" herablasse.

Die aus der Krone herabfallenden Raupen gelangen überall im Kronenbereich zu Boden. Wie JUDEICH u. NITSCHE (II, S. 931), sowie WOLFF u. KRAUSSE (1, S. 160) berichtet haben, unternehmen die verpuppungsreifen Raupen, nachdem sie zu Boden gelangt sind, noch eine Wanderung von einigen wenigen Metern, ehe sie sich in die Streu oder in streuarmen Beständen in den Mineralboden hineinarbeiten. Die Forleulenpuppen liegen daher nicht allein in einem Umkreise um den Stamm, sondern im gesamten Kronenbereich und gelegentlich auch noch außerhalb desselben. Das von JUDEICH u. NITSCHE und WOLFF u. KRAUSSE beobachtete Wandern der verpuppungsreifen Raupe ist auch ein Beweis für die Vermutung, daß die Raupe zur Verpuppung geeignete Plätze aktiv aufsucht (vgl. Kapitel VII, 1, b).

b) Lage der Puppen im Boden und Puppenlager.

Die Lage der Puppen im Boden richtet sich nach der Bodendecke und der Bodenflora; sie wird deshalb in der Literatur recht verschieden angegeben. HENNERT (S. 32): „. . . in dem Moose, öfters aber 2 Zoll tief in der Erde"; ZINKE (S. 104): „. . . in lockerer Erde, unter dem Moose und in abgefallener Streu"; BECHSTEIN u. SCHARFENBERG (S. 542): „. . .in der Erde, unter der Streu oder im Moos". RATZEBURG (1, II, S. 173) berichtet nach PFEILS Beobachtungen, „daß sich die Puppe 2—3″ tief in die Erde eingräbt und zwar in Ermangelung von Streu und Moos". Dieselbe Feststellung sei ihm auch von einigen zuverlässigen Forstmännern erzählt worden. Er selbst habe diese Erscheinung nie wahrnehmen können: Sowohl Untersuchungen an ziemlich schwach bemoosten Stellen eines stark befressenen Reviers wie auch Versuche, die in sehr lockerem Boden unternommen wurden, hätten stets die Puppen an der Oberfläche der Erde gezeigt. Ebenso hätten zahllose Puppen, die in mehreren Forleulenfraßgebieten gesammelt wurden, „stets nur unter dem Moose" gelegen. Wie sich die Puppen verhalten, wenn sie zum Überwintern auf ganz nacktem Boden gezwungen sind, hat Ratzeburg allerdings, wie er selbst angibt, nicht beobachten können. An späterer Stelle (3, S. 219/220) hat sich Ratzeburg nochmals über diese Frage geäußert: „Im Ganzen ist dieselbe Verschiedenheit der Lage über oder unter der Erde beobachtet worden, über die ich in meinen Forstinsekten berichtet habe. Genauere Beobachter, wie z. B. Oberförster Muss, stellten den Aufenthalt in der Erde durchaus in Abrede. Andere dagegen konnten sich leicht und ganz bestimmt von der subterranen Lage überzeugen. Fast überall ereignete sich diese da, wo man Raupengräben gezogen hatte, und wo die Raupen in die Fallöcher gerieten. Stadtförster Gansow fand sie in der lockeren Erde oft zu 40 bis 50 in einer Tiefe von 3—4″, ja bis 6″." Judeich u. Nitsche (II, S. 131) führen an, daß die Raupen zur Verpuppung in reinem Sandboden gern einige Zentimeter tief in diesen hinabgehen. Auch Eckstein (5, S. 11), Hess-Beck (S. 460) und Nüsslin-Rhumbler (S. 429) berichten, daß die Puppe auf streuarmen und sandigen Böden oft einige Zentimeter tief im Boden liegt. Wolff u. Krausse (1, S. 160) geben an, daß die Puppen im mineralischen Boden, sofern dieser nicht von einer Streudecke bedeckt ist, einige Zentimeter tief liegen. „Sonst wird man sie meist im dichtesten Wurzelfilz der Streudecke dicht über dem mineralischen Boden finden." Ich selbst fand im Winter 1924/25 im Reichsforstamt Zossen die Puppen fast ausnahmslos zwischen Streu und Rohhumus, meist in dessen oberster Schicht eingebettet. Im Mineralboden wurden keine, in der Streu selbst nur ganz selten Puppen festgestellt.

An manchen Stellen kann man die Puppen oft klumpenweise zusammen finden, namentlich dort, wo „eine Holz- und Dammerdeschicht ihnen ein bequemes Winterlager" bietet (Ratzeburg, 3, S. 220). Nach Ratzeburgs (3, S. 220) und Wolff u. Krausses (1, S. 160) Beobachtungen kann man sie oft zu vielen Hunderten in Löchern finden, die durch Ausfaulen eines Stockes oder Wurzelstückes entstanden und mit Mulm angefüllt sind.

Über den Einfluß der Bodenflora auf die Verpuppung hat sich Freiherr von Vietinghoff-Riesch (3, S. 40/41) eingehend geäußert; da seine Darlegungen besonderen Wert für die Frage der Entstehung einer Forleulenkalamität haben, werden sie im Kapitel VII besprochen werden.

Während von einem Teil der früheren Bearbeiter (z. B. Ratzeburg, Judeich u. Nitsche, Wolff u. Krausse, 1) angegeben wird, daß die Forleule sich völlig ohne Gespinst im Boden verpuppt, werden von anderen Beobachtern folgende Feststellungen mitgeteilt: Loschge (S. 50): „Alsdann vergraben sie sich ein bis zwey Zoll tief in den Boden, machen da erst eine kleine Höhle in die Erde, die sie mit einem sehr feinen Ge-

spinnste nur lose durchziehen . . .“; KOB (S. 10): „Das lose dünne Gespinnst welches ganz zu Anfang über den Puppen gefunden wird“;
HENNERT (S. 44): „hierzu macht sie ein dünnes Gespinnst, in welches
sie Kiehnnadeln und Moos verwebet“; ZINKE (S. 104): „hier bereiten sie
sich ein längliches Gewölbe und befestigen es von innen mit einigen
Seidenfäden“; HARTIG (1, S. 259): „verbindet, an der Stelle, wo sie sich
verpuppen will, die zunächst liegende Erdkrume mit wenigen Seidenfäden zu einem lockeren Gespinnste“. Auch WOLFF u. KRAUSSE (8, S. 6)

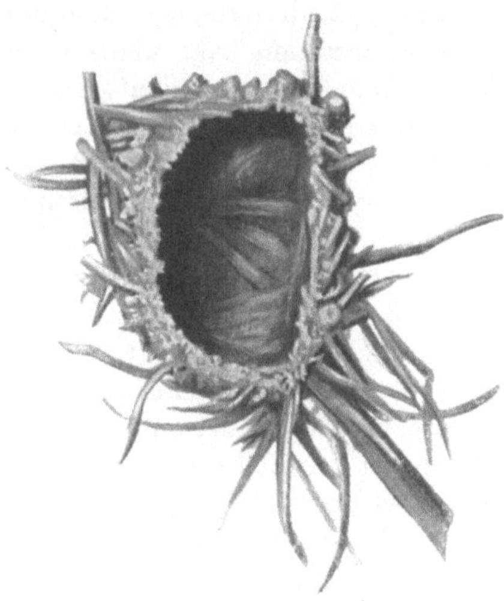

Abb. 15. Von der verpuppungsreifen Raupe
zusammengesponnene Puppenhöhle (Zwinger)[1].

haben in ihrer neuesten Darstellung berichtet, daß die Verpuppung „in einer nur mit wenigen, später kaum nachweisbaren
Spinnfäden versehenen Höhle“
vor sich geht. Eingehend hat
ECKSTEIN (6, S. 314) nach Zwingerversuchen solche Puppenhöhlen aus Moos und Kotkrümeln,
die durch Spinnfäden verbunden
waren, beschrieben. Auch in meinen Zwingerzuchten stellten die
zur Verpuppung schreitenden
Raupen Puppenhöhlen her, die
teils aus Kotkrümeln, teils aus
den zur Nahrung gereichten Kiefernnadeln, teils aus Streunadeln
und -teilchen bestanden, je nach
dem Material, das den Raupen in

dem Zuchtgefäß zur Verfügung stand. Die einzelnen Teile waren durch
feine Spinnfäden miteinander verbunden. Derartige Puppenlager können
auch im Freien, jedoch selten in so regelmäßiger Ausbildung gefunden
werden. Von den Gespinstfäden bemerkt man wenigstens im Winter und
zum Frühjahre hin kaum noch etwas, da sie wohl nach einiger Zeit
durch atmosphärische Einflüsse zerstört werden.

VI. Parasiten, Feinde und Krankheiten.
1. Parasiten und Hyperparasiten.

Kaum ein anderes Forstinsekt weist eine so große Zahl verschiedener
Parasiten auf wie die Forleule und wohl bei keinem wird die Individuen-
zahl der Hauptschmarotzer im Verlaufe einer Kalamität so groß und

---

[1] Diese Puppenhöhle war vollständig geschlossen, da sie im Zwinger umgekehrt wie in der Abbildung lag und der in der Figur als Öffnung erscheinende Boden durch die Unterseite des Zuchtgefäßes gebildet wurde.

wirkungsvoll. Schon die ältesten Berichte über Forleulenverheerungen von LOSCHGE (1785) und KOB (1786) schildern die Häufigkeit von Tachinen und Schlupfwespen; seit dieser Zeit hat kaum ein Bearbeiter vergessen, die Forleulenschmarotzer und ihre Wichtigkeit zu erwähnen. Besondere Angaben über die Systematik und Morphologie, Verbreitung und Lebensweise der Forleulenparasiten finden sich bei BAER (1 u. 2), BLEDOWSKI u. KRAINSKA, BRISCHKE (1 u. 2), ESCHERICH u. BAER, FUCHS, HABERMEHL (1 u. 2), HARTIG (1 u. 2), OUDEMANS, PRELL (1/4) PFANKUCH, RATZEBURG (1 u. 2), RITZEMA BOS (S. 82/89), SACHTLEBEN (3), SITOWSKI, SMITS VAN BURGST (1, 2, 3), TORKA, WOLFF u. KRAUSSE (4, S. 8/24).

In einer früheren Arbeit habe ich (3, S. 473/475) auf die Bedeutung der Systematik für das Parasitenproblem hingewiesen und dargelegt, daß besonders die große Zahl der für die Forleule angegebenen Schmarotzer eine gründliche Prüfung ihrer Systematik und Nomenklatur notwendig macht. Viele der von HARTIG und RATZEBURG verzeichneten oder neu beschriebenen Forleulenparasiten sind bisher nicht zu deuten gewesen; eine Untersuchung der Typen oder Belegstücke (soweit sie noch vorhanden sind?) dürfte hier Klärung bringen. Auch möchte ich vermuten, daß manche der anderen in der Literatur angegebenen Arten (besonders solche, die nur in einzelnen Fällen als Forleulenschmarotzer angegeben werden) sich bei näherem Vergleich als nicht richtig bestimmt, falsch bezeichnet oder als identisch mit einer der häufigeren Parasitenarten zeigen würden.

Einen großen Fortschritt in der Kenntnis der Systematik der Forleulenparasiten hat die Arbeit BAERS „Die Parasiten der Kieferneule" gebracht, in der eine kritische Liste der Hauptschmarotzer, der wichtigeren und bedeutungslosen, nicht sicher nachweisbaren und irrtümlich angegebenen Schmarotzer der Forleule wie der Hyperparasiten zusammengestellt ist. Unter Verwendung dieser Arbeit von BAER und Benutzung der wichtigsten Literatur (bei der Fülle der Angaben mag mir manche Auslassung untergelaufen sein!), wie auf Grund eigener systematischer Untersuchungen habe ich das folgende Verzeichnis der Forleulenparasiten und ihrer Schmarotzer (Hyperparasiten) aufgestellt. Ich habe mich bemüht, soweit dies möglich war, die Synonymie zu klären, um dem Leser, der die im Anhang dieser Arbeit verzeichnete Literatur eingehender studieren will, ein leichteres Zurechtfinden unter den vielen, besonders in den älteren Veröffentlichungen über die Forleule angegebenen Parasitennamen zu ermöglichen. Es sind jedoch nur solche Synonyme verzeichnet, die in Arbeiten über die Forleule Verwendung gefunden haben; sonstige Synonyme werden bei DALLA TORRE, SCHMIEDEKNECHT und BEZZI u. STEIN zu finden sein. Die Liste ist in systematischer Reihenfolge angeordnet: die Hymenopteren nach DALLA TORRE,

Catalogus Hymenopterorum; die Dipteren nach BEZZI u. STEIN, Katalog der paläarktischen Dipteren (III. Band).

Die in der folgenden Liste jeweils bei den einzelnen Arten in Klammern beigefügten Autoren haben die betreffende Art als Forleulenschmarotzer beobachtet. Ihre Anführung dient nicht nur als Beleg, sondern gibt zugleich auch ein Bild unserer bisherigen Kenntnis der Verbreitung der verzeichneten Parasitenarten als Forleulenschmarotzer. (Auf Deutschland beziehen sich die Angaben von: BRISCHKE, ESCHERICH u. BAER, FUCHS, HARTIG, NÖRDLINGER, PANZER, PRELL, RATZEBURG, SACHTLEBEN, WOLFF; auf Polen: BLEDOWSKI u. KRAINSKA, KÉLER, MOKRZECKI, SITOWSKI, TORKA; auf die Tschechoslowakei: MACAL; RUSCHKA u. FULMEK (Böhmen), SEDLACZEK (Böhmen); auf Lettland: Rep. Inst. Plant Prot.; auf Rußland: MEYER; auf Holland: OUDEMANS, RITZEMA BOS, SMITS VAN BURGST, VERLOREN; auf England: LYLE. Dagegen beziehen sich die Zusammenstellungen von BAER und HABERMEHL sowie die zweite Liste von SMITS VAN BURGST (3) auf das gesamte Gebiet der Forleulenkalamitäten und nicht auf ein einzelnes Land.

a) Parasiten.

a) *Hymenoptera.*

Ichneumonidae.

Ophioninae.

Banchus compressus F. (vgl. *Banchus femoralis* THOMS.).

Banchus femoralis THOMSON (BAER, 2, S. 26 u. 28; BLEDOWSKI u. KRAINSKA; BOIE, S. 187; ESCHERICH u. BAER, S. 165; HABERMEHL, 2, S. 184; MOKRZECKI, 1, 2, S. 41; OUDEMANS, S. 337; PFANKUCH, S. 535/538; Rep. Inst. Plant Prot.; RITZEMA BOS, S. 84; RUSCHKA u. FULMEK, S. 391; SACHTLEBEN, 3, S. 483/492; SITOWSKI, I, S. 9; SMITS VAN BURGST, 1, S. 203; 3, S. 239; TORKA, S. 419 u. 427; VERLOREN, 1, S. 205; 2, S. 133). Wie BAER (2, S. 28) ausgeführt hat, werden die Parasiten, deren Kokons bei einer Forleulenkalamität neben den Puppen ihres Wirtes, der Forleule, im Winterlager in großen Mengen zu finden sind, in neuerer Zeit als *Banchus femoralis* THOMS. angesehen, während die älteren Entomologen (so HARTIG, RATZEBURG, BOIE) den Forleulenparasiten als *Banchus compressus* F. bezeichnen mußten, da von diesem erst 1897 durch THOMSON *Banchus femoralis* gesondert wurde. PFANKUCH (S. 535/538) hat in seiner eingehenden Beschreibung die große individuelle Variation von *B. femoralis* geschildert. An einer großen Serie von *B. femoralis* habe ich (3, S. 448 u. Tafel I, Abb. 23 u. 24) nachweisen können, daß bei der ausgedehnten individuellen Variation von *B. femoralis* diese Art in ihrem gelben Extrem die Färbung von *B. compressus* erreichen kann. Da überdies, wie ich an derselben Stelle ausführlicher dargelegt habe, *B. compressus* wegen seiner abweichenden Flugzeit als Forleulenschmarotzer nicht in Frage kommen kann, können die Literaturstellen, die *B. compressus* als Forleulenparasiten angeben (HARTIG, 1, S. 260/261; RATZEBURG 1, II, S. 174; 2, I, S. 104; II, S. 87; III, S. 97) auf *B. femoralis* bezogen werden. Vermutlich sind auch die als *Banchus pictus* F. oder *B. pictus* GRAV. bezeichneten Forleulenschmarotzer (BRISCHKE, 2, IV, 4, S. 198; RITZEMA BOS, 3, S. 84) nichts anderes als ausgedehnt gelb gefärbte Stücke von *B. femoralis* THOMS.

Banchus monileatus GRAVENHORST (RITZEMA BOS, S. 84; SMITS VAN BURGST, 3, S. 239). Auch von BAER wurde diese Art aus Kokons, die aus Forleulenfraßrevieren stammten, gezogen; wie BAER (2, S. 30) mit Recht bemerkt, ist damit noch kein vollgültiger Beweis geliefert, daß *B. monileatus* ein Forleulenschmarotzer ist.

Banchus pictus F. (vgl. *Banchus femoralis* THOMS.).

Campoplex adjunctus FÖRSTER (MOKRZECKI, 2, S. 41; SITOWSKI, II, S. 6; Taf. V, Abb. 3).

Campoplex rugulosus FÖRSTER (SMITS VAN BURGST, 3, S. 239; DALLA TORRE, III, S. 151 gibt ,,*Trachea piniperda* (NORGATE)" als Wirt an; in den Zitaten wird jedoch NORGATE nicht genannt).

Aphanistes armatus WESMAEL. Synonyme: *Anomalon gliscens* HARTIG, sowie vermutlich *Ichneumon xanthopus* SCHRANK und zum Teil (Mischart!) *Anomalon xanthopus* GRAVENHORST (vgl. SCHMIEDEKNECHT, IV, S. 1473 und SACHTLEBEN, 3, S. 492/493). (BAER, 2, S. 26; FUCHS, S. 274; HABERMEHL, 2, S. 184; HARTIG, 1, S. 260: *Anomalon gliscens* HTG.; MOKRZECKI, 2, S. 41; RATZEBURG, 1, II, S. 174: *Ichneumon* [*Ophion*] *xanthopus* GRAV.; 2, I, S. 89; II, S. 79; III, S. 79: *Anomalon xanthopus* GRAV. und *Anomalon gliscens* HTG.; Rep. Inst. Plant Prot.; SACHTLEBEN, 3, S. 492/493; SITOWSKI, I, S. 10; SMITS VAN BURGST, 1, S. 202; 3, S. 239: *Aphanistes armatus* WESM.; 3, S. 239: *Anomalon xanthopus* GRAV.; VERLOREN, 1, S. 205/206; 2, S. 133: *Anomalon xanthopus* RATZ.) SMITS VAN BURGST (3, S. 239) und BAER (2, S. 27) führen *Aphanistes ruficornis* GRAV. als Forleulenschmarotzer an. BAER (2, S. 30) nennt SCHMIEDEKNECHT als Quelle; dieser führt ,,*Gastropacha piniperda*" nach HARTIG als Wirt auf. Bei HARTIG findet sich jedoch weder bei der Kieferneule (,,*Trachea* [*Noctua*] *piniperda*") noch beim Kiefernspinner (,,*Gasteropacha Pini*") *Aphanistes ruficornis* GRAV. Vermutlich sind die Angaben dadurch entstanden, daß DALLA TORRE (III, S. 156) *Anomalon gliscens* HTG., der sehr wahrscheinlich identisch mit *A. armatus* WESM. ist (vgl. oben), als Synonym von *Aphanistes ruficornis* GRAV. ansieht. BAER (2, S. 30) vermutet, daß der von BRISCHKE (2, IV, 4, S. 135) aus Forleulenpuppen gezogene und mit dem Namen des häufigen Kiefernspannerschmarotzers: *Heteropelma calcator* WESMAEL bezeichnete Parasit wahrscheinlich *A. armatus* WESM. war. Ist dies zutreffend, was sehr wahrscheinlich ist (BRISCHKE nennt als Synonym zu *H. calcator* WESM.: *Anomalon xanthopus* GRAV.!), so wären auch die übrigen Zitate in der Literatur (SEDLACZEK, 1, S. 97; RITZEMA BOS, S. 84; SMITS VAN BURGST, 3, S. 239) über *H. calcator* als Forleulenschmarotzer auf *A. armatus* zu beziehen.

Aphanistes ruficornis GRAV. (vgl. *Aphanistes armatus* WESM.).

Heteropelma calcator WESM. (vgl. *Aphanistes armatus* WESM.).

Exochilum circumflexum LINNÉ. (BAER, 2, S. 26 u. 28; ESCHERICH u. BAER, S. 165; HABERMEHL, 2, S. 183; OUDEMANS, S. 336; RATZEBURG, 2, I, S. 87; II, S. 77; III, S. 78: *Anomalon unicolor* RATZ.; RITZEMA BOS, S. 84; SACHTLEBEN, 3, S. 493/496; SEDLACZEK, 1, S. 97; SMITS VAN BURGST, 1, S. 202; 3, S. 239; VERLOREN, 1, S. 205/206: *Anomalon circumflexum*; 2, S. 131: *A. circumflexum* und *A. unicolor*; 2, S. 133: *A. unicolor* RATZ.) Systematik und Nomenklatur dieser Art sind noch unklar. *Exochilum circumflexum* wurde von LINNÉ beschrieben; aus welchem Wirt sein Tier stammte, ist nicht festzustellen; vermuten darf man allenfalls, daß LINNÉ den Parasiten des Kiefernspinners vor sich gehabt hat, da *Dendrolimus pini* L. in Skandinavien häufiger auftritt als *Panolis flammea* SCHIFF. GRAVENHORST hat eine Art *Exochilum* (*Anomalon*) *giganteum* aufgestellt, die größer als *E. circumflexum* sein soll, RATZEBURG eine Art *Exochilum* (*Anomalon*) *unicolor*, die sich durch geringere Größe von *E. circumflexum* unterscheiden soll. Der Wirt, aus dem *A. unicolor* gezogen wurde, ist nicht näher angegeben;

doch lassen RATZEBURGS Angaben vermuten, daß er aus *Dendrolimus pini* L. stammte (RATZEBURG, 2, II, S. 221). An einer späteren Stelle (RATZEBURG, 2, III, S. 78) wird neben Kiefernspinner noch Forleule als Wirt angegeben (vgl. SACHTLEBEN, 3, S. 493/494). ESCHERICH u. BAER (S. 165) sowie TORKA (S. 426 u. 427) haben nachgewiesen, daß die aus der Forleulenpuppe stammenden *Exochilum*-Exemplare kleiner sind als die aus der Kiefernspinnerpuppe. SEITNER (1, S. 12/13) hat berichtet, daß sich der Kiefernspinnerparasit, den als er *Exochilum giganteum* GRAV. bezeichnet, nicht nur durch erheblichere Größe, sondern auch durch andere morphologische Merkmale (Anzahl der Fühlerglieder, Färbung des Postscutellums und der Hüften) von dem Forleulenschmarotzer unterscheidet, den er *Exochilum circumflexum* L. nennt. SEITNER (1, S. 13) und ich (3, S. 494 u. 495) haben darauf hingewiesen, daß in der Regel infolge verschiedener Flugzeit der Kiefernspinner- und der Forleulenparasit jeder auf seinen Wirt angewiesen ist (natürlich abgesehen von etwaigen Nebenwirten, die gleiche Entwicklungszeit haben wie Kiefernspinner oder Forleule). BAER (2, S. 28) hält beide Schmarotzer für identisch und nimmt an, daß die geringere Größe des Forleulenschmarotzers durch den kleineren Wirt bedingt sei. Es erscheint mir aber, besonders im Hinblick auf SEITNERS Angaben, doch nicht ausgeschlossen, daß Kiefernspinner- und Forleulenparasit zwei verschiedene Arten (SEITNER, 1, S. 13) oder zum mindesten zwei verschiedene Rassen (ESCHERICH u. BAER, S. 165) sind. Über diese Frage dürfte am besten das Experiment entscheiden. Es wäre zu versuchen, ob aus Kiefernspinnerpuppen ausschlüpfende *Exochilum circumflexum* L. Eulenraupen parasitieren und umgekehrt. Bei dieser Untersuchung wäre zugleich Gelegenheit zu beobachten, ob sich in diesem Falle die Größe des Parasiten nach der Größe des Wirtstieres richtet. Sollte der Versuch die Annahme zweier Arten oder zweier Rassen notwendig machen, so wäre die Frage der Benennung, auf die ich früher (3, S. 496) aufmerksam gemacht habe, zu beachten.

Barylypa carinata BRISCHKE (SMITS VAN BURGST, 3, S. 239: *Erigorgus carinatus* BRISCHKE . (Bei DALLA TORRE, III, S. 161: *Sarntheinia carinata* BRISCHKE.)

Anomalon biguttatum GRAVENHORST (BRISCHKE, 2, IV, 4, S. 136; RIZEMA BOS, S. 84; SCHMIEDEKNECHT, IV, S. 1477; SMITS VAN BURGST, 3, S. 239).

Anomalon megarthrum RATZEBURG (RATZEBURG, 2, III, S. 79).

Anomalon ruficorne GRAVENHORST (vgl. *Aphanistes armatus* WESM.).

Anomalon unicolor RATZEBURG (vgl. *Exochilum circumflexum* L.).

Enicospilus merdarius GRAVENHORST (BAER, 2, S. 26 u. 29: *Enicospilus ramidulus* L.; BRISCHKE, 2, IV, 4, S. 134: *Ophion ramidulus* L.; ESCHERICH u. BAER, S. 165: *E. ramidulus* L.; HABERMEHL, 2, S. 183: *E. merdarius* GRAV.; HARTIG, 1, S. 260: *Ophion ramidulus*; MOKRZECKI, 2, S. 41: *E. merdarius* GRAV. und *E. ramidulus* L.; RATZEBURG, 2, I, S. 101; II, S. 79; III, S. 80: *Ophion merdarius* GRAV.; Rep. Inst. Plant Prot.: *Henicospilus ramidulus* GRAV.; RITZEMA BOS, S. 84: *E. merdarius* GRAV., SACHTLEBEN, 3, S. 496/499: *E. merdarius* GRAV.; SEDLACZEK, 1, S. 97: *Ophion merdarius* und *Henicospilus ramidulus*; SITOWSKI, I, S. 10: *E. ramidulus* L.; II, S. 6: *E. merdarius* GRAV.; SMITS VAN BURGST, 3, S. 239: *E. merdarius* GRAV. und *E. ramidulus* L.) RATZEBURG hat die von ihm aus Forleule gezogene *Enicospilus*-Art als *merdarius* GRAV. angesehen. Die späteren Autoren sind ihm teils hierin gefolgt, teils haben sie den Forleulenparasiten *E. ramidulus* L. genannt, in der Annahme, daß *E. ramidulus* L. und *E. merdarius* GRAV. identisch seien und die Art daher aus Prioritätsgründen *E. ramidulus* L. heißen müsse. Ich habe mich dieser Ansicht bisher nicht anschließen können (SACHTLEBEN, 3, S. 497) und möchte vermuten, daß SCHMIEDEKNECHTS Annahme, daß *E. ramidulus* und *E. merdarius* Rassen der gleichen Art sind, zutrifft. Der Forleulenparasit wäre dann als *Enicospilus ramidulus merdarius* GRAV. zu bezeichnen; doch bedarf die Frage noch einer eingehenderen systematischen Untersuchung.

Enicospilus ramidulus LINNÉ (vgl. *Enicospilus merdarius* GRAV.).

Ophion luteus LINNÉ (MACAL; MOKRZECKI, 1, 2, S. 41; RATZEBURG, 2, II, S. 79; III, S. 80; SITOWSKI, 2, S. 6, Taf. I, Abb. 5 u. 5 a).

Ophion ventricosus GRAVENHORST (MOKRZECKI, 2, S. 41; SITOWSKI, II, S. 6, Taf. II, Abb. 6).

Tryphoninae.

Tylocomnus scaber GRAVENHORST (BAER, 2, S. 26 u. 33; HABERMEHL, 2, S.184; SCHMIEDEKNECHT, V, S. 3133; SMITS VAN BURGST, 3, S. 239). (Nach BAER, 2, S. 33 auch Hyperparasit aus *Banchus femoralis*-Kokons.)

Barytarbes flavoscutellatus THOMSON (SITOWSKI, II, S. 6, Taf. I, Abb. 8).

Euceros crassicornis GRAVENHORST (vgl. *Euceros pruinosus* GRAV.).

Euceros pruinosus GRAVENHORST (BAER, 2, S. 27: *E. crassicornis* GRAV.; RITZEMA BOS, S. 84: *E. crassicornis* GRAV.). Nach SCHMIEDEKNECHT, V, S. 2502 ist *E. crassicornis* GRAV. Synonym zu *E. pruinosus* GRAV.

Pimplinae.

Pimpla instigator FABRICIUS (BAER, 2, S. 27; MOKRZECKI, 2, S. 41; RATZEBURG, 2, I, S. 116; III, S. 99; RIZEMA BOS, S. 84; SCHMIEDEKNECHT, III, S. 1050; SMITS VAN BURGST, 3, S. 238).

Meniscus murinus GRAVENHORST (MOKRZECKI, 2, S. 41; SITOWSKI, II, S. 6, Taf. I, Abb. 10 u. 10 a).

Lissonota fulvipes DESVIGNES (Rep. Inst. Plant Prot.).

Cryptinae.

Cryptus albatorius VILLERS (RUSCHKA u. FULMEK, S. 393).

Cryptus cyanator GRAVENHORST (RITZEMA BOS, 3, S. 84).

Cryptus dianae GRAVENHORST. (Als Primärparasit der Forleule angegeben von: HABERMEHL, 2, S. 183; MOKRZECKI, 2, S. 41; SACHTLEBEN, 3, S. 500; SMITS VAN BURGST, 3, S. 238.) Ohne Angabe ob Primär- oder Hyperparasit: FUCHS, 2, S. 274; RITZEMA BOS, 3, S. 84; SEDLACZEK, 1, S. 97; SITOWSKI, II, S. 5. Als Synonyme sind vermutlich anzusehen: *Cryptus longipes* HARTIG, 1, S. 261; RATZEBURG, 1, II, S. 175; 2, I, S. 140, II, S. 123, III, S. 136. *Cryptus seticornis* RATZEBURG, 1, II, S. 175, III, Taf. VI, Abb. 10; 2, I, S. 141, II, S. 123, III, S. 138. Folgt man TASCHENBERG, S. 57, und SCHMIEDEKNECHT, II, S. 466, die *Cryptus leucostomus* GRAV. als identisch mit *Cryptus dianae* GRAV. ansehen, so kann man einen weiteren Forleulenparasiten, nämlich RATZEBURGS *Cryptus leucostomus* GRAV. (RATZEBURG, 2, I, S. 140, II, S. 123, III, S. 135) als gleichbedeutend mit *Cryptus dianae* betrachten (die Nomenklatur ist in diesem Falle richtig zu stellen; vgl. SACHTLEBEN, 3, S. 499/500). DALLA TORRE, III, S. 591 stellt *Cr. leucostomus* GRAV. zu *Cr. sponsor* F. (Auch Hyperparasit aus *Banchus femoralis*- und *Enicospilus merdarius*-Kokons.)

Cryptus filicornis RATZEBURG (vgl. *Cryptus sponsor* F.).

Cryptus intermedius RATZEBURG (RATZEBURG, 2, III, S. 134).

Cryptus leucostomus GRAVENHORST (vgl. *Cryptus dianae* GRAV.).

Cryptus longipes HARTIG (vgl. *Cryptus dianae* GRAV.).

Cryptus seticornis RATZEBURG (vgl. *Cryptus dianae* GRAV.).

Cryptus sponsor FABRICIUS (RITZEMA BOS, S. 84). Von DALLA TORRE, I II, S. 591 wird *Cryptus filicornis* RATZEBURG (1, II, S. 175; 2, I, S. 14, II, S. 1 23, III. S. 137) als „var." von *Cr. sponsor* F. angesehen.

Sachtleben, Forleule. 5

Cryptus tarsoleucus Schrank (Meyer, S. 85; Ritzema Bos, 3, S. 84). Panzers (S. 54, 56, Tab. II, Abb. 3 u. 20) *Ichneumon compunctator* soll nach Dalla Torre, III, S. 592 Synonym zu dieser Art sein. Hartig dagegen hält *I. compunctator* Panz. für identisch mit seinem *Cryptus longipes.*

Phygadeuon nubilipennis Smits van Burgst (vgl. bei Hyperparasiten).

Phygadeuon piniperdae Hartig (vgl. *Ichneumon bilunulatus* Grav.).

Phygadeuon vagans Gravenhorst (vgl. bei Hyperparasiten).

Plectocryptus arrogans Gravenhorst. (Baer, 2, S. 32; Brischke, 2, V, 1 u. 2, S. 339; Habermehl, 1, 14, S. 292; 2, S. 183; Mokrzecki, 2, S. 41; Oudemans, S. 336; Ruschka u. Fulmek, S. 393; Sitowski, 1, S. 10; Smits van Burgst, 1, S. 202; 3, S. 238; Torka, S. 419 u. 425). Auch Hyperparasit (vgl. dort!). (Ohne Angabe ob Primär- oder Hyperparasit: Fuchs, S. 274; Rep. Inst. Plant Prot.; Ritzema Bos, 3, S. 84; Sedlaczek, 1, S. 97).

Plectocryptus perspicillator Gravenhorst (vgl. Hyperparasiten).

Ichneumoninae.

Platylabus coturnathus Gravenhorst (Brischke, 2, IV, 3, S. 51).

Platylabus nigrocyaneus Gravenhorst (Dalla Torre, III, S. 785; Ritzema Bos, 3, S. 84; Smits van Burgst, 3, S. 238).

Eurylabus tristis Gravenhorst (Brischke, 2, IV, 3, S. 50; Meyer, S. 85; Ritzema Bos, S. 84; Smits van Burgst, 3, S. 238).

Amblyteles equitatorius Panzer (Panzer, S. 56, Tab. II, Abb. 19; Ritzema Bos 3, S. 84; Smits van Burgst, 3, S. 238). Hartig vermutet, daß Panzers *Ichneumon equitatorius* sein *Ichneumon metaxanthus* sei.

Amblyteles melanocastanus Gravenhorst (Baer, 2, S. 27 u. 31; Escherich u. Baer, S. 165; Sedlaczek, 1, S. 97; Roman, S. 264: *Ctenichneumon melanocastanus* var. *borealis*: Schweden).

Amblyteles rubroater Ratzeburg (Baer, 2, S. 26 u. 30; Brischke, IV, 3, S. 49; Escherich u. Baer, S. 165; Ratzeburg, 2, III, S. 167/168; Smits van Burgst, 1, S. 202; 3, S. 238).

Amblyteles vadatorius Illiger. Nach Dalla Torre, III, S. 842 soll Panzers (S. 55, Tab. II, Abb. 13) *Ichneumon raptorius* L. aus der Forleule Synonym dieser Art sein. Hartig (in Hartig, G. L. u. Th. Hartig, S. 431) führt, wohl nach Panzer, auf: ,,*Ichn. raptorius* in *Noctua piniperda*''.

Ichneumon aciculator Ratzeburg (vgl. *Ichneumon pachymerus* Htg.).

Ichneumon aethiops Gravenhorst (vgl. *Ichneumon nigritarius* Grav.).

Ichneumon annulator Fabricius (Hartig, 1, S. 260, nach Ratzeburg!; Habermehl, 2, S. 183; Ratzeburg, 1, II, S. 174; 2, I, S. 132, III, S. 15; Ritzema Bos, S. 84 Smits van Burgst, 3, S. 238). Baer, 2, S. 31, betrachtet auf Grund von Ratzeburgs Angaben das Vorkommen von *I. annulator* F. in der Forleule als unsicher. Ratzeburg selbst hat im III. Band der ,,Ichneumonen'' (S. 15) *I. annulator* als ♀ von *I. nigritarius* Grav. angesehen. Auch Boie (S. 195/197) hat dies für wahrscheinlich gehalten.

Ichneumon bilineatus Gmelin (Mokrzecki, 2, S. 41). Falls diese Art auf Grund von Ratzeburgs Angaben von Mokrzecki angeführt wird, vgl. *Ichneumon fabricator* F.!

Ichneumon bilunulatus Gravenhorst. Synonyme: *Ichneumon sexlineatus* Gravenhorst, *Phygadeuon piniperdae* Hartig, *Ichneumon troscheli* (partim) Ratzeburg. (Baer, 2, S. 26; Escherich u. Baer, S. 165; Fuchs, S. 274; Habermehl, 2, S. 183; Hartig, 1, S. 260: *Phygadeuon piniperdae*; Mokrzecki, 1; 2, S. 41; Ratzeburg, 1, II, S. 175; 2, I, S. 145, II, S. 125, III, S. 173: *Ichneumon [Phygadeuon] piniperdae* Htg.; 2, I, S. 138, II, S. 135: *Ichneumon troscheli* Ratz.

[teilweise ♂ von *Ichneumon bilunulatus* GRAV., teilweise ♂ von *Ichneumon pachymerus* HTG.]; 2, III, S. 178: *Ichneumon sexlineatus* GRAV.; RITZEMA BOS, S. 84; SACHTLEBEN, 3, S. 500/502; SEDLACZEK, 1, S. 97; SITOWSKI, I, S. 9; SMITS VAN BURGST, 1, S. 202; 3, S. 238; VERLOREN, 1, S. 205: *Ichneumon troscheli*.) BAER (2, S. 29) hat die Synonymie dieser besonders von RATZEBURG unter mehreren Namen aufgeführten Art geklärt und hierbei darauf hingewiesen, daß auch der von RATZEBURG (2, III, S. 172) *Ichneumon dumeticola* WESM. genannte Parasit zu der vorliegenden Art gehört und das ♀ von *Ichneumon bilunulatus* GRAV. ist. (*Ichneumon dumeticola* wird ferner von RITZEMA BOS, 3, S. 84 und SMITS VAN BURGST, 3, S. 238 als Forleulenparasit angegeben.) Es entsteht nun die Frage: Ist nur RATZEBURGS „*I. dumeticola* WESM.“ = *I. bilunulatus* GRAV. oder ist auch GRAVENHORSTS und WESMAELS „*I. dumeticola*“ = *I. bilunulatus* GRAV. Wenn letzteres zuträfe, würde unserer Art nicht der Name *I. bilunulatus* GRAV. zukommen, sondern *I. dumeticola* GRAV. Auf Grund der Originalbeschreibung GRAVENHORSTS läßt sich dies nicht mit Sicherheit entscheiden; dies könnte nur durch den Vergleich der GRAVENHORSTschen Typen und einer größeren Serie aus Forleule gezogener Stücke geschehen (vgl. SACHTLEBEN, 3, S. 501/502).

Ichneumon comitator LINNÉ (BAER, 2, S. 26; ESCHERICH u. BAER, S. 165; MOKRZECKI, 2, S. 41; RITZEMA BOS, S. 84; SEDLACZEK, 1, S. 97; SMITS VAN BURGST, 3, S. 238). RATZEBURG (2, III, S. 164) vermutet, daß der von ihm als *comitator* angenommene *Ichneumon* aus Forleule (und Kiefernspanner) „nur eine Varietät des *I. nigritarius*“ sei.

Ichneumon compunctator PANZER (vgl. *Cryptus tarsoleucus* SCHRANK).

Ichneumon corruscator LINNÉ (HABERMEHL, 2, S. 183: „*Cratichneumon corruscator* L. sspec. *luridator* GRAV.“; SMITS VAN BURGST, 3, S. 238).

Ichneumon derogator WESMAEL (RITZEMA BOS, S. 84; SMITS VAN BURGST, 3, S. 238). Von DALLA TORRE, III, S. 891 wird BOIE als Beobachter von *I. derogator* WESM. als Forleulenschmarotzer genannt; in den Zitaten kann ich jedoch keinen Hinweis finden, wo dies von BOIE berichtet wird.

Ichneumon dissimilis GRAVENHORST (MEYER, S. 85).

Ichneumon dumeticola WESMAEL (vgl. *Ichneumon bilunulatus* GRAV.).

Ichneumon fabricator FABRICIUS (BAER, 2, S. 26; ESCHERICH u. BAER, S. 165; HABERMEHL, 1, S. 20; 2, S. 183; MOKRZECKI, 2, S. 41; RATZEBURG, 2, III, S. 169; RITZEMA BOS, S. 84; RUSCHKA u. FULMEK, S. 394; SEDLACZEK, 1, S. 97; SITOWSKI, I, S. 10; SMITS VAN BURGST, 1, S. 201; 3, S. 238). RATZEBURG hat selbst angegeben (2, III, S. 169), daß der von ihm „*Ichneumon Hartigii*“ (1, II, S. 174) und von HARTIG (1, S. 260) „*Ichneumon bilineatus* GRAV.“ genannte Parasit *I. fabricator* F. ist.

Ichneumon fuscipes GMELIN (MOKRZECKI, 2, S. 41).

Ichneumon gradarius WESMAEL (BAER, 2, S. 27; BRISCHKE, 2, IV, 3, S. 40; RITZEMA BOS, S. 84; SMITS VAN BURGST, 3, S. 238).

Ichneumon gravenhorsti FONSCOLOMBE (HABERMEHL, 2, S. 283: „*Cratichneumon gravenhorsti* FONSC. ♀ = *fabricator* F. var. 12 WESM.“).

Ichneumon haesitator WESMAEL (MOKRZECKI, 2, S. 41).

Ichneumon hartigi RATZEBURG (vgl. *Ichneumon fabricator* F.).

Ichneumon incubitor LINNÉ (BOIE, S. 195/197. BOIE selbst vermutet aber, daß dieser Forleulenparasit *Ichneumon nigritarius* GRAV. sein könnte; andererseits weist er aber auf dessen Ähnlichkeit mit *Amblyteles rubroater* RATZ. hin).

Ichneumon lineator FABRICIUS (MOKRZECKI, 2, S. 41; SITOWSKI, I, S. 10).

Ichneumon luteiventris GRAVENHORST (HABERMEHL, 2, S. 183; SMITS VAN BURGST, 3, S. 238).

Ichneumon metaxanthus HARTIG (HARTIG, 1, S. 261; RATZEBURG, 2, I, S. 137, II, S. 134, III, S. 171).

Ichneumon moltitorius LINNÉ (BAER, 2, S. 27); BRISCHKE, 2, IV, 3, S. 40; MEYER, S. 85; RITZEMA BOS, S. 84; SMITS VAN BURGST, 3, S. 238).

Ichneumon nigritarius GRAVENHORST (BAER, 2, S. 26 u. 30; ESCHERICH u. BAER, S. 165; FUCHS, S. 274; HABERMEHL, 2, S. 183; HARTIG, 1, S. 260; MACAL; MEYER, S. 95: ,,*Cratichneumon nigritarius*·F." und ,,*Cratichneumon nigritarius* var. *brischkei* BERTH.''; MOKRZECKI, 2, S. 41; OUDEMANS, S. 336; RATZEBURG, 1, II, S. 174; 2, I, S. 134, II, S. 133, III, S. 163; Rep. Inst. Plant Prot.; RITZEMA BOS, S. 84; SACHTLEBEN, 3, S. 504; SEDLACZEK, 1, S. 97; SITOWSKI, I, S. 9; SMITS VAN BURGST, 1, S. 202; 3, S. 238; TORKA, S. 419 u. 422). Nach BERTHOUMIEU (1895, S. 259) gehört auch *Ichneumon aethiops* GRAV. (RATZEBURG, 2, III, S. 166) zu dieser Art (vgl. auch *Ichneumon annulator* F. und *I. incubitor* L.). (Auch Hyperparasit aus *Banchus femoralis*-Kokons.)

Ichneumon nitidulus BOIE (BOIE, S. 197).

Ichneumon nudicoxa THOMSON (HABERMEHL, 2, S. 183; SMITS VAN BURGST, 3, S. 238).

Ichneumon pachymerus HARTIG. Synonyme: *Ichneumon troscheli* (partim!) RATZEBURG, *Ichneumon aciculator* RATZEBURG. (BAER, 2, S. 26 u. 29; ESCHERICH u. BAER, S. 165; FUCHS, S. 274; HABERMEHL, 2, S. 183; HARTIG, 1, S. 261; MACAL; MOKRZECKI, 2, S. 41; OUDEMANS, S. 336; RATZEBURG, 2, I, S. 144, II, S. 124, III, S. 168; Rep. Inst. Plant Prot.; RITZEMA BOS, S. 84; SACHTLEBEN, 3, S. 504 bis 507; SEDLACZEK, 1, S. 97; SITOWSKI, I, S. 10; SMITS VAN BURGST, 1, S. 201; 3, S. 238; TORKA, S. 419 u. 422; VERLOREN, 1, S. 205/206.) RATZEBURGS (2, III, S. 172) *Ichneumon aciculator* ist, wie BAER festgestellt hat, zu dieser Art zu rechnen. Ebenso ist RATZEBURGS ,,*Ichneumon Troscheli*'' (2, I, S. 138, II, S. 135) zum Teil *Ichneumon pachymerus* ♂, nämlich die ,,Var. das ganze Gesicht . . . . weiß oder gelbelnd'' (vgl. *Ichneumon bilunulatus* GRAV.). VERLOREN (2, S. 130/131) hatte dies schon bemerkt, da er eine Copula zwischen *Ichneumon pachymerus* und ,,*Ichneumon troscheli*'' beobachten konnte.

Ichneumon pallifrons GRAVENHORST (BRISCHKE, 1, S. 202; 2, IV, 3, S. 41; RITZEMA BOS, 3, S. 84; SMITS VAN BURGST, 3, S. 238).

Ichneumon pinetorum RATZEBURG. RATZEBURG (2, III, S. 165) erzog nur ein Tier und war bei der Beschreibung der Art selbst unsicher, ob es nicht ein *Cryptus* sei.

Ichneumon piniperdae HARTIG (vgl. *Ichneumon bilunulatus* GRAV.).

Ichneumon ridibundus GRAVENHORST (HABERMEHL, 1, S. 20).

Ichneumon ruficeps GRAVENHORST (MEYER, S. 85).

Ichneumon scutellator GRAVENHORST (RATZEBURG, 2, I, S. 130, II, S. 134, III, S. 170; RITZEMA BOS, S. 84; SMITS VAN BURGST, 3, S. 238). RATZEBURG vermutet selbst (2, III, S. 170) eine Verwechslung mit *Ichneumon fabricator* F.!

Ichneumon sexlineatus GRAVENHORST (vgl. *Ichneumon bilunulatus* GRAV.).

Ichneumon steini RATZEBURG. RATZEBURG (2, III, S. 168), der diese Art nur einmal aus Forleulenpuppen erhielt, vermutete schon selbst, daß sein ,,*Ichneumon Steinii*'' eine *Exephanes*-Art sein könnte. Von BERTHOUMIEU (1895, S. 575) und DALLA TORRE (III, S. 1021) wird *Ichneumon steini* als fragliche Art zu *Exephanes femoralis* BRISCHKE gestellt.

Ichneumon trilineatus GMELIN (BRISCHKE, IV, 3, S. 39; MACAL; RITZEMA BOS, S. 84; SMITS VAN BURGST, 3, S. 238).

Ichneumon troscheli RATZEBURG (vgl. *Ichneumon bilunulatus* GRAV. und *Ichneumon pachymerus* HTG.).

Exephanes femoralis BRISCHKE (vgl. *Ichneumon steini* RATZ.).

Braconidae.

Calyptus noctuae RATZEBURG. RATZEBURG hat einmal ein Stück aus einer Forleulenpuppe gezogen (2, I, S. 55) und nahm später an, daß eine Verwechselung vorliege, da er sonst *Brachistes*-Arten nur aus Käfern erzogen hatte.

Meteorus albiditarsis CURTIS (HABERMEHL, 2, S. 184; LYLE, S. 76; OUDEMANS, S. 337; RITZEMA BOS, S. 84; SMITS VAN BURGST, 1, S. 202; 3, S. 239; VERLOREN, 3, S. 131). Vgl. auch bei Hyperparasiten.

Meteorus flaviceps RATZEBURG. Ein von mir aus einer Forleulenpuppe gezogener *Meteorus* stimmt nahezu völlig mit RATZEBURGs Beschreibung (2, I, S. 75, III, S. 58) seines *Meteorus flaviceps* überein (vgl. SACHTLEBEN, 3, S. 508).

Meteorus scutellator NEES (vgl. *Meteorus versicolor* WESM.).

Meteorus unicolor HARTIG (vgl. *Meteorus versicolor* WESM.).

Meteorus versicolor WESMAEL. Von HARTIG (1, S. 254) wurde ein *Perilitus unicolor* beschrieben, der „einzeln in *B. pini*, häufiger in *B. monacha* und *Noctua piniperda*" vorkommen sollte und an späterer Stelle (1, S. 260) nochmals als Parasit der Forleule angegeben wird. RATZEBURG (2, I, S. 76) übernimmt HARTIGs Beschreibung der Biologie und Morphologie dieses Parasiten, führt jedoch an späteren Stellen (2, II, S. 56 und III, S. 59) stets nur *Dendrolimus pini* L. als Wirt an. SCHEIDTER bemerkt in seinem „Beitrag zur Lebensweise eines Parasiten des Kiefernspinners, des *Meteorus versicolor* WESM." (S. 301), daß der Schmarotzer, „der von HARTIG *Perilitus unicolor* genannt wurde, nunmehr aber aus Gründen der Priorität *Meteorus versicolor* WESM. heißt", und fügt in einer Fußnote hinzu: „Wie mir der bekannte Spezialist auf dem Gebiete der Hymenopteren, Professor Dr. O. SCHMIEDEKNECHT in Blankenburg in Thüringen mitteilt, hat RATZEBURG den *Meteorus versicolor* WESM. fälschlich für den *Perilitus unicolor* gehalten. *Meteorus versicolor* WESM. (1835) ist in allen seinen Färbungen an der weißen Basis des Hinterleibsstieles zu erkennen, es fehlen die Rückengrübchen des ersten Segmentes. Der *Meteorus (Perilitus) unicolor* WESM. ist eine durchweg rötlich-gelb gefärbte Varietät des *Meteorus scutellator* NEES: Basis des Hinterleibsstiels nicht weiß, Rückengrübchen des ersten Segmentes deutlich." Es wäre mithin HARTIGS und RATZEBURGS „*Perilitus unicolor* HARTIG" = *Meteorus versicolor* WESMAEL, dagegen *Perilitus unicolor* WESMAEL = *Meteorus scutellator* NEES. Auch LYLE (S. 122) und DALLA TORRE (IV, S. 114) sehen *Meteorus unicolor* WESMAEL als „Varietät" von *Meteorus scutellator* NEES an. (MARSHALL dagegen führt *M. scutellator* NEES, *M. unicolor* WESM. und *M. versicolor* WESM. als verschiedene Arten auf.) BAER (2, S. 30) folgt ebenfalls SCHMIEDEKNECHT und setzt *M. unicolor* HTG. gleich *M. versicolor* WESM. Die Angaben über *Meteorus scutellator* NEES als Forleulenparasit (RITZEMA BOS, S. 84; MOKRZECKI, 2, S. 41; SITOWSKI, II, S. 17; SMITS VAN BURGST, 1, S. 202, 3, S. 239) beruhen vielleicht auf einer Verwechslung von *M. unicolor* HTG. und *M. unicolor* WESM. Immerhin scheint mir eine Nachprüfung, wenn möglich an Hand der Typen der verschiedenen in Frage kommenden Arten, wünschenswert.

Microplitis decipiens PRELL (PRELL, 3 u. 4; vgl. *Mesochorus brevipetiolatus* RATZ. bei Hyperparasiten).

Chalcididae.

Trichogramma evanescens WESTWOOD (BAER, 2, S. 26; MOKRZECKI, 2, S. 41; SACHTLEBEN, 3, S. 508; SITOWSKI, II, S. 18; WOLFF, 4, S. 302/306; 5, S. 547/548). Die von WOLFF (Z. Forst- u. Jagdwesen, S. 547/548, 1915) aus Forleuleneiern beschriebene *Trichogramma piniperdae* soll nach KRYGER (1, S. 275/276 als Synonym anzusehen sein (vgl. SACHTLEBEN, 3, S. 509).

Pteromalus alboannulatus RATZEBURG (BAER, 2, S. 26; CRAWFORD; MOKR-

ZECKI, 2, S. 41; RATZEBURG, 2, III, S. 231; SACHTLEBEN, 3, S. 510/518; SITOWSKI, I, S. 10).

Proctotrupidae.

Telenomus phalaenarum NEES (BAER, S. 26; MAYR, S. 709; NÖRDLINGER, S. 51).

β) *Diptera.*

Tachinidae.

Echinomyia magnicornis ZETTERSTEDT (BAER, 2, S. 26 u. 30: *Eudoromyia magnicornis* ZETT.; HARTIG, 1, S. 260; 2, S. 281: *Tachina fera* L.; KÉLER: *Tachina fera* L.; PANZER, S. 55: *Musca fera* L.; SACHTLEBEN, 3, S. 476/481: *Echinomyia magnicornis* ZETT.). BAER (2, S. 30) hat zuerst darauf hingewiesen, daß die von HARTIG aus Forleule gezogene und als *Tachina fera* L. bezeichnete Tachine *E. magnicornis* ZETT. ist. In einer früheren Arbeit habe ich (3, S. 477/478) die systematischen Kennzeichen von *Echinomyia fera* L. und *E. magnicornis* ZETT. besprochen und gezeigt, daß die von mir aus *Panolis flammea* SCHIFF. gezogenen Stücke (und wohl auch PANZERS, HARTIGS und KÉLERS Exemplare aus der Forleule) zu *Echinomyia magnicornis* zu rechnen sind, wenn diese Art überhaupt wegen der geringen feststellbaren Unterschiede aufrecht erhalten und nicht mit *Echinomyia fera* L. vereinigt werden soll.

Ernestia radicum FABRICIUS (*Platychira radicum* F.) (BAER, 1, S. 133; 2, S. 27).

Ernestia rudis FALLÉN (BAER, 1, S. 134/135; 2, S. 26 u. 29; ESCHERICH u. BAER, S. 165; FUCHS, S. 274; HARTIG, 1, S. 260; 2, S. 281: *Tachina puparum* F.; MACAL; MOKRZECKI, 2, S. 41; OUDEMANS, S. 337; RATZEBURG, 1, II, S. 175: *Musca* [*Tachina*] *glabrata* MG.; SACHTLEBEN, 3, S. 481/483; SEDLACZEK, 1, S. 97; SITOWSKI, I, S. 9; VERLOREN, 1, S. 205; 2, S. 133: *Tachina glabrata* MEIG.). BAER (1, S. 130) hat die merkwürdige Tatsache, ,,daß die älteren Forstentomologen, die doch die Parasiten der Kieferneule so ausgiebig gezogen haben, deren wichtigsten und häufigsten Schmarotzer *Ernestia rudis* nicht kennen'', darauf zurückgeführt, daß sowohl HARTIGS ,,*Tachina puparum* FABR.'' wie RATZEBURGS ,,*Musca* (*Tachina*) *glabrata* MG.'' wohl nichts anderes sein dürften als *Ernestia rudis* FALL. Bereits BOIE (S. 117) hat 1857 die Vermutung ausgesprochen, ,,ob nicht die von ihm'' (d. h. RATZEBURG) ,,aus der Föhreneule erzogene vermeintliche *Tachina glabrata* MEIGEN identisch mit *Tachina rudis?*'' sei. Jedenfalls ist bei allen neueren Forleulenkalamitäten in den verschiedensten Gegenden Deutschlands, in Holland, in der Tschechoslowakei und in Polen *E. rudis* FALL. als Hauptparasit der Forleule festgestellt worden.

Sturmia inconspicua MEIGEN. Synonym: *Sturmia bimaculata* HARTIG (BAER, 1, S. 138; 2, S. 27: *Sturmia bimaculata* HTG.; HARTIG, 1, S. 260; 2, S. 287: *Tachina bimaculata*; RATZEBURG, 1, III, S. 173: *Musca* [*Tachina*] *bimaculata* HTG.).

Winthemia amoena MEIGEN (BAER, 1, S. 140; 2, S. 26; ESCHERICH u. BAER, S. 165; MOKRZECKI, 2, S. 41; SACHTLEBEN, 3, S. 483; SEDLACZEK, 1, S. 97; SITOWSKI, II, S. 17).

Phryxe vulgaris FALLÉN (BAER, 1, S. 152; 2, S. 27).

Pales pavida MEIGEN (BAER, 1, S. 349; 2, S. 27).

Tachina larvarum LINNÉ (BAER, 1, S. 356; 2, S. 27; HARTIG, 2, S. 283).

Gonia fasciata MEIGEN (MOKRZECKI, 2, S. 41; SITOWSKI, II, S. 17). BAER (1, S. 363) vermutet, daß RATZEBURGS (1, III, S. 174) ,,*Tachina piniperdae*'' zu dieser Art gehört.

Digonochaeta setipennis FALLÉN. Synonym nach BAER (1, S. 369): *Tachina spinipennis* MEIGEN. (BAER, 1, S. 369; 2, S. 27; HARTIG, 2, S. 292: *Tachina spinipennis* MG.; BOUCHÉ, S. 59: *Tachina spinipennis* MG.).

Bombyliidae.
   Anthrax hottentottus LINNÉ (BAER, 2, S. 26 u. 33; PANZER, Tab. II, Fig. 1).

b) Hyperparasiten in systematischer Reihenfolge.

α) *Hymenoptera.*

Ichneumonidae.

Ophioninae.

   Mesochorus brevipetiolatus RATZEBURG: Aus *Microplitis decipiens* PRELL. RATZEBURG (2, I, S. 148) hielt *M. brevipetiolatus* für einen Parasiten der Forleule; BAER (2, S. 28 u. 32) hat zuerst vermutet, daß es sich um einen Hyperparasiten handeln könnte. (RITZEMA BOS, 3, S. 84, führt die Art auf ohne Angabe, ob Parasit oder Hyperparasit.) Nachdem PRELL nachgewiesen hat, daß der von RATZEBURG *M. brevipetiolatus* zugeschriebene grüne Kokon der *Microplitis*-Art *decipiens* PRELL angehört, muß *Mesochorus brevipetiolatus* RATZ. als Schmarotzer dieses Forleulenparasiten angesehen werden (vgl. PRELL, 3, S. 54; 4, S. 145).

   Astiphromma scutellatum GRAVENHORST: Aus *Ernestia rudis* FALL. (HABERMEHL, 2, S. 184).

   Astiphromma strenuum HOLMGREN: Aus *Banchus femoralis* THOMS. (BAER, 2, S. 28 u. 33) und *Meteorus albiditarsis* CURT. (OUDEMANS, S. 337; SMITS VAN BURGST 3, S. 240).

   Plesiophthalmus alarius GRAVENHORST (*Cidaphus alarius* GRAV.): Aus *Banchus femoralis* THOMS., *Ernestia rudis* FALL. und *Winthemia amoena* MEIG.[1] (SITOWSKI, II, S. 18).

   Angitia tenuipes THOMSON: Aus *Meteorus albiditarsis* CURT. (BAER, 2, S. 28 u. 33; OUDEMANS, S. 337; SMITS VAN BURGST, 3, S. 240).

Tryphoninae.

   Homotropus pectoratorius THUNBERG (*Homocidus pectoratorius* THUNB.): Aus *Ernestia rudis* FALL. (HABERMEHL, 2, S. 184; SMITS VAN BURGST, 3, S. 240).

   Tylocomnus scaber GRAVENHORST: Aus *Banchus femoralis* THOMS. (BAER, 2, S. 33). (Auch Parasit von *Panolis flammea* SCHIFF.)

Cryptinae.

   Cryptus dianae GRAVENHORST: Aus *Banchus femoralis* THOMS. (BAER, 2, S. 2 u. 32; HABERMEHL, 2, S. 184; SMITS VAN BURGST, 3, S. 239) und *Enicospilus merdarius* GRAV. (BAER, 2, S. 28 u. 32). (Auch Parasit von *Panolis flammea* SCHIFF.)

   Cryptus spinosus GRAVENHORST: Aus *Banchus femoralis* THOMS. (RUSCHKA u. FULMEK, S. 393).

   Hemiteles albomarginatus BRIDGMAN: Aus *Banchus femoralis* THOMS., *Ernestia rudis* FALL. und *Winthemia amoena* MEIG.[1] (SITOWSKI, II, S. 18).

---

[1] SITOWSKI, II, S. 18 gibt bei *Phygadeuon variabilis* GRAV., *Phygadeuon dumetorum* GRAV., *Hemiteles albomarginatus* BRIDGM. und *Plesiophthalmus alarius* GRAV. an, daß die Ernährer dieser Parasiten *Ernestia rudis* FALL., *Winthemia amoena* MEIG., sowie *Banchus femoralis* THOMS. seien, berichtet jedoch nicht, aus welchem Wirt die einzelnen Hyperparasiten gezogen wurden.

Hemiteles areator PANZER: Aus *Microplitis decipiens* PRELL (PRELL, 2, S. 145).

Hemiteles castaneus TASCHENBERG: Aus *Banchus femoralis* THOMS. (HABERMEHL, 2, S. 184; OUDEMANS, S. 337; SMITS VAN BURGST, 3, S. 239), *Meteorus albiditarsis* CURT. (OUDEMANS, S. 337; SMITS VAN BURGST, 3, S. 240) und *Ernestia rudis* FALL. (HABERMEHL, 2, S. 184; OUDEMANS, S. 337; SMITS VAN BURGST, 3, S. 240).

Hemiteles gravenhorsti RATZEBURG: Aus *Enicospilus merdarius* GRAV. (RATZEBURG, 2, I, S. 154).

Hemiteles monozonius GRAVENHORST: Aus *Meteorus versicolor* WESM. (HARTIG, 1, S. 260: „Aus hängenden Tönnchen von *Perilitus unicolor*"; *P. unicolor*, vgl. *Meteorus versicolor* WESM. bei Parasiten).

Hemiteles pedestris FABRICIUS: Aus *Meteorus albiditarsis* CURT. (OUDEMANS, S. 337; SMITS VAN BURGST, 3, S. 240) und *Ernestia rudis* FALL. (HABERMEHL, 2, S. 184; SMITS VAN BURGST, 3, S. 240).

Phygadeuon ambiguus GRAVENHORST: Aus *Ernestia rudis* FALL. (VERLOREN, 2, S. 134: Aus Puppen von *Tachina glabrata* MG.).

Phygadeuon dumetorum GRAVENHORST: Aus *Banchus femoralis* THOMS., *Ernestia rudis* FALL. und *Winthemia amoena* MEIG.[1] (SITOWSKI, II, S. 18).

Phygadeuon flavicans THOMSON: Aus *Ernestia rudis* FALL. (HABERMEHL, 2, S. 184; SMITS VAN BURGST, 3, S. 240).

Phygadeuon nubilipennis SMITS VAN BURGST. Wird von SMITS VAN BURGST (1, S. 202) als Parasit angeführt, BAER (2, S. 33) vermutet jedoch, daß es sich um einen Schmarotzer aus den Tönnchen von *Ernestia rudis* FALL. handelt.

Phygadeuon vagans GRAVENHORST: Aus *Ernestia rudis* FALL. (BAER, 2, S. 28 u. 35; ESCHERICH u. BAER, S. 168; HABERMEHL, 2, S. 184; SITOWSKI, II, S. 18; SMITS VAN BURGST, 3, S. 240) sowie *Banchus femoralis* THOMS.[1] und *Winthemia amoena* MEIG.[1] (SITOWSKI, II, S. 18).

Phygadeuon vexator THUNBERG (HABERMEHL, 2, S. 184: „*Phygadeuon vexator* THUNB. ♀♂ [= *P. dumetorum* GRAV.]"; SMITS VAN BURGST, 3, S. 240).

Microcryptus abdominator GRAVENHORST (FUCHS, S. 274; SEDLACZEK, 1, S. 97; beide ohne Angabe ob Parasit oder Hyperparasit). BAER (2, S. 28) vermutet Hyperparasit.

Microcryptus basizonus GRAVENHORST. Synonyme: *Phygadeuon pteronorum* HARTIG und *Phygadeuon commutatus* RATZEBURG. Aus *Banchus femoralis* THOMS. (BAER, 2, S. 28 u. 32; HABERMEHL, 2, S. 184; SACHTLEBEN, 3, S. 521; SMITS VAN BURGST, 3, S. 239). RATZEBURGS „*I. (Phygadeuon) pteronorum* HTG." (1, II, S. 175) und der ihm „zum Verwechseln ähnliche" (RATZEBURG, 2, II, S. 125, III, S. 141) *Phygadeuon commutatus* sind wie BAER (2, S. 28) gezeigt hat, *Microcryptus basizonus* GRAV.

Microcryptus brachypterus GRAVENHORST: Aus *Ernestia rudis* FALL. (HABERMEHL, 2, S. 184; SMITS VAN BURGST, 3, S. 240).

Plectocryptus arrogans GRAVENHORST: Aus *Banchus femoralis* THOMS. (BAER, 2, S. 32; HABERMEHL, 2, S. 184; OUDEMANS, S. 337; PFANKUCH, S. 537; SMITS VAN BURGST, 3, S. 239), *Enicospilus merdarius* GRAV. (HABERMEHL, 2, S. 184; SMITS VAN BURGST, 3, S. 240), *Meteorus albiditarsis* CURT. (OUDEMANS, S. 337; SMITS VAN BURGST, 2, S. 240) und *Ernestia rudis* FALL. (BAER, 2, S. 32; HABERMEHL, 2, S. 184; SMITS VAN BURGST, 3, S. 240). (Auch Parasit von *Panolis flammea* SCHIFF.)

Plectocryptus curvus GRAVENHORST: Aus *Banchus femoralis* THOMS. (HABERMEHL, 2, S. 184: „*P. rufipes* GRAV. ♂ (= *P. curvus* THOMS.)"; SMITS VAN BURGST, 3, S. 239: „*Plectocryptus rufipes* GRAV. (*P. curvus* THOMS.")).

Plectocryptus perspicillator GRAVENHORST: Aus *Meteorus albiditarsis* CURT. (OUDEMANS, S. 337; SMITS VAN BURGST, 3, S. 240); ohne Angabe des Wirtes: MEYER, S. 85; RITZEMA BOS, S. 84.

Ichneumoninae.

Ichneumon nigritarius GRAVENHORST: Aus *Banchus femoralis* THOMS. (BAER, 2, S. 30; PFANKUCH, S. 537; SITOWSKI, I, S. 10; SMITS VAN BURGST, 3, S. 239). (Auch Parasit von *Panolis flammea* SCHIFF.)

Ichneumon piceator THUNBERG: Aus *Banchus femoralis* THOMS. (BAER, 2, S. 33).

Braconidae.

Meteorus albiditarsis CURTIS: Aus *Banchus femoralis* THOMS. (HABERMEHL, 2, S. 184; SMITS VAN BURGST, 3, S. 239). (Auch Parasit von *Panolis flammea* SCHIFF.)

β) Diptera.

Bombyliida e.

Anthrax maurus LINNÉ: Aus *Enicospilus merdarius* GRAV. (SITOWSKI, II, S. 18) und *Ernestia rudis* FALL. (SACHTLEBEN, 3, S. 519).

Anthrax morio LINNÉ: Aus *Banchus femoralis* THOMS. (BAER, 2, S. 33; ESCHERICH u. BAER, S. 165/167), *Enicospilus merdarius* GRAV. (BAER, 2, S. 33), *Ernestia rudis* FALL. (BAER, 2, S. 33; ESCHERICH u. BAER, S. 165/167; SACHTLEBEN, 3, S. 519; TORKA, S. 420), *Echinomyia magnicornis* ZETT. (SACHTLEBEN, 3, S. 520), *Winthemia amoena* MEIG. und *Sturmia inconspicua* MEIG. (SITOWSKI II, S. 17).

c) Hyperparasiten nach Wirten geordnet.

Banchus femoralis THOMS. wird parasitiert von: *Astiphromma strenuum* HOLMGR., *Plesiophthalmus alarius* GRAV.[1], *Tylocomnus scaber* GRAV., *Cryptus dianae* GRAV., *Cryptus spinosus* GRAV., *Hemiteles albomarginatus* BRIDGM.[1], *Hemiteles castaneus* TASCHB., *Phygadeuon dumetorum* GRAV.[1], *Phygadeuon variabilis* GRAV.[1], *Microcryptus basizonus* GRAV., *Plectocryptus arrogans* GRAV., *Plectocryptus curvus* GRAV., *Ichneumon nigritarius* GRAV., *Ichneumon piceator* THUNB., *Meteorus albiditarsis* CURT., *Anthrax morio* L.

Enicospilus merdarius GRAV. wird parasitiert von: *Cryptus dianae* GRAV., *Hemiteles gravenhorsti* RATZ., *Plectocryptus arrogans* GRAV., *Anthrax maurus* L., *Anthrax morio* L.

Meteorus albiditarsis CURT. wird parasitiert von: *Astiphromma strenuum* HOLMGR., *Angitia tenuipes* THOMS., *Hemiteles castaneus* TASCHB., *Hemiteles pedestris* F., *Plectocryptus arrogans* GRAV., *Plectocryptus perspicillator* GRAV.

Microplitis decipiens PRELL wird parasitiert von: *Mesochorus brevipetiolatus* RATZ., *Hemiteles areator* PANZ.

Echinomyia magnicornis ZETT. wird parasitiert von: *Anthrax morio* L.

Ernestia rudis FALL. wird parasitiert von: *Astiphromma scutellatum* GRAV., *Plesiophthalmus alarius* GRAV.[1], *Homotropus pectoratorius* THUNB., *Hemiteles albomarginatus* BRIDGM.[1], *Hemiteles castaneus* TASCHB., *Hemiteles pedestris* F., *Phygadeuon ambiguus* GRAV., *Phygadeuon dumetorum* GRAV.[1], *Phygadeuon flavicans* THOMS., *Phygadeuon vagans* GRAV., *Phygadeuon variabilis* GRAV., *Microcryptus brachypterus* GRAV., *Plectocryptus arrogans* GRAV.[1], *Anthrax maurus* L., *Anthrax morio* L.

Sturmia inconspicua MEIG. wird parasitiert von: *Anthrax morio* L.

---

[1] Vgl. Fußnote S. 71.

Winthemia amoena MEIG. wird parasitiert von: *Plesiophthalmus alarius* GRAV.[1], *Hemiteles albomarginatus* BRIDGM., *Phygadeuon dumetorum* GRAV.[1], *Anthrax morio* L.

Unbekannt sind die Wirte von: *Phygadeuon nubilipennis* SMITS VAN BURGST, *Phygadeuon vexator* THUNB., *Microcryptus abdominator* GRAV. (vgl. bei diesen Parasiten in der systematischen Liste der Hyperparasiten).

BAER (2, S. 26/27) hat in seinem Verzeichnis der Forleulenparasiten die Schmarotzer in drei Gruppen geteilt: 1. Hauptschmarotzer, 2. wichtigere Schmarotzer, 3. bedeutungslose Schmarotzer. BAERS Einteilung scheint mir recht zutreffend, sofern man einige kleine Änderungen vornimmt. *Pteromalus alboannulatus* RATZ. (von BAER zu Gruppe 2 gerechnet) wird zwar verhältnismäßig wenig in der Literatur als Forleulenparasit genannt, hat sich jedoch bei der letzten norddeutschen Forleulenkalamität als wichtiger Puppenschmarotzer gezeigt. So waren z. B. unter 1283 von mir (SACHTLEBEN, 3, Tabelle 3) im Jahre 1925 untersuchten parasitierten Forleulenpuppen aus dem Reichsforstamt Zossen 954 von *Ichneumon pachymerus* HTG. und 309 von *Pteromalus alboannulatus* RATZ. befallen; der von *Pt. alboannulatus* RATZ. parasitierte Anteil an Forleulenpuppen betrug also nahezu ein Viertel. *Pt. alboannulatus* RATZ. dürfte daher wohl noch zu BAERS Gruppe 1 zu rechnen sein. Wenn man die Angaben in der Literatur über das Vorkommen und die Häufigkeit der einzelnen Parasitenarten bei den verschiedenen Forleulenkalamitäten verfolgt, wird man Unterschiede im örtlichen und zahlenmäßigen Vorkommen feststellen, die durch geographische, klimatische und andere Bedingungen (z. B. Häufigkeit von Nebenwirten) hervorgerufen sein können; Bedingungen, über die wir noch wenig unterrichtet sind. Es zeigt sich jedoch, daß im gesamten Gebiet, in denen Forleulenkalamitäten auftreten, drei Parasitenarten an Häufigkeit des örtlichen wie des zahlenmäßigen Auftretens und damit auch an praktischer Wichtigkeit die übrigen überragen: *Banchus femoralis* THOMS., *Ichneumon pachymerus* HTG. und *Ernestia rudis* FALL. Als vierter Hauptschmarotzer kommt für Holland der in Deutschland als Forleulenparasit wohl noch nicht nachgewiesene *Meteorus albiditarsis* CURT. hinzu. Ich möchte daher BAERS Gruppierung der Forleulenschmarotzer in folgende Aufteilung ändern:

1. Hauptschmarotzer: *Banchus femoralis* THOMS., *Ichneumon pachymerus* HTG., *Meteorus albiditarsis* CURT., *Ernestia rudis* FALL.

2. Wichtige Schmarotzer: *Aphanistes armatus* WESM., *Exochilum circumflexum* L., *Enicospilus merdarius* GRAV., *Ichneumon bilunulatus* GRAV., *Trichogramma evanescens* WESTW., *Pteromalus alboannulatus* RATZ.

3. Häufige Schmarotzer: *Anomalon biguttatum* GRAV., *Tylocomnus scaber* GRAV., *Amblyteles rubroater* RATZ., *Ichneumon comitator* L., *Ichneumon fabricator* F., *Ichneumon nigritarius* GRAV., *Echinomyia magnicornis* ZETT., *Winthemia amoena* MEIG., *Anthrax hottentottus* L.

---

[1] Vgl. Fußnote S. 71.

4. Seltene Schmarotzer: Alle übrigen Arten, soweit sie mit Sicherheit als Forleulenparasiten nachgewiesen sind.

Wie schon aus den Bezeichnungen der vier Gruppen hervorgeht, soll diese Einteilung lediglich den Überblick bei der Fülle der Parasiten erleichtern, nicht aber eine strenge Scheidung zum Ausdruck bringen. Es kann sicher bei der einen oder anderen Kalamität eine Verschiebung eintreten, so daß ein „wichtiger Schmarotzer" (z. B. *Ichneumon bilunulatus* GRAV.) zu einem „Hauptschmarotzer"; ein „häufiger Schmarotzer" zum „wichtigen", vielleicht gar zum „Hauptschmarotzer" (z. B. *Ichneumon nigritarius* GRAV. oder *Echinomyia magnicornis* ZETT.), ja daß vielleicht sogar ein sonst „seltener Schmarotzer" zum „häufigen Schmarotzer" werden kann (z. B. *Pimpla instigator* F.) und umgekehrt [1].

Von den unter Gruppe 1—2 aufgeführten Parasiten sind:

a) Eiparasiten: *Trichogramma evanescens* WESTW. (außerdem von den „seltenen Schmarotzern" *Telenomus phalaenarum* NEES),

b) Raupenparasiten: 1. *Banchus femoralis* THOMS., *Enicospilus merdarius* GRAV., *Meteorus albiditarsis* CURT., *Ernestia rudis* FALL. (die Larven verlassen in der Regel vor der Verpuppung der Forleule die parasitierte Forleulenraupe, Abweichungen vgl. unten bei *B. femoralis*); 2. *Aphanistes armatus* WESM., *Exochilum circumflexum* L., *Ichneumon bilunulatus* GRAV., *Ichneumon pachymerus* HTG. (die Larven gehen bei der Verpuppung der Forleulenraupe mit in die Forleulenpuppe über und verlassen diese erst im nächsten Frühjahr),

c) Puppenparasit: *Pteromalus alboannulatus* RATZ.

Im folgenden gebe ich kurze Angaben über die Lebensweise der Hauptparasiten und wichtigen Schmarotzer:

Lebensweise der vier Hauptparasiten.

Ernestia rudis FALLÉN. *E. rudis fliegt* nach BAER (2, S. 134) von Anfang Mai bis in den Juli. Im Jahre 1925 war nach meinen Beobachtungen im Reichsforstamt Zossen am 15. Mai der größte Teil der Tachinen geschlüpft; das letzte lebende stark abgeflogene Stück stellte ich am 4. Juli fest. In Zeiten einer Forleulenkalamität ist dieser wichtigste Forleulenschmarotzer so zahlreich, daß er nicht nur im Walde, sondern auch in den Ortschaften und Forsthäu-

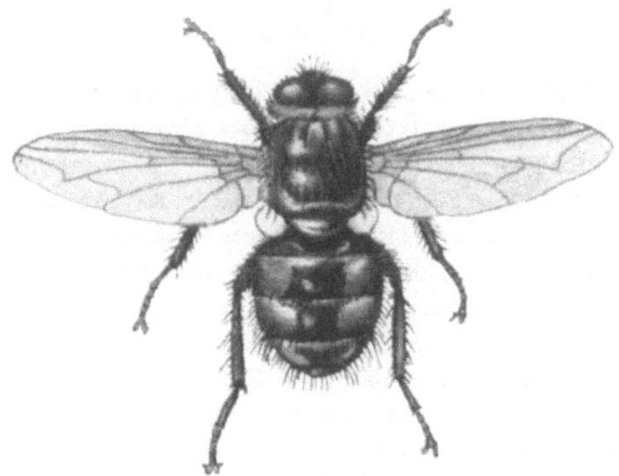

Abb. 16. *Ernestia rudis* FALL. ♂. 2:1.

---

[1] Vgl. die Mitteilungen SEITNERS (2, S. 212) über *Anomalon biguttatum* GRAV., der früher in der Literatur als selten bezeichnet wurde, aber bei der Kiefernspannerkalamität 1915/17 in Galizien Hauptschmarotzer war.

sern der Fraßgebiete in großen Schärmen auftritt (vgl. u. a. Sch., S. 630; SACHT-
LEBEN, 3, S. 481).

Die Eiablage und die Infektion der Forleulenraupe durch die Tachinenlarve
geht nach PRELLS (2 und 3) Untersuchungen folgendermaßen vor sich: „Die frisch
geschlüpfte weibliche Fliege besitzt eine Vagina, welche in ihrer Größe nur wenig
von der einer oviparen *Parasetigena* abweicht. Beginnt nun nach der Befruchtung
und der Latenzperiode die Ovulation, so stauen sich in der Vagina die Eier an.
Die ursprünglich dichtfaltige, ventral von einem unentwirrbaren Knäuel von

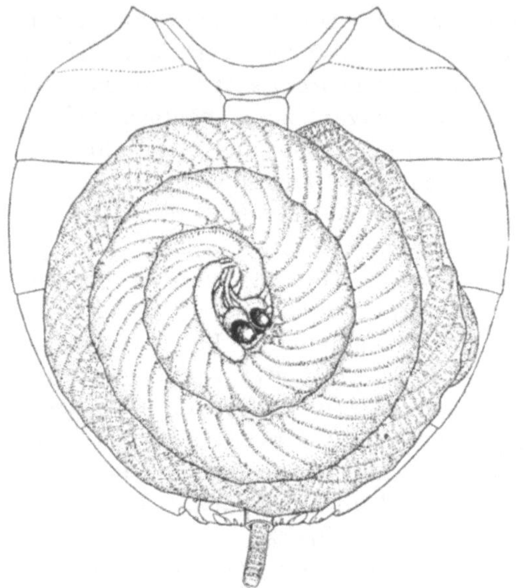

Abb. 17. Geschlechtsapparat eines ♀ von *Ernestia rudis*
FALL. nach Beginn des Absetzens fertiger Larven aus dem
Brutraume. 18:1. (Aus: PRELL, H.: Zur Biologie der Tachinen
Parasetigena segregata RDI. und *Panzeria rudis* FALL.
Zeitschrift für angewandte Entomologie, 2, S. 125, Fig. 50,
Berlin 1915.)

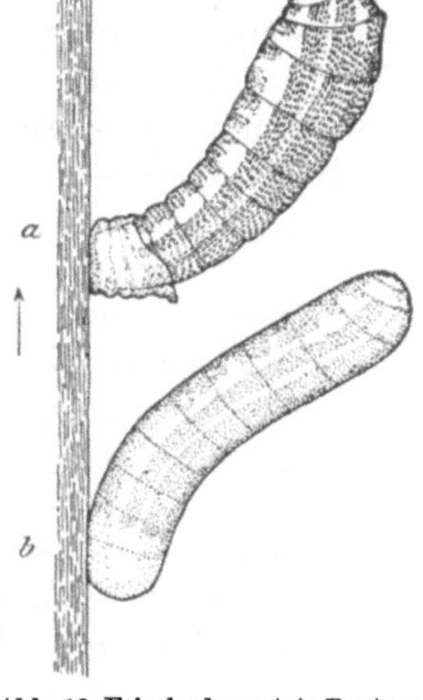

Abb. 18. Frisch abgesetzte Brut von
Ernestia rudis FALL. a Junglarve
in dem zum Becher zusammengestauchten Chorion; b unversehrt
abgesetztes Ei mit der Larve darin;
Pfeil Bewegungsrichtung der brut-
absetzenden Fliege. 65:1. (Aus:
PRELL, H.: Zur Biologie der Tachinen *Parasetigena segregata*
RDI. und *Panzeria rudis* FALL.
Zeitschrift für angewandte Entomologie, 2, S. 130, Fig. 52,
Berlin 1915.)

schwärzlichen Tracheen bedeckte Vagina wird so
allmählich zum Uterus ausgedehnt. Sie beginnt
sich in Anpassung an die Decke des Abdomens in
der Richtung des Uhrzeigers zu krümmen und
unter stetigem Weiterwachsen windet sie sich allmählich als Schnecke auf. In dieser sind die Eier
zu mehreren nebeneinander quer angeordnet, so daß die einzelnen Umgänge
rund erscheinen; die Zahl der Umgänge kann drei und mehr betragen. Die
Entwicklung nimmt etwa 3 Wochen in Anspruch; die äußeren und ältesten
Umgänge enthalten dann bereits schwärzliche larvenbergende Eier, während
innen immer noch neue Eier nachgeschoben werden.

Sind erst einmal die ältesten Eier fertig entwickelt, so beginnt eine leb-
hafte Legetätigkeit. Die Fliegen setzen auf den Pflanzenteilen, an welchen
Raupen fressen, oder an denen feine Gespinstfäden das Vorbeipassieren von Raupen anzeigen, ihre Brut ab. Die Eier treten mit dem Hinterende zuerst hervor
und werden mit diesem festgeklebt. Gleichzeitig wird aber, vermutlich unter

Mitwirkung der Larve, am Vorderende die Eischale gesprengt und das Chorion von der Made heruntergestreift. Hebt die Fliege ihren kurzen Legeapparat wieder von der Unterlage ab, so sitzt auf derselben in einem kleinen Becher, dem zusammengestauchten Chorion, die freie Made. Gewöhnlich steht sie starr von der Unterlage ab, seltener ist sie an dieselbe angepreßt; jedenfalls verhält sie sich ruhig. Nähert sich eine Raupe, so wird die Made sofort beweglich: sie macht mit dem Vorderkörper kreisförmig pendelnde Suchbewegungen, und gleichzeitig sieht man vor ihrem Munde ein glänzendes Tröpfchen Speichel erscheinen. Trifft sie bei ihren Bewegungen auf eine Raupe, so klebt sie mit dem Speichel fest, löst sich von dem Becher los und beginnt dann sofort mit dem Einbohren oder sucht erst durch Umherkriechen auf der Raupenhaut eine günstigere Stelle zu finden" PRELL (1, S. 181/182). „Die junge Made bohrt sich ziemlich tief in den Raupenkörper ein, so daß man ihre Stigmen in der Regel nicht mehr von außen erkennen kann. Dafür färbt sich aber die grüne Haut von *Panolis* in der Umgebung der Wunde rasch dunkelbraun[1], so daß man ohne weiteres sehen kann, ob eine Raupe tachinös ist. In älteren Stadien ist das Erkennen dadurch etwas erschwert, daß die infizierte Raupe sich meistens etwas krümmt, und dabei das Einbohrloch durch eine sich darüber lagernde Hautfalte öfters verdeckt wird. Um die frisch eingedrungene Made von *Panzeria*[2] bildet sich sehr rasch ein ziemlich langer, schlanker. schwarzer Zylinder" (PRELL, 2, S. 133). Dieser Zylinder schließt sich mit seiner nach außen gerichteten Öffnung an das offen bleibende Einbohrloch der Tachinenlarve an und vermittelt so der Larve Atemluft. Aus der in das Innere der Forleulenraupe gewandten Öffnung des Trichters ragt der Vorderkörper der Tachinenlarve heraus.

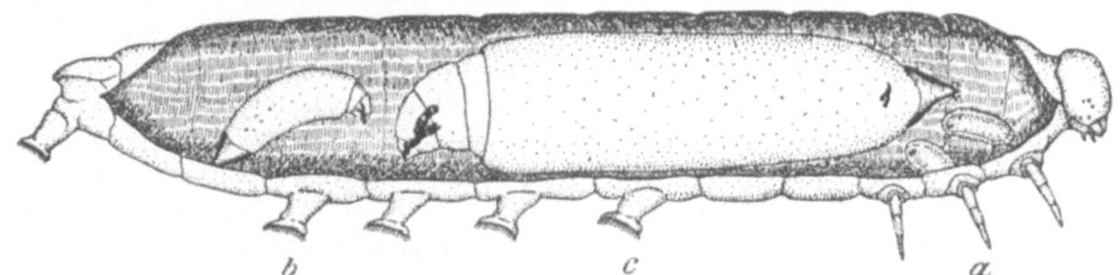

Abb. 19. Forleulenraupe, mehrmals mit Larven von *Ernestia rudis* FALL. infiziert. a 2 junge Larven; b eine Larve im zweiten Stadium; c eine erwachsene Larve, an deren Trichterwand das Mundgerüst des vorhergehenden Stadiums erhalten ist; a und b sind abgestorben. (Aus: PRELL, H.: Zur Biologie der Tachinen *Parasetigena segregata* RDI. und *Panzeria rudis* FALL. Zeitschrift für angewandte Entomologie, 2, S. 134, Fig. 54.)

Die höchste Eizahl eines ♀ von *E. rudis* wird von PRELL auf 900 berechnet. „Fliegen, deren Ovarien noch keineswegs erschöpft waren, enthielten in der anscheinend völlig gefüllten Vagina etwa 500 Eier und Larven" (PRELL, 2, S. 131). Für die praktische Wirksamkeit der Tachine ist von wesentlicher Bedeutung, daß nach PRELLs Feststellung (2, S. 120) „Kälte keinen oder nur sehr geringen Einfluß auf die Eientwicklung hat."

Die Tachinenlarve ist in der Regel zur Verpuppungszeit der parasitierten Forleulenraupe ausgewachsen. Die von *E. rudis* parasitierte Forleulenraupe begibt sich meist noch wie eine gesunde Raupe zur Verpuppung in die Bodenstreu und stirbt hier kurz darauf; die Anfertigung einer Puppenhöhle findet in der

---

[1] Vgl. Abb. 15 der Farbentafel.

[2] Statt *Ernestia* R.-D. wird von manchen Autoren der Gattungsname *Panzeria* R.-D. verwendet.

Regel nicht mehr statt. Die parasitierte Forleulenraupe ist kurz vor dem Tode aufgedunsen und gelbbräunlich gefärbt, die Zeichnung ist fast ganz verschwunden.

Abb. 20.   Abb. 21.

Abb. 20. 1 Tag altes Tönnchen von *Ernestia rudis* FALL. 2:1.

Abb. 21. Tönnchen, aus dem *Ernestia rudis* FALL. geschlüpft ist. 2:1.

Die Tachinenlarve verläßt die tote Forleulenraupe und kriecht in den Boden; ist die Forleulenraupe noch wie zur Verpuppung in den Boden gegangen, so wird sie erst hier von der Tachinenlarve verlassen. Das Ausbohren der Tachinenlarve aus der toten Forleulenraupe erfolgt am ersten, häufig auch erst am zweiten Tage nach dem Tode der Forleulenraupe. Das Tönnchen (die letzte Larvenhaut!) ist anfänglich gelblich, dann gelbrot und wird schließlich — meist innerhalb eines Tages — rot-braun. In diesem Tönnchen verbringt die Anfang August bereits völlig ausgebildete Tachinenpuppe den Herbst und Winter bis zum nächsten Frühjahr.

Abb. 22. *Banchus femoralis* THOMS. ♂. 2:1.

In ihrer zeitlichen Entwicklung ist somit *Ernestia rudis* FALL. völlig ihrem Wirt, der Forleule, angepaßt.

Banchus femoralis THOMSON. *B. femoralis* verläßt Ende Mai seinen Kokon, nachdem er einige Tage vorher aus der Puppe geschlüpft ist. Aus dem spindelförmigen schwarzen Kokon wird an einem Ende seitlich eine ovale, unregelmäßige, in ihrer Größe wechselnde Öffnung ausgenagt.

Die Flugzeit dauert wahrscheinlich bis Mitte Juni. In dieser Zeit werden von den Schlupfwespenweibchen die Forleulenraupen — im Zwei- oder Dreihäuterstadium — mit Eiern belegt (BLEDOWSKI u. KRAINSKA, S. 642). Die embryonale und larvale Entwicklung von *B. femoralis* in der Forleulenraupe dauert etwa 30—50 Tage. Die parasitierte Raupe häutet sich während dieser Zeit ein- oder zweimal (je nach dem Stadium, in dem sie parasitiert wurde), erreicht noch das verpuppungsreife Stadium und begibt sich in den Boden. Das weitere Schicksal der Forleulenraupe wie des in ihr schmarotzenden Parasiten kann sich verschieden gestalten. In der Regel geht die Forleulenraupe, bevor noch die Verpuppung eingetreten ist, zugrunde.

Abb. 23. Kokon, aus dem *Banchus femoralis* THOMS. geschlüpft ist. 2:1.

Kurz darauf verläßt die Parasitenlarve die tote Eulenraupe und beginnt meist sogleich ihren Kokon zu spinnen. Der $11^1/_2$—$14^1/_2$ mm lange Kokon wird noch am gleichen oder nächsten Tage fertig. Er ist anfangs grünlich-weiß und pergamentartig weich, verfärbt sich aber in wenigen Stunden, wird schwarz und hart. Nicht immer scheint jedoch die parasitierte Forleulenraupe vor der Verpuppung zugrunde zu gehen und nach ihrem Tode vom Parasiten verlassen zu werden, sondern wohl in manchen Fällen noch zur Verpuppung zu gelangen: dann verpuppt sich *B. femoralis* in der Forleulenpuppe. RATZEBURG, der anfangs die *Banchus*-Kokons nur frei im Boden liegend fand, beschreibt später (2, III, S. 93) sehr treffend diese andere Verpuppungsweise: ,,Ich habe nämlich Tönnchen gefunden, welche ganz und gar in einer

Eulenpuppe steckten. Sie kamen erst zum Vorschein, als ich diese zerbrochen hatte. Alsdann fand ich auch Tönnchen, an welchen nur noch kleine Stückchen der Eulenpuppe hafteten, so daß man anfangs nicht recht wußte, ob man eine Puppe oder einen Kokon vor sich hatte. Immer waren die Puppenreste sehr dünn und zart. Sie mußten wohl durch den mehr und mehr wachsenden und am Ende sich noch verspinnenden *Ichneumon* so ausgedehnt und gleichsam aufgezehrt worden sein."

Derartige *Banchus*-Kokons, die teils noch gänzlich von der Haut der Forleulenraupe umhüllt, teils nur noch von mehr oder weniger großen Fetzen dieser Haut bedeckt sind, kann man im Winter bei den Probesammlungen nicht selten in der Streu finden. Diese in der Forleulenpuppe steckenden *Banchus*-Kokons sind meist weniger glatt und glänzend, matter und runzliger als die frei in der Streu liegenden Kokons. Obwohl ich selbst aus derartigen Kokons keine Imagines gezogen habe, glaube ich doch, daß diese Kokons

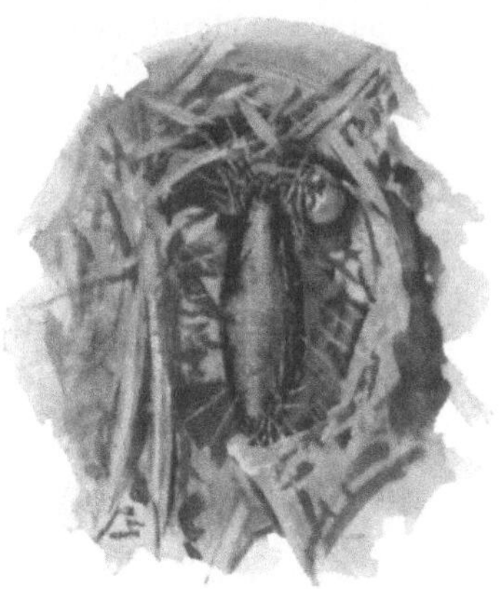

Abb. 24. 1 Tag alter Kokon von *Banchus femoralis* THOMS. 2:1.

zu *B. femoralis* THOMS. und nicht zu einer anderen *Banchus*-Art gehören. Die etwas abweichende morphologische Struktur dieser Kokons dürfte wohl durch das Einspinnen innerhalb der Forleulenpuppe zu erklären sein. Die *B. femoralis*-Larve verbringt in ihrem Kokon den folgenden Herbst und Winter bis zum nächsten Frühjahr, im ganzen etwa 10 Monate. Bei Kokonlarven aus dem Oktober sind bereits die Imaginalanlagen sehr deutlich sichtbar; Anfang April verpuppt sich diese Praepupa in ihrem Kokon; das Ausschlüpfen aus der Puppe erfolgt etwa Mitte Mai, das Verlassen des Kokons einige Tage später.

Ichneumon pachymerus HARTIG. *Ichneumon pachymerus* verläßt Ende Mai die Forleulenpuppe, in der er den Winter verbracht hat. (In jeder Forleulenpuppe befindet sich nur ein Parasit.) Die Flugzeit dauert bis Mitte oder bis zum letzten Drittel des Juni. Nach Beobachtungen im Laboratorium scheint die Lebensdauer der ♀ beträchtlich länger zu sein als die der ♂: 14 ♂♂ lebten 2—12 (im Mittel 5,7) Tage, 33 ♀♀ lebten 6—58 (im Mittel 23,3) Tage. Der Hauptwirt von *I. pachymerus* ist die Raupe von *Panolis flammea* SCHIFF;

Abb. 25. Kokon von *Banchus femoralis* THOMS. mit Resten der Forleulenpuppenhaut. 2:1.

der Parasit ist bisher außerdem nur einmal von mir aus Kiefernspanner, *Bupalus piniarius* L., gezogen worden. Nach meinen Beobachtungen geht die von *I. pachymerus* parasitierte Forleulenraupe in der Regel nicht zugrunde, sondern schreitet noch zur Verpuppung. Die Parasitenlarve geht bei der Verpuppung der Forleule in deren Puppe über verbringt in dieser den Winter. Nach SMITS VAN BURGST (1, S. 204) tritt *I. pachymerus* in Holland in zwei Generationen auf. Auch in Deutschland scheint dies — aber wohl nur ausnahmsweise — vorkommmen zu können. Denn nach BAERS (2, S. 29) Beobachtungen kann sich *I. pachymerus* „zum kleinen Teil schon vor der Überwinterung zur Wespe" entwickeln. In solchen Fällen könnte der Kiefernspanner vielleicht als Wirt der zweiten Generation in Betracht kommen. Forleulenpuppen aus dem November enthalten den Parasiten in einem Stadium, das man als Praepupa bezeichnen kann, da die Imaginalanlagen zu diesem Zeitpunkte bereits sichtbar sind. In der ersten Maihälfte verpuppt sich *I. pachymerus* in der Forleulenpuppe, schlüpft nach einigen Tagen aus der Puppenhülle und verläßt kurze Zeit darauf die Forleulenpuppe. Beim Auskommen schneidet *I. pachy-*

Abb. 26. *Ichneumon pachymerus* HTG. ♂. 2:1.

Abb. 27. *Ichneumon pachymerus* HTG. ♀. 2:1.

merus am Vorderrande der Forleulenpuppe einen Deckel ab, dessen rund um die Eulenpuppe verlaufende Schnittfläche etwas ausgezackt ist. Von der Größe des Parasiten und seiner Lage im Innern der Wirtspuppe hängt es ab, in welcher Höhe der Deckel abgeschnitten wird. In einzelnen Fällen wird die Schnittfläche an einer Stelle nach unten durch Ausnagen eines Loches erweitert, und zwar offenbar in solchen Fällen, in denen der Deckel nicht genügend abgeschnitten wurde und noch fest am unteren Teile der Eulenpuppe ansitzt. In der Regel dagegen wird der Deckel ganz abgeschnitten oder bleibt nur noch an einer schmalen Stelle mit der Eulenpuppe in Verbindung.

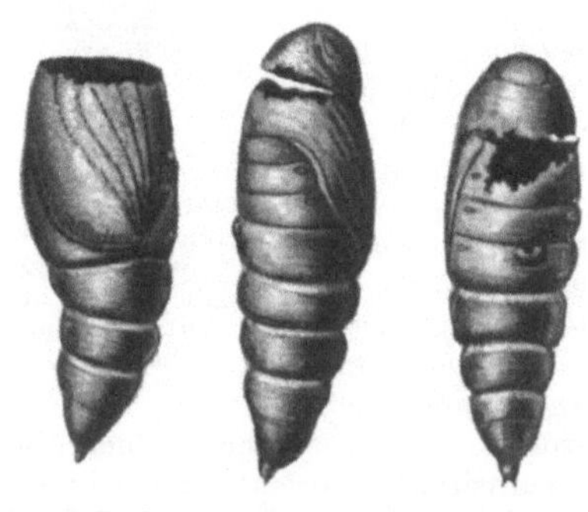

Abb. 28. Forleulenpuppen, aus denen *Ichneumon pachymerus* HTG. geschlüpft ist. 2:1.

Meteorus albiditarsis CURTIS. *M. albiditarsis*, der bisher als Forleulenparasit nur aus England (LYLE, S. 76) und Holland (OUDEMANS, S. 337; RITZEMA BOS, S. 84; SMITS VAN BURGST, 1, S. 202; 3, S. 239; VERLOREN, 2, S. 131) bekannt geworden ist, hat in Holland bei der Eulenkalamität 1919/1920 die Hauptrolle als Parasit gespielt. Nach SMITS VAN BURGST (1, S. 203) findet die Infektion durch diese Braconide statt, bevor die junge Forleulenraupe halb erwachsen ist. Die Parasitenlarve ist kurz vor der Verpuppung der Forleulenraupe erwachsen, verläßt ihren Wirt, und spinnt kurz darauf ihren Kokon, in dem sie im Larvenzustand bis zum nächsten Frühjahr verbleibt. Erst 14 Tage vor dem Schlüpfen verpuppt sich die Larve. Der gelblich gefärbte wollige Kokon von *M. albiditarsis* findet sich während einer Kalamität in großen Mengen in Streu und Moos zwischen den Eulenpuppen.

Lebensweise der wichtigen Parasiten.

Aphanistes armatus WESMAEL. *A. armatus* dürfte in der gleichen Zeit wie die übrigen Forleulen-Ichneumoniden fliegen (in Zwingerzuchten schlüpften Stücke dieser Art am 16., 22. und 28. Mai) und in der Lebensweise, besonders der Art der Verpuppung, *Ichneumon pachymerus* HTG. und *Exochilum circumflexum* L. gleichen. Im Gegensatz zu *Enicospilus merdarius* GRAV. und *Banchus femoralis* THOMS. verläßt nämlich *A. armatus* WESM. zur Verpuppung nicht die parasitierte Forleulenraupe, sondern liegt in dieser wie *I. pachymerus* HTG. und *E. circumflexum* L., den Winter über. Das Verlassen der Forleulenpuppe geschieht im Frühjahre auf die gleiche Weise wie bei *I. pachymerus*, so daß die von *A. armatus* verlassene Forleulenpuppe sich nicht von derjenigen unterscheiden läßt, aus der *I. pachymerus* geschlüpft ist.

Exochilum circumflexum L. Auf S. 64 habe ich bei der Besprechung der systematischen Stellung und Nomenklatur dieser Art gezeigt, daß Kiefernspinnerparasit und Forleulenparasit, die vielfach bisher als gleiche Art unter diesem Namen angegeben wurden, vielleicht zwei verschiedene Arten oder mindestens zwei verschiedene Rassen sind. Näheres über die Lebensweise ist bisher nur vom Parasiten des Kiefernspinners bekannt, vom Schmarotzer der Forleule dagegen nur so viel, daß er von Ende Mai bis Anfang Juni bis in den Juli hineinfliegt, daß die in der Forleulenraupe lebende Parasitenlarve bei der Verpuppung der Forleule in deren Puppe übergeht, in dieser den Winter verbringt und sie im nächsten Frühjahr verläßt.

Abb. 30.　　　　Abb. 31.
Abb. 30. Kokon von *Enicospilus merdarius* GRAV. 2:1.
Abb. 31. Kokon, aus dem *Enicospilus merdarius* GRAV. geschlüpft ist.

Abb. 29. *Enicospilus merdarius* GRAV. ♂. 2:1.

Enicospilus merdarius GRAVENHORST. *E. merdarius* fliegt etwa Mitte Mai bis Mitte Juni. Das parasitäre Leben von *E. merdarius* in der Forleulenraupe dauert etwa 20 Tage. Die ausgewachsene Parasitenlarve verläßt wie *Banchus femoralis* THOMS. die Forleulenraupe, die zum Teil noch das Stadium der Verpuppungsreife erreicht und fertigt wie *B. femoralis* einen Kokon an. Die Kokons beider Arten wurden von RATZEBURG (2, I, S. 101) miteinander verglichen: „Die Tönnchen beider haben viel Ähnlichkeit miteinander, die des Ophion" (*E. merdarius*) „sind aber stumpfer und sehen wie Lophyren-Tönnchen aus, nur daß sie noch größer als die größten von *L. nemorum* sind ... und auf dem dunklen braunschwarzen Grunde eine das mittlere Dritteil einnehmende hellere Zone haben. Sie bestehen aus mehreren Gespinstlagen, und diese lassen sich wegen ihrer Trockenheit und Sprödigkeit mit einem starken Silberschaume vergleichen." In diesem Kokon liegt *E. merdarius* den Winter über und schlüpft zur oben angegebenen Flugzeit. Beim Schlüpfen nagt *E. merdarius* jedoch nicht wie *Banchus femoralis* THOMS. an der Seite des Kokons eine unregelmäßige Öffnung aus, sondern schneidet an dem einen Pol des Kokons einen kreisrunden Deckel ab und ähnelt auch hierin den *Lophyrus*-Arten, die denKokondeckel nur etwas tiefer als *E.merdarius* abschneiden.

Ichneumon bilunulatus GRAVENHORST. *I. bilunulatus* dürfte sich in der Lebensweise wohl ganz ähnlich wie *I. pachymerus* HTG. verhalten. Wie dieser geht *I. bilunulatus*, der ebenfalls solitär in einer Forleulenraupe lebt, bei deren Verpuppung in die Forleulenpuppe über, verbringt in dieser den Winter (nach BAER, 2, S. 29 schlüpft allerdings ein kleiner Teil ,,bereits vor der Überwinterung, etwa im September"), verpuppt sich in ihr und verläßt zu gleicher Zeit und auf gleiche Weise wie *I. pachymerus* die Forleulenpuppe. Als Wirte sind außer der Forleule der Kiefernspanner *Bupalus piniarius* L. und der Heidekrautspanner *Hematurga atomaria* L. sicher festgestellt. Es fragt sich nun im Hinblick auf diese beiden Wirte, ob nicht auch bei *I. bilunulatus* gelegentlich wie bei *I. pachymerus* (vgl. oben) oder in der Regel wie bei *I. nigritarius* GRAV. (vgl. EIDMANN, 2, S. 64) doppelte Generation vorkommen kann, wofür auch die vorher angeführte Beobachtung BAERs spricht.

Trichogramma evanescens WESTWOOD. Das Vorkommen dieses weit verbreiteten und wirtschaftlich sehr bedeutungsvollen Eischmarotzers als Parasit des Forleuleneies wurde von WOLFF (3, 4 u. 5) festgestellt. WOLFF (4, S. 306) berichtet nach einer (in GRUNERTs Forstlichen Blättern, S. 105, 1866 veröffentlichten) Mitteilung RATZEBURGs, daß dieser schon 1866 Forleuleneier beobachtet hat, aus denen, wie die charakteristische Färbung und die kleinen Schlupflöchelchen verrieten, Schlupfwespen ausgekommen sein mußten. Als Wirte von *Tr. evanescens* sind nach HASES Zusammenstellung (S. 189/190) bisher 65 verschiedene Insektenarten (53 Lepidopteren-, 6 Dipteren-, 3 Coleopteren-, 1 Hymenopteren-, 1 Rhynchoten- und 1 Neuropterenart) bekannt. Wenn man die kurze Entwicklungszeit von *Tr. evanescens* in Betracht zieht, muß dieser Parasit eine große Zahl von Generationen in einem Jahre haben. Nach KRYGER (1, S. 279/282) beginnt die Flugzeit der ersten Generation von *Tr. evanescens*, für die als Wirt nach seinen Beobachtungen vor allem die Schlammfliege *Sialis flavilatera* L. in Frage kommt, Ende Mai, Anfang Juni. Als frühestes Beobachtungsdatum wird von KRYGER der 27. Mai angegeben. In den Eiern von ,,*Gastropacha potatoria*" überwinternde *Trichogramma evanescens* schlüpfen am 31. Mai und an den folgenden Tagen (KRYGER, 2, S. 183). Die Angabe über die Flugzeit der in *Sialis flavilatera*-Eiern schmarotzenden Generation kann ich bestätigen: Am 5. Juni 1927 fand ich von *Tr. evanescens* parasitierte *S. flavilatera*-Eier, aus denen vom 11. bis 15. Juni die Parasiten schlüpften. Auch von WOLFF wurde die erste Generation von *Tr. evanescens* um die gleiche Zeit gefunden: Am 3. Juni 1914 stellte WOLFF den Parasiten im Puppenstadium in Forleuleneiern fest; die ersten Imagines schlüpften am 8. Juni. Im Jahre 1925 habe ich jedoch beobachtet, daß die Flugzeit der ersten Generation von *Tr. evanescens* schon früher fallen kann; dies ist im Hinblick auf die durchschnittlich Mitte April bis Mitte Mai stattfindende Haupteiablage der Forleule wichtig: Am 1. Mai 1925 fand ich im Reichsforstamt Zossen bereits von *Tr. evanescens* parasitierte Forleuleneier. Frühes Schlüpfen und frühzeitige Flugzeit der ersten Generation wird natürlich bei *Trichogramma evanescens* ebenso von der Witterung abhängig sein wie der Falterflug der Eule. Es fragt sich jedoch, ob nicht die kurze Entwicklungszeit des Schmarotzers und die beiden eben mitgeteilten Beobachtungen von WOLFF und mir vermuten lassen, daß *Tr. evanescens* mindestens zwei Generationen hintereinander in Forleuleneiern leben kann. Die Lebensdauer von *Tr. evanescens* ist nach HASES Feststellungen bei Zimmertemperatur (ohne Nahrung) 4—6 Tage; bei $+4^0$ bis $+7^0$ lebten Tiere 10 Tage lang. Bei ausreichender Fütterung mit stark wasserhaltiger Nahrung gelang es HASE, *Tr. evanescens* - ♀ 30 Tage lang am Leben zu erhalten (HASE,

S. 206). Nach HASES Beobachtungen (S. 203) stechen die *Tr. evanescens-* ♀ Eier
nicht nur zum Zwecke des Unterbringens ihrer Brut an, sondern sie benutzen die
Eier zugleich als Nahrungsquelle für sich selbst: Nach dem Anstechen des Eies
und Wiederherausziehens des Bohrers drücken die ♀ mit dem Hinterleib auf die
Stichstelle; infolge dieses Knetens treten winzige Flüssigkeitströpfchen aus dem
Ei, die vom ♀ aufgeleckt werden. Die Begattung findet sofort nach dem Schlüpfen
statt. Parthenogenese kommt vor: die unbefruchteten Eier ergeben ausschließ-
lich ♂♂. Nach den Beobachtungen von WOLFF (5, S. 553) und HASE (S. 211)
stechen häufig mehrere ♀♀ dasselbe Ei nacheinander (WOLFF) oder gleichzeitig
(HASE) an; nach HASE kann auch ein ♀ wiederholt das gleiche Ei anstechen.
Nach WALTER (S. 35) wird ein Forleulenei mit 1—8 *Tr. evanescens*-Eiern belegt.
Die Forleuleneier werden nach Feststellung WOLFFS (5, S. 553) in verschiedenen
Entwicklungs- oder Reifestadien des Embryos vom *Tr. evanescens-* ♀ angestochen.
Nach SCHULZE (S. 558) war bei Zuchten in Mehlmotteneiern im günstigsten Falle
die Zahl der Nachkommen eines *Tr. evanescens-* ♀ 51, im ungünstigsten Falle 17,
im Durchschnitt 35,6. Von *Tr. evanescens* parasitierte Eier verfärben sich stets
in charakteristischer Weise; nach SCHULZE (S. 556) ist ein durch den Stich des
Tr. evanescens- ♀ eingeführtes Sekret „alleinige Ursache für die Umfärbung der
Eischale". Die Verfärbung betrifft (HASE, S. 203) nicht die Eischale (Chorion),
sondern die dem Chorion dicht anliegende Eihaut (Dotterhaut). Nach WALTER
(S. 35) geht bei Forleuleneiern „der Farbton des trichogrammierten Eies von
tiefdunkelviolett in eine stahlblaue Färbung über". Nach WOLFFS Beobachtungen (5, S. 554) dauert die Entwicklung einer Generation von *Tr. evanescens*
vom Ei bis zur Imago 2 Wochen. Aus Mehlmotteneiern schlüpfte *Tr. evanescens*
bei 25⁰ nach 12—17 Tagen, bei 30,7⁰ nach 10 Tagen (SCHULZE, S. 565; weitere
Einzelangaben siehe dort). In einem Forleulenei entwickeln sich je nach der Zahl
der in das Wirtsei abgelegten Parasiteneier 1—8 *Tr. evanescens*. Die ausgewach-
senen Tiere nagen sich beim Schlüpfen durch die Schale des Wirtseies hindurch.
Die Lage der Schlupflöcher wie ihre Zahl und Größe ist keiner Regel unterworfen.
Man kann aus der Zahl der Schlupflöcher nicht auf die Zahl der aus dem Ei geschlüpften Parasiten schließen, da aus einem Loch sowohl nur eine wie auch
mehrere Schlupfwespen geschlüpft sein können. Forleuleneier, die von *Tr. evanescens* parasitiert waren, sind von Eiern, aus denen Raupen schlüpften, durch ihre
schwarzblaue Färbung und den meist glatten Rand des in der Regel kleineren
Schlüpfloches zu erkennen. Unter der großen Zahl von Wirten des Parasiten sind
nach HASES Zusammenstellung außer der Forleule noch mehrere wichtige Forstschädlinge: Kiefernspinner, *Dendrolimus pini* L., Nonne, *Lymantria monacha* L.,
Weidenspinner, *Stilpnotia salicis* L., Kiefernspanner, *Bupalus piniarius* L., Kie-
ferngespinstblattwespe, *Lyda stellata* CHRIST. und nach TRÄGÅRDH *Lyda signata*
(2, S. 416/418). Weitere Einzelheiten über die Biologie von *Tr. evanescens* WESTW.
finden sich insbesondere bei HASE (mit ausführlicher Literatur über *Tr. evanescens*), über *Tr. evanescens* als Forleulenparasit bei WALTER (S. 35/36), WOLFF
(4 u. 5,) und WOLFF u. KRAUSSE (3, S. 5/6; 4, S. 8/9).

Pteromalus alboannulatus RATZEBURG. Die Lebensdauer der ♀ von *Pt. alboannulatus* beträgt 8—24 (im Mittel 15,8) Tage, die der ♂ 3—7 (im Mittel 5) Tage.
Das Anstechen der Forleulenpuppe erfolgt am dritten bis zwölften Tage nach dem
Schlüpfen des *Pt. alboannulatus-* ♀. Die Entwicklungsdauer vom Ei bis zur Imago
beträgt in Zwingerzuchten 25—39 Tage. Im Walde dürften wahrscheinlich bei
günstiger Temperatur mehrere Generationen auftreten, doch schiebt sich hier
eine längere Zwischenperiode, in der sich *Pt. alboannulatus* als Larve in der Forleulenpuppe befindet, vom Herbst bis zum Frühjahre ein. Die Zahl der aus einer
Wirtspuppe schlüpfenden Nachkommen eines ♀ schwankt zwischen 21 und 68;

die Zahl der ♂ in einer Brut ist sehr gering (2—6); Parthenogenese ist bei *Pt. alboannulatus* möglich und zwar entwickeln sich aus unbefruchteten Eiern nur ♂ ♂. Die Forleule wird im Puppenstadium von *Pt. alboannulatus* parasitiert. Puppen

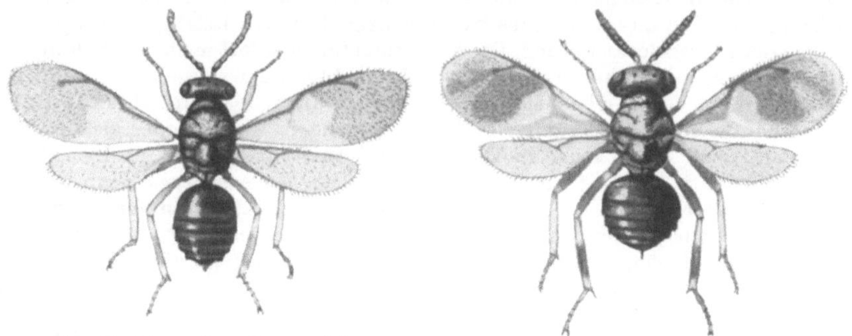

Abb. 32. *Pteromalus alboannulatus* RATZ. ♂, 12:1.

Abb. 33. *Pteromalus alboannulatus* RATZ. ♀. 12:1.

von Lepidopteren, die der gleichen Biocönose wie die Forleule angehören, die mit der Forleulenpuppe gleiche Lage in der Bodenbedeckung und ähnliche morphologische Beschaffenheit der Puppe teilen (*Bupalus piniarius* L. und *Sphinx pinastri* L.) werden von *Pt. alboannulatus* in Zwingerversuchen ohne weiteres parasitiert.

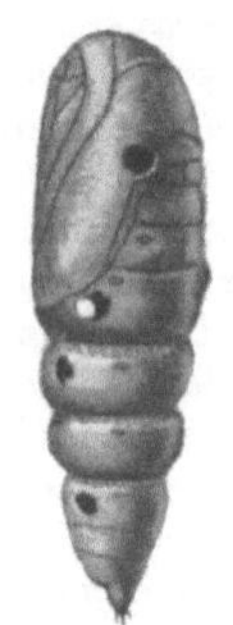

Abb. 34. Forleulenpuppe, aus der *Pteromalus alboannulatus* RATZ. geschlüpft sind (5 Schlüpflöcher). 12:1.

Wie aus dem Verzeichnis der Hyperparasiten (vgl. S. 71) ersichtlich ist, sind mehrere Schlupfwespenarten sowohl Parasiten der Forleule („Primärparasiten") als auch Parasiten anderer Forleulenschmarotzer („Sekundär- oder Hyperparasiten"): *Tylocomnus scaber* GRAV., *Cryptus dianae* GRAV., *Plectocryptus arrogans* GRAV., *Ichneumon nigritarius* GRAV. und *Meteorus albiditarsis* CURT. Von ihnen ist wohl nur *Plectocryptus arrogans* GRAV. ein häufigerer Hyperparasit, die übrigen dagegen sind wohl ausgesprochener „Primärparasiten" der Forleule (vgl. hierzu die Betrachtungen von SMITS VAN BURGST: „Hyperparasitisme bij primaire parasieten van de gestreepte dennenrups (*Panolis griseovariegata*): Superparasitisme."

Wenn man das nach Wirten geordnete Verzeichnis der Hyperparasiten (S. 73) betrachtet, ist nicht nur die große Zahl dieser Hyperparasiten bemerkenswert, sondern besonders auffallend, daß *Banchus femoralis* THOMS., *Meteorus albiditarsis* CURT. und *Ernestia rudis* FALL. viele Schmarotzer aufweisen, daß dagegen — soweit ich wenigstens feststellen konnte — bisher kein Parasit des vierten Hauptschmarotzers der Forleule: *Ichneumon pachymerus* HTG. bekannt ist. Dies läßt einen Zusammenhang mit der Lebensweise der Forleulenparasiten vermuten: *Ichneumon pachymerus* HTG. bleibt bis zum Schlüpfen der Imagines im nächsten Frühjahr in der Forleulenpuppe, die drei übrigen Hauptparasiten der Forleule, wie auch *Enicospilus merdarius* GRAV., *Echinomyia magnicornis* ZETT. und *Winthemia amoena* MEIG. verlassen vor der Verpuppung ihren Wirt. Man kann daher vermuten, daß sie durch „Hyperparasiten" in dem Zeitpunkt zwischen Verlassen der Forleulenraupe und Verpuppung parasitiert werden, wie dies von BAER (1, S. 273) auch schon für die Parasitierung von *Ernestia rudis* FALL. durch *Anthrax* vermutet worden ist.

2. Feinde.

a) Wirbeltiere *(Vertebrata)*.

α) Säugetiere *(Mammalia)*.

Als Feinde der Forleule werden von Säugetieren in der Literatur genannt:

Spitzmäuse, *Sorex araneus araneus* L. und *Sorex minutus minutus* L. (ALTUM, 1, III, 2, S. 138; HESS-BECK, S. 463);

Igel, *Erinaceus europaeus europaeus* L. (ALTUM, 1, III, 2, S. 138; RITZEMA BOS, S. 76; HESS-BECK, S. 463);

Fledermäuse, *Microchiroptera* (ESPER, S. 350);

Fuchs, *Vulpes vulpes crucigera* BECHST. (RATZEBURG, 1, II, S. 174; KÖPPEN, S. 374; BANDO, S. 279; WOLFF u. KRAUSSE, 1, S. 164);

Dachs, *Meles meles meles* L. (RATZEBURG, 1, II, S. 174; ALTUM, 1, III, 2, S. 138; BANDO, S. 279; HESS-BECK, S. 463; WOLFF u. KRAUSSE, 1, S. 164; BERWIG, 2, S. 269);

Hermelin, *Mustela erminea aestiva* KERR, und WIESEL, *Mustela nivalis nivalis* L. (RITZEMA BOS, S. 76);

Waldmaus, *Apodemus sylvaticus sylvaticus* L. (RITZEMA BOS, S. 76; WOLFF u. KRAUSSE, 4, S. 36);

Schwarzwild, *Sus scrofa scrofa* L. (RATZEBURG, 1, II, S. 174; 3, S. 221; ALTUM, 1, III, 2, S. 138; RITZEMA BOS, S. 175; JUDEICH u. NITSCHE, II, S. 935; NEUMEISTER, S. 165; HESS-BECK, S. 463; WOLFF u. KRAUSSE, 1, S. 164; KÖNIG, 1, S. 94; 2, S. 773; BERWIG, 2, S. 297).

Auch die bisher in der Literatur nicht genannte Rötelmaus, *Evotomys glareolus glareolus* SCHREB., die tierische Kost sehr liebt, dürfte sich an der Vertilgung der Forleule beteiligen.

Mit Ausnahme der Falter fangenden Fledermäuse wird sich die Tätigkeit der übrigen Säugetiere in der Hauptsache auf die Vertilgung von Puppen erstrecken. Praktische Bedeutung vermag nur das Schwarzwild zu gewinnen.

β) Vögel *(Aves)*.

Über Vögel als Vertilger der Forleule liegen zahlreiche Angaben vor. Eine Zusammenstellung der Literatur und eingehende eigene Studien hat Freiherr VON VIETINGHOFF-RIESCH in mehreren Arbeiten (1, 2, 4, 5) veröffentlicht.

Nach biologischen Beobachtungen und Magenuntersuchungen führt Freiherr VON VIETINGHOFF folgende Vögel als Vertilger der Eule auf (1, S. 253):

„a) Sozial auftretend.

1. Stare,	5. Kraniche (nur Puppe),
2. Dohlen,	6. Bergfinken,
3. Nebelkrähen,	7. Weindrosseln,
4. Saatkrähen,	8. Mandelkrähen.

b) Vereinzelt auftretend.

9. Buchfinken,	18. Auerwild (Birkwild?),
10. Misteldrossel (Singdrossel, Amsel),	19. Elster,
11. Kohlmeise,	20. Kuckuck,
12. Haubenmeise,	21. Steinschmätzer,
13. Tannenmeise,	22. Eichelhäher,
14. Goldhähnchen,	23. Pirol,
15. Großer Buntspecht,	24. Wiedehopf,
16. Großer Brachvogel (nur Puppe),	25. Goldammer,
17. Triel (?) nur Puppe,	26. Hausrotschwanz.

Außerdem noch die der Kiefernzönose sporadisch angehörenden Vögel ... die ich im Bereich des Eulenfraßes konstatierte und als Eulenvertilger aufzunehmen kein Bedenken trage." Es sind dies (Frh. v. VIETINGHOFF, 2, S. 9): Gartenrotschwanz, Grauer Fliegenfänger, Trauerfliegenfänger, Baumpieper, Heidelerche, Weiden- und Fitislaubvogel, Zaungrasmücke, Rotkehlchen. In seiner neuesten Arbeit fügt Freiherr v. VIETINGHOFF (5, S. 139) noch die Ringeltaube hinzu. Nach ESPER (S. 350) gehört ferner die Nachtschwalbe zu den Forleulenvertilgern. Auch ist wohl noch die Rabenkrähe (? Nürnberger Reichswald, 1815) hinzuzurechnen. In der Nähe von Gehöften können sich auch, wie SCHÜPKE (S. 708) beobachtete, Sperlinge an der Vertilgung der Forleulenraupen beteiligen.

Frhr. v. VIETINGHOFF hat auch verschiedene bemerkenswerte Einwirkungen einer Forleulenkalamität auf Lebensgewohnheiten und Verhalten von Vögeln beobachtet und zusammengestellt. „Weindrosseln werden von ihren natürlichen Zugstraßen (oder vielmehr Rastplätzen) abgeleitet, statt in Laubholzparzellen halten sie sich tief in der Kieferneinöde auf, bleiben wochenlang am Befallsherd" (2, S. 9). „Im Frühjahr 1829 lagen in der Lüneburger Heide große Bergfinkenscharen, von der Fülle der Nahrung aufgehalten" (5, S. 138). „Stare ziehen zu Zehntausenden tief in die Kiefernbestände, leben nur von Eulenraupen, verlieren ihre Gewohnheit, im Schilf zu übernachten, und bleiben die Nacht über am Infektionsherd" (2, S. 9). Auffallend ist ferner das Stechen von Kranichen und Brachvögeln nach Forleulenpuppen (ECKSTEIN, 7, S. 124; v. BEHR, S. 1335; HAHN, S. 56).

„Die Spezialisierung auf bestimmte Entwicklungsstadien verwischt sich meist." Während der Kuckuck wohl ausschließlich die Raupe aufnehmen wird, nehmen nach Frhr. v. VIETINGHOFF (1, S. 249) Stare und Krähen, ebenso Eichelhäher, Finken, Meisen und Drosseln Raupen und Puppen auf.

Zusammenfassend stellt Frh. v. VIETINGHOFF (1, S. 250) fest: „Wir können ruhig sagen, daß mit Ausnahme der ausgesprochen carnivoren Raubvögel und einiger weniger nahrungsbiologisch eng spezialisierter Insektenfresser (z. B. Schwarzspecht) alle Vögel der Kiefernzönose an der Vertilgung der Forleule teilnehmen."

Vom wirtschaftlichen Standpunkt betrachtet muß die Bedeutung dieser Vogelarten verschieden groß sein. Heidelerche, Baumpieper, Grauer Fliegenfänger und Trauerfliegenfänger, Weidenlaubsänger und Fitis,

Zaungrasmücke, Steinschmätzer, Haus- und Gartenrotschwanz, Rotkehlchen, Nachtschwalbe und Triel werden seltener, Goldammer und Pirol wie auch die Rauhfußhühner gelegentlich an der Vertilgung der Forleule beteiligt sein. Auch die Fälle, in denen Bergfink, Weindrossel, Wiedehopf, Blauracke, Großer Brachvogel und Kranich in Scharen in den Fraßbeständen beobachtet wurden, können nicht als regelmäßige Erscheinungen angesehen werden. Häufiger wird die Beteiligung der heimischen Drosseln (Misteldrossel, Singdrossel, Amsel) und der Elster zu erwarten sein.

Dagegen wird man folgende Arten wegen ihrer Verbreitung und Häufigkeit in der Regel bei Forleulenkalamitäten als Eulenvertilger antreffen können:

Saatkrähe (*Corvus frugilegus frugilegus* L.), Rabenkrähe (*Corvus corone corone* L.) und Nebelkrähe (*Corvus corone cornix* L.), Dohle (*Coloeus monedula spermologus* VIEILL.), Eichelhäher (*Garrulus glandarius glandarius* L.), Star (*Sturnus vulgaris vulgaris* L.), Buchfink (*Fringilla coelebs coelebs* L.), Kohlmeise (*Parus major major* L.), Tannenmeise (*Parus ater ater* L.), Haubenmeise (*Parus cristatus cristatus* L., *P. c. mitratus* BREHM, *P. c. brunnescens* PRÁZAK), Goldhähnchen (*Regulus regulus regulus* L.), Kuckuck (*Cuculus canorus canorus* L.) und Großer Buntspecht (*Dryobates major major* L. und *Dr. m. pinetorum* BREHM).

Ist eine Forleulenkalamität ausgebrochen, werden praktisch am bedeutungsvollsten die in großen Schwärmen in die Fraßbestände einwandernden Vögel: Krähen (wohl häufig zusammen mit Dohlen) und Stare. „Der letzte große Fraß hat wieder die hervorragende Tätigkeit der sozialen Vögel dokumentiert" (Frh. v. VIETINGHOFF, 1, S. 249). Bei den übrigen Forleulenvertilgern (Eichelhäher, Buchfink, Meisen, Goldhähnchen, Kuckuck und Buntspecht) wird in der Regel der gleiche Individuenbestand in den Fraßgebieten herrschen wie gewöhnlich. Die Bildung von Meisenschwärmen, denen Goldhähnchen und Buntspechte beigesellt sind, ist ja eine normale Erscheinung außerhalb der Brutzeit. Wie Frh. v. VIETINGHOFF (5, S. 139) berichtet, ist bei den Eichelhähern die Reizwirkung im Herbst nicht so groß, daß sie sich wie in Laubholzbeständen und an Eichenrändern zu sozialen Verbänden zusammenschlagen. Bei Buchfinken kann man allerdings kleine Ansammlungen beobachten, die sich aber wohl nur aus den nächsten Beständen zusammenziehen. Auch die sonst so ungeselligen Kuckucke können sich nach ALTUMS Mitteilung (1, II, S. 55/56) in einiger Zahl bei Raupenfraß zusammenfinden.

„Ziehen wir die Folgerung aus der Kalamitätenreihe, so ergibt sich, daß die Beobachtungen, so subjektiv sie auch gefärbt sein mögen, eine außerordentliche Anteilnahme der Stare fast in allen Fällen konstatieren" (Frh. v. VIETINGHOFF, 1, S. 249; vgl. auch RÜDIGER, S. 339).

„Kaum ein Beobachter der Eulenkalamitäten mit einigermaßen ornitho-

logisch geschultem Blick vergißt Buchfinken und Krähen zu erwähnen"
(Frh. v. Vietinghoff, 5, S. 138).

b) Gliederfüßler (*Arthropoda*).

α) Spinnen und Tausendfüßler (*Arachnoidea* und *Myriapoda*).

Spinnen, ohne nähere Angabe der Art, werden von Sedlaczek (1,
S. 97) als Forleulenfeinde genannt. Wolff u. Krausse (4, S. 35) nehmen
an, daß „eine ganze Reihe von Insekten und niederen Gliedertieren (Milben, höhere Spinnen, Tausendfüßler usw.), deren Lebensweise sonst keine
Berührung mit der Forleulenbiologie besitzt, durch die Übertragung von
infektiösem Sporenmaterial, also indirekt, an der Beendigung einer Forleulengradation Anteil haben kann".

Als Vertilger der Forleulenpuppen wird von Ratzeburg (1, II, S. 175)
der Tausendfuß „*Scolopendra forficata*" (*Lithobius forficatus* L.) genannt;
von Ratzeburgs Gewährsleuten Behm und Roth wurde häufig beobachtet, „wie diese Tiere in der Puppenhülse steckten und darin fraßen".

β) Insekten.

Als Verfolger der Eulenraupen führt Ratzeburg (1, II, S. 175) die
Wanzen „*Cimex marginatus*" (*Mesocerus marginatus* L.) und „*rufipes*"
(*Pentatoma rufipes* L.) auf. Von einer anderen Wanze, *Troilus luridus* F.,
haben Wolff u. Krausse (4, S. 33) beobachtet, „daß sie halbwüchsige
Forleulenraupen anstach und durch Aussaugen der Körpersäfte tötete".

„Eine ganze Reihe von Caraben und Cicindelen, auch eine Anzahl
von Staphyliniden ernähren sich bei Gelegenheit einer Forleulengradation unter anderem auch von den verschiedenen Entwicklungsstadien
der Eule" (Wolff u. Krausse, 4, S. 35). Sedlaczek (1, S. 97) führt
Cicindela silvatica L. und *Carabus intricatus* L. an; Schneider (S. 390)
berichtet, daß Coccinelliden Forleuleneier vertilgten. Von den Laufkäfern wird bei einer Forleulenkalamität am häufigsten der schon durch
Größe und Färbung auffallende Puppenräuber (Kletterlaufkäfer, *Calosoma sycophanta* L.) bemerkt. Käfer sowohl wie Larven des Puppenräubers vertilgen nicht nur Eulenraupen und -puppen am Boden, sondern erklettern auch häufig die Stämme auf der Suche nach ihrer Beute.
„Pfeil erzählt, wie er Augenzeuge gewesen, daß ein solcher" (Puppenräuber) „mit der Raupe von *Noctua piniperda* herabgestürzt sei, die
Raupe gewürgt, verlassen, den Stamm wieder erklettert habe, wieder
mit einer solchen herabgefallen sei, und dieses Spiel 10—15mal eiligst
nacheinander wiederholt habe" (Altum, 1, III, 1, S. 55). Schon aus dem
Jahre 1807 wird berichtet, daß in Schwabach „der *Calosoma sycophanta*
den Raupen viel Abbruch" tat (Berwig, 2, S. 296).

Von Fliegen (Dipteren) werden *Laphria gilva* L. und *Leptis scolopacea* L. als Forleulenfeinde erwähnt (Sedlaczek, 1, S. 97), von Hautflüglern (Hymenopteren) die Sandwespe *Ammophila sabulosa* L. (SEDLACZEK, 1, S. 97; RITZEMA BOS, S. 76; BROHMER, S. 274, Abb. 462; KÉLER) und die Hornisse, *Vespa crabo* L. (KÖPPEN, S. 374).

Am bedeutungsvollsten als Feinde der Forleule sind unter den Insekten die Ameisen (vgl. S. 118). Die forstlich nützlichste Art ist die rote Waldameise, *Formica rufa* L.

Ihre großen kuppelförmigen Haufen sind im Walde, besonders im Nadel-walde, und am Waldrande häufig am Fuße der Stämme oder um alte Baumstümpfe angelegt. Der aus Rinden- und Holzstückchen, Nadeln, Grashalmen, Moos, Harz und anderen pflanzlichen Stoffen zusammengetragene Oberbau des Ameisenhaufens bedeckt den in der Erde liegenden Teil des Nestes. Die rote Waldameise gehört zu den Arten, deren Weibchen der selbständigen Koloniegründung unfähig sind. Nach ESCHERICH (2, S. 1214) geht bei *Formica rufa* L. die Koloniegründung meist durch natürliche Spaltung der Nester vor sich: ,,Ein starkes Volk legt mehrere Zweigniederlassungen an, welche mit der Stammkolonie zunächst durch Straßen verbunden sind. Nach einiger Zeit werden die Straßen unterbrochen und die Zweigniederlassungen zu selbständigen Kolonien." Bei der Neugründung durch Spaltung kommt ,,besonders zu statten, daß bei ihr ein großer Teil der jungen Weibchen am Ausflug aus dem Nest gehindert und also vom Hochzeitsflug zurückgehalten werden. Diese werden dann im Nest von den dort gleichzeitig auskommenden Männchen befruchtet, so daß in den großen Haufen sich gewöhnlich zahlreiche befruchtete Weibchen (es wurden bis zu 250 in einem Haufen gezählt) befinden. Diese sorgen einesteils für den zur Ausrüstung von Zweignestern nötigen Arbeiterüberschuß und andererseits können die überzähligen Weibchen den Zweigniederlassungen als notwendige Mitgift mitgegeben werden. Aber auch solche Zweigkolonien, die nicht gleich von Anfang an eine Königin mitbekommen haben, können noch nachträglich eine solche erhalten, indem die Weibchen ihrer Stammkolonie, die zum Hochzeitsflug gekommen sind, nach demselben beim Herumirren auf dem Boden von jenen weisellosen Kolonien aufgenommen werden können.

Wir verstehen nun, warum gerade bei der roten Waldameise eine künstliche Vermehrung möglich ist, — da diese eben den natürlichen Verhältnissen nahekommt. Wir sehen daraus auch, daß es zum Gelingen der künstlichen Vermehrung durchaus nicht absolut notwendig ist, daß den Zweigkolonien gleich von vornherein eine Königin mitgegeben wird, da diese sich ja noch nachträglich eine solche beschaffen können; allerdings muß dann die Teilung schon einige Zeit vor dem Hochzeitsflug, der schon im Mai stattfinden kann, vorgenommen werden" (ESCHERICH, 2, S. 1214).

3. Krankheiten.

a) Pilzkrankheiten.

Empusa aulicae REICHARDT. Die erste historisch nachweisbare Massenvermehrung der Forleule fand 1725 in Mittelfranken statt. Schon die älteste Beschreibung, die LOSCHGE 1785 gab, berichtet, daß diese Kalamität durch eine Massenerkrankung der Forleulenraupen beendet wurde: ,,im August, wo die Raupen vom Fraße abließen, matt und entkräftet wurden, in großer Menge von den Bäumen zwischen die Äste, das Gesträuch, und auf den Boden herabfielen, daselbst nunmehr, ganz schwärzlich von Farbe, übereinander lagen, verwesten, und endlich in Staub zerfielen" (LOSCHGE, S. 34/35). Auch in der Folgezeit bis zum großen Forleulenauftreten der Jahre 1922/24 war die Beendigung der meisten Forleulenkalamitäten neben den Parasiten dieser Raupenkrankheit zuzuschreiben. Erst spät wurde aber ihr Erreger festgestellt: VERLOREN (1, S. 207 und 233/234) hat zuerst bei der holländischen Massenvermehrung 1845 in Zeist die pilzliche Natur des Erregers erkannt, den er mit *Botrytis bassiana* BALS. vergleicht. Eine genaue Schilderung des Aussehens der erkrankten und verendeten Raupen gab BAIL (1 u. 3) 1868 und 1870 auf Grund von Beobachtungen, die der große Forleulenfraß des Jahres 1868 in der Tuchler Heide ermöglichte. BAIL stellte hierbei die Zugehörigkeit des Pilzes zur Gattung *Empusa* fest, bezeichnet ihn jedoch, soweit ich finden kann, nirgends mit *Empusa aulicae* REICH. 1869 veröffentlicht BAIL (2) wohl in seiner Arbeit „Über Pilzepizootien der forstverheerenden Raupen" einen Brief von H. W. REICHARDT, Wien, in dem dieser nach Mitteilungen über eine Pilzepidemie von *Arctia* (*Euprepia*) *aulica* L. schreibt: „Ich habe den Pilz damals meinen Freunden gegenüber *Empusa Aulicae* genannt, aber nichts publicirt, weil ich noch einmal nachuntersuchen wollte." Eine Angabe BAILs, daß dieser Pilz mit dem Erreger der *Empusa*-Krankheit der Forleule übereinstimme, kann ich jedoch nicht finden [1]. Nach JUDEICH-NITSCHE (S. 934) soll auch die Bestimmung des Pilzes als *Empusa* (*Entomophthora*) *aulicae* REICH. erst von DE BARY „an ihm von NITSCHE gesandten Materiale aus Primkenau in Schlesien" 1838 erfolgt sein.

Eine eingehende Beschreibung der Geschichte und des Auftretens der Krankheit, sowie der Biologie und Entwicklung ihres Erregers hat von TUBEUF (1) gegeben. Eine Darstellung der Morphologie und Biologie von *Empusa aulicae* REICH. und eine Zusammenstellung der verschiedenen Wirtsraupen des Pilzes finden sich ferner bei LAKON (1 u. 3). Das Aussehen der erkrankten Raupen und der Verlauf der Krankheit werden von WOLFF und KRAUSSE (4, S. 28/29) mit folgenden Sätzen geschildert:

„Die von der *Entomophthora aulicae* befallenen Raupen fallen durch ihre Schlaffheit, sowie durch ihr mißfarbiges, verblaßt-grünes, in späteren Stadien aufgedunsenes Aussehen auf . . . Die erkrankten Raupen hören schließlich auf zu fressen und sitzen bewegungslos, meist mit von der Unterlage abgehobenen Kopf- und Toraxsegmenten auf Nadeln und Ästen . . . Häufig findet man sie auch ähnlich wie die wipfelkranken oder tachinösen Raupen es oft tun, an einem Afterfußpaar aufgehängt. Trägt man derartige Raupen ein und bewahrt sie in einer geschlossenen Schachtel auf, so wird man beobachten können, daß binnen wenigen Tagen der ganze Körper mit einem dichten gelbgrünen Rasen von Koni-

---

[1] Eine genaue Beschreibung von *Empusa aulicae* scheint, soviel ich feststellen kann, nie von REICHARDT gegeben worden zu sein. Der Name, zum mindesten die Autorschaft REICHARDTs, dürfte wohl daher nomenklatorisch fraglich sein.

dienträgern sich bedeckt, und daß auf der Unterlage, z. B. auf dem Boden der Schachtel, sich ein ebenso gefärbtes aus den abgeschleuderten Konidien bestehendes Pulver ansammelt. Wir haben nicht beobachtet, daß solche Raupen, wie gelegentlich angegeben wird, noch imstande gewesen wären, die Streudecke zur Verpuppung aufzusuchen. Vielmehr trocknen entomophthorierte Raupen, falls nicht die eine oder andere zufällig in einem frühen Stadium der Krankheit zu Boden gefallen ist, und nicht wieder hat aufbaumen können, in den oben geschilderten Stellungen auf den Zweigen fest an. Man kann solche mehr oder weniger geschrumpfte Mumien in der Regel noch monatelang nach dem Ende des Fraßes an diesen Orten im Freien nachweisen. ... Im Körper der an den Zweigen festhaftenden Raupenkadaver überwintern besondere Dauersporen, Azygosporen, des Pilzes. Von diesen geht im nächsten Jahre die Neuinfektion der ausschlüpfenden jungen Raupen aus. Und zwar erfolgt sie dann meist so intensiv und schnell, daß eine nennenswerte Fraßwiederholung verhindert wird. Hierauf beruht die prognostisch außerordentlich günstige Bedeutung der Entomophthora-Seuche der Forleulenraupe."

Die *Empusa*-Seuche pflegt in der Regel auf dem Höhepunkt einer Forleulenkalamität aufzutreten. „Der Pilz erhält sich zwar von Jahr zu Jahr durch Dauersporen, in Masse tritt er aber in der Conidienform und immer erst auf, wenn eben auch die Raupe, das Infektionsmaterial, schon in großen Massen vorhanden ist. Der größte Teil der Raupen dürfte schnell dahinsterben zu einer Zeit, in welcher der Pilz nur Conidien bildet. Diese Conidien bilden sich in ungeheuren Massen, inficiren und tödten alles" (v. TUBEUF, 1, S. 40).

Über den Einfluß von Witterung und Nahrung auf das Entstehen der Krankheit widersprechen sich die Angaben in der Literatur; doch kann man wohl auf Grund der Erfahrungen bei anderen Pilzerkrankungen von Insekten annehmen, daß auch das Entstehen und die Wirksamkeit der *Empusa*-Krankheit der Forleule durch feuchte Witterung begünstigt wird (vgl. S. 108). JUDEICH u. NITSCHE (II, S. 934) äußern auf Grund vielfacher Berichte über die Beendigung von Forleulenkalamitäten durch *Empusa aulicae* REICH. die Meinung: „. . . vielfach wird besonders hervorgehoben, daß ein solches Sterben nach starkem Regen und kalter Witterung eintrat. Doch wirken die niedrige Temperatur und die Feuchtigkeit nicht direkt, sondern durch Begünstigung der insektentödtenden Pilze." BAIL (3, S. 138) dagegen schreibt: „Es konnte hier nicht, wie oft angenommen worden ist, die Krankheit durch Regen veranlaßt sein, da nicht nur im Allgemeinen kein bedeutender Regen gefallen war, sondern in der letzten Zeit so gänzlich jeder Regen gefehlt hatte, daß er auf's Lebhafteste herbeigesehnt wurde." Auch gegen eine Begünstigung der Krankheitsentwicklung durch Nahrungsmangel wendet sich BAIL (3, S. 137/138): Die Raupen „saßen todt auf den grünen Nadeln, und es war von Futtermangel im ganzen Umkreise keine Rede, da die Bäume überhaupt nur sehr unmerklich befressen waren." BERWIG gibt — allerdings auf Grund der in den Akten niedergelegten Ansichten — für den mittelfränkischen Fraß von 1913 an: „naßkalte Witterung begünstigt *Empusa aulicae*" (2, S. 211), dagegen für die Massenvermehrung im Forstamt Altdorf 1838: „Absterben vieler Eulenraupen infolge von Hitze und „Mehltau" (2, S. 173) (vgl. S. 108).

Isaria farinosa FRIES. Eine weitere Pilzkrankheit, deren Erreger *Isaria farinosa* FRIES ist, kann durch Verminderung der Forleulenpuppen im Winterlager große praktische Bedeutung erreichen. Dieser, auch in anderen Lepidopterenraupen und -puppen häufig schmarotzende Pilz, der bei der Beschreibung früherer Forleulenkalamitäten noch nicht erwähnt wurde, konnte bei der jüngsten norddeutschen Massenvermehrung als wichtiger Parasit der Forleulenpuppe festgestellt werden. Die systematische Stellung des Erregers ist noch zweifelhaft; es ist möglich, daß er als Konidienform zum Entwicklungskreis des als Raupen- und Puppenschmarotzer weit verbreiteten *Cordyceps militaris* L. gehört, ein Beweis dafür fehlt jedoch noch. Auch wird nach neueren Untersuchungen *Isaria farinosa* FRIES zur Gattung *Spicaria* HARZ. gestellt. Über diese noch strittigen Fragen hat sich LAKON (1, S. 272, 282; 2, S. 278/280) eingehend geäußert. Biologie, Zucht und praktische Verwendung des Pilzes gegen Heu- und Sauerwurm hat VOUKASSOVITCH ausführlich beschrieben. WOLFF u. KRAUSSE, die das Auftreten von *Isaria farinosa* FRIES während der letzten Forleulenkalamität studiert haben, geben folgende Schilderung (4, S. 30/31):

„Wie schon erwähnt wurde, werden in der Regel die Puppen der Forleule und zwar zunächst um die Zeit der Verwandlung der Raupen durch Isariasporen infiziert. Gelegentlich allerdings werden auch abgebaumte Raupen noch zeitig genug angesteckt, daß die Pilzentwicklung in ihrem Körper sie abtötet, bevor sie zum Verpuppungsakt schreiten konnten. Die infizierten Puppen in Material, das man Anfang August etwa untersucht, unterscheiden sich von normalen dadurch, daß sie eine eigentümlich runzelige und auch meist hellfarbigere Haut haben, als gesunde Puppen und selbstverständlich nicht, wie diese, auf Berührungsreize durch Schlagen mit dem Abdomen antworten. Schon um diese Zeit kann aber auch das erste Hindurchbrechen des Pilzhyphen nach außen erfolgt sein. Die Puppen sehen dann etwa aus, als ob man einen vorhandenen Schimmelüberzug abzuwischen versucht hätte. Bricht man Puppen der einen oder anderen Art auf, so erkennt man, daß sie von einer gelblich-weißen, holundermarkartigen Masse erfüllt sind, später, etwa Ende Oktober, Anfang November, sind alle, sei es zeitig, sei es erst später, von der Infektion erreichten Puppen in solche sklerotienartigen Körper verwandelt, aus denen die meist gelblich gefärbten, spitzenwärts mehr oder weniger ausgedehnt weiß bepuderten Fruchtträger (Korämien) des Pilzes hervorgewuchert sind. Diese Korämienentwicklung setzt aber, wie gesagt, bei den kurz vor der Verpuppung infizierten Individuen nur bei einigermaßen das Wachstum des Pilzes begünstigenden Witterungsverhältnissen regelmäßig schon im Laufe des August ein. Nur begegnet man naturgemäß dem vollen „Flor" des Pilzes erst später. Wenn man im November beispielsweise die Streudecke abhebt, findet man nicht selten, daß aus jeder Puppe der Pilz hervorwuchert, es bietet sich gleichsam das Bild einer mit weißen Blumen übersäten Wiese. Die weißen Blumen werden von den phantastisch verzweigten nicht seltenmehrere Zentimeter

langen Fruchtträgern des Pilzes dargestellt. Geht man diesen Gebilden nach, so
stößt man stets auf einen scheinbar nur aus Hyphenmasse bestehenden Körper,
bricht man diesen auf, so erkennt man, daß dieser nichts anderes als die von den
Pilzhyphen durchwucherte und überwucherte Forleulenpuppe oder, wie gesagt,
auch in manchen Fällen, Forleulenraupe ist. Die prognostische Bedeutung des
Pilzes kann also gar nicht hoch genug eingeschätzt werden. Wir dürfen sagen,
daß der Nachweis des Pilzes in einem Revier bei den zweckmäßig im Oktober
vorzunehmenden Sammlungen die Prognose rechtfertigt: nicht zu harte und lang
anhaltende Winterwitterung vorausgesetzt werden die gesunden Puppenmassen
durch die Isariainfektion soweit reduziert werden, daß ein bedrohlicher Rest von
Faltern im nächsten Jahre bestimmt nicht zur Entwicklung gelangt und daß die
vorhandenen tierischen Parasiten mit der trotzdem noch resultierenden nächst-
jährigen Nachkommenschaft des Schädlings reinen Tisch werden machen können.
Kurz, daß im nächsten Jahre höchstens ein nicht mehr bedeutungsvoller „Nach-
fraß" zu erwarten sein wird, mit dem die Massenvermehrung ihr vorläufiges
Ende findet".

b) Polyederkrankheit.

Eine der „Wipfelkrankheit" der Nonnen-, Schwammspinner-, Kie-
fernspanner- und anderer Schmetterlingsraupen ähnliche „Polyederkrankheit" wurde zuerst von WOLFF (1, S. 60) auch bei der Forleulenraupe beschrieben. Über den Erreger der Polyederkrankheit oder -krank-
heiten der verschiedenen Schmetterlingsarten bestehen verschiedene Ansichten. Die in den Kernen der Blut- und Fettzellen erkrankter Raupen
auftretenden „Polyeder" (mikroskopisch kleine, lichtbrechende, kristall-
ähnliche Körperchen von verschiedener Form: ESCHERICH, 1, I, S. 299)
werden von den einen Autoren als die Erreger der Krankheit angesehen,
von den anderen dagegen als Reaktionsprodukte und als Erreger teils
Bakterien, teils Chlamydozoen betrachtet.

Die Polyederkrankheit der Eulenraupe „äußert sich darin, daß die
Raupen, die in dem ersten Stadium der Krankheit sich wie gesunde verhalten, später eine Verfärbung der Haut zeigen, wenig oder gar nicht
fressen und schlaff werden. Sie hängen dann mit einem Bauchfußpaar
fest, und Vorder- wie Hinterende hängen gleich einem Doppelsack schlaff
herunter" (ECKSTEIN, 5, S. 16). Raupen im fortgeschritteneren Stadium
der Krankheit weisen „einen milchkaffeeartigen, jauchigen Inhalt"
(WOLFF u. KRAUSSE, 4, S. 25) auf. Zu einem eigentlichen „Wipfeln",
einem Ansammeln von Raupenmassen in den Kiefernwipfeln, kommt
es nach WOLFF und KRAUSSE bei der Forleule in der Regel nicht.

Die Polyederkrankheit der Forleule scheint, obgleich sie erst 1914
von WOLFF nachgewiesen wurde, nicht selten zu sein. BERWIG (2, S. 294
u. 295) führt aus der Geschichte der bayerischen Forleulenkalamitäten
eine Reihe von Fällen an, die auf eine Beendigung von Massenvermehrungen der Forleule durch Polyederkrankheit schließen lassen.

VII. Entstehen, Dauer und Beendigung einer Forleulenkalamität.

1. Entstehen einer Forleulenkalamität.

Im Kapitel über die geographische Verbreitung der Forleule habe ich die Ursachen dafür angegeben, daß nur bestimmte Gegenden des Gesamtverbreitungsgebietes der Forleule Gebiete der Massenvermehrung und des wirtschaftlich bedeutungsvoll werdenden Fraßes des Schädlings sind. Es entsteht nun die Frage, welche Bedingungen in diesen Schadgebieten, die in mehr oder minder großen Zeiträumen immer wieder auftretenden Massenvermehrungen der Forleule hervorrufen. Soweit unsere heutigen Kenntnisse reichen, können wir annehmen, daß für das Entstehen einer Forleulenkalamität vornehmlich die Witterung und die Boden- und Bestandesverhältnisse maßgebend sind.

a) Witterung.

Wieder ist es RATZEBURG, der schon 1866 (7, I, S. 153) erkannt hatte, daß die Witterungsverhältnisse auf das Entstehen einer Massenvermehrung der Forleule begünstigenden oder hemmenden Einfluß ausüben. „Begünstigende Momente für schnelles Eintreten von besorglicher Vermehrung sind: 1. ein milder schneearmer Winter (besonders auf Waldboden, wo die Puppen sich nicht einwühlen können), 2. mildes, stilles Wetter während der Flugzeit, 3. gleichmäßige trockene Witterung während der letzten Häutung (Mitte Juni). Es scheint, als wenn gute Weinjahre auch Eulenjahre wären! (1811, 1858.)“

Dann war es ZEDERBAUER, der im Anhang zu seinen Betrachtungen über „Klima und Massenvermehrung der Nonne“ (S. 65) zeigte, daß (wie bei Nonne, Kiefernspinner und Kiefernspanner) auch die Massenvermehrungen der Forleule „in trockenen warmen Klimaperioden“ auftreten.

Eine genaue und eingehende Darlegung der Witterungsbedingungen, die allgemein das Entstehen einer Massenvermehrung der Forleule beeinflussen, verdanken wir BERWIG (2), der auf Grund des Aktenmaterials über die bayerischen Forleulenkalamitäten historisch-statistisch diese Frage untersucht hat. Auch ESCHERICH hat sich unter Zugrundelegung des BERWIGSchen Materials mehrmals (3 u. 4) ausführlich über die klimatologischen Bedingungen der Forleulenvermehrungen geäußert.

BERWIG und ESCHERICH unterscheiden drei Stadien der Forleulengradation: das „Vorbereitungsjahr“, in dem für die Vermehrung der Forleule günstige Witterungsverhältnisse herrschen; es folgt das „Prodromalstadium“, in dem die Übervermehrung noch so schwach ist, daß der Fraß sich vielfach kaum auswirkt und gewöhnlich noch wenig bemerkt wird; erst auf dieses Jahr folgt dann im dritten Jahre — meist

zur Überraschung der Praxis — die Kalamität: das „Eruptionsstadium".
(Über die Dauer der Forleulenkalamität vgl. S. 105.)

An Hand von Tabellen, welche die Abweichungen der Monatstemperaturen und der Niederschlagsmengen vom langjährigen Mittel für Nürnberg in Vergleich setzen zu den bayerischen Forleulenkalamitäten von 1901, 1913 und 1920 nebst ihren Vorbereitungsjahren und Prodromalstadien hat BERWIG folgendes klargelegt:

„Zur Würdigung der Monatstemperaturen und Niederschläge scheinen zu unserem Zweck hauptsächlich März bis Juni maßgebend zu sein. Von den Vorbereitungsjahren 1899, 1911 und 1918 zeigen diese Monate 1899 niedrige, 1911 und 1918 hohe Temperaturen, alle drei jedoch übereinstimmend wenig Niederschläge. Von den Jahren des Prodromalstadiums 1900, 1912, 1919 besitzen alle (außer März 1912) ziemlich tiefe Temperaturen, 1900 geringen, dagegen 1912 und 1919 (März bis April) ziemlich viel Niederschlag. Von den Jahren des Eruptionsstadiums weisen 1901 ziemlich normale, März 1913 und März bis Mai 1920 erhöhte Temperaturen auf. Die monatlichen Niederschläge unter- oder überschreiten die Normalzahlen nicht wesentlich. Von den Jahren des Abflauens besitzen 1902 und 1914 (im zeitigen Frühjahr) und 1921 (durchwegs) hohe Monatstemperaturen. 1902 (mit Ausnahme des Monats März) und 1921 durchwegs wenig, 1914 viel Niederschläge.

Die Vorbereitungsjahre zeigen nach obigen Zahlen die größte Übereinstimmung. Deshalb scheint aus vorstehendem für die drei Kalamitäten hervorzugehen, daß bestimmend waren für die Einleitung einer Massenvermehrung: ein Vorbereitungsjahr mit in erster Linie wenig Niederschlägen, in zweiter Linie erhöhter Temperatur.

Die Jahre des Prodromalstadiums, des Eruptionsstadiums und das Jahr des Abflauens können, wie wir aus den Zahlen ersehen, klimatisch verschieden beschaffen sein, sie werden bei verschiedenen klimatischen Verhältnissen den Verlauf der Kalamität, nachdem sie durch das Vorbereitungsjahr eingeleitet ist, nur modifizieren" (BERWIG, 2, S. 260/262).

Des weiteren hat BERWIG eine graphische Darstellung gegeben, in der eine Kurve die mittleren Jahrestemperaturen und eine Kurve die jährlichen Niederschlagsmengen für Bayern in den Jahren 1781—1923 darstellt. Auch aus dieser Darstellung läßt sich nachweisen, daß die Forleulenkalamitäten in Bayern in der Regel nach geeigneten Vorbereitungsjahren aufgetreten sind:

„Die Vorbereitungsjahre fallen meistens mit guten Weinjahren zusammen. Gute Weinjahre, d. h. in diesem Falle solche Jahre, in denen nicht unbedingt sehr viel Wein, aber ein ausgezeichneter Tropfen gedeiht, brauchen bekanntlich nach meist strengem Winter viel Sonne, von der Weinblüte im Frühjahr bis zur Weinlese im Herbst, zeigen uns also hohe Wärmesummen und geringen Niederschlag an" (BERWIG, 2, S. 262).

Eine Bestätigung der Ergebnisse BERWIGs findet sich in den Feststellungen HESSELINKs. HESSELINK hat in einer Tabelle (BijlageXXVIII) für Holland die Abweichungen von der mittleren Monatstemperatur und der mittleren monatlichen Niederschlagsmenge in den Jahren 1902—1924 aufgezeichnet, und zwar für die Faltermonate März und April und die Raupenmonate April bis Juni. Aus den Abweichungen von den mittleren Temperaturen und Niederschlagsmengen wurde ein gemeinsamer Wert a) für die Faltermonate, b) für die Raupenmonate und c) ein Totalwert für Falter- und Raupenmonate ermittelt. Für die Faltermonate schwankt der Wert in den Jahren 1902—1924 zwischen — 1, 0 und + 1: + 1 ergab sich für die Jahre 1904, 1913, 1918 und 1921, für die Raupenmonate schwankt der Wert in den Jahren 1902—1924 zwischen — 1,0 und + 1: + 1 ergab sich für die Jahre 1917 und 1918. Der Totalwert schwankte in den Jahren 1902—1924 zwischen — 2, — 1, 0, + 1 und + 2: der Totalwert + 1 ergibt sich in den Jahren 1917 und 1920, der Totalwert + 2 im Jahre 1918. Für das Jahr 1918 ist mithin der gefundene Totalwert + 2, für das vorhergehende Jahr 1917 der Wert der Raupenmonate und der Totalwert + 1. Es wäre hiernach 1917 als Vorbereitungsjahr, 1918 als Prodromal- und 1919 als Eruptionsstadium anzusehen. HESSELINK (S. 304) schreibt daher mit Recht: „Man kann also annehmen, daß im Herbst 1917 ziemlich viel Raupen das Puppenstadium erreichten. Hierdurch hat das Insekt sich während der günstigen Witterung im Jahre 1918 so kräftig entwickeln können, daß im Jahre 1919 eine sehr ernsthafte und ausgebreitete Kalamität auftreten konnte. Tatsächlich fällt also die günstige Qualifikation der Witterung zusammen mit dem Massenauftreten der Forleule zu Austerlitz."

ESCHERICH (3, S. 4; 4, S. 56) hat darauf hingewiesen, daß BERWIGs auf historisch-statistischen Forschungen beruhenden Ergebnisse für die Praxis bereits einen großen Gewinn bedeuten, „insofern als man in den auf gute ‚Weinjahre' folgenden Jahren Eulenjahre erwarten kann und infolgedessen der Vermehrung dieses Schädlings besondere Aufmerksamkeit zuwenden wird", daß aber diese Erkenntnis nur einen Anfang für die Lösung des Gesamtproblems bedeutet.

ESCHERICH wie auch BERWIG machen in diesem Zusammenhang auf die Frage aufmerksam, warum heiße und trockene Jahre sich nicht überall gleich auswirken. Als Beispiel bringt BERWIG (2, S. 265) die verschiedene Wirkung des Trockenjahres 1921 in Norddeutschland (ausgedehnte Kalamität!) und in Bayern (keine Massenvermehrung). Nach seiner Ansicht ist vielleicht der Grund in der klimatischen Verschiedenheit beider Gebiete zu suchen: „in Norddeutschland meist Gebiete mit unter 600 mm jährlichem Niederschlag, in Bayern viele mit über 600 mm.

Der Boden ist in Norddeutschland leichter als in den bayerischen Eulengebieten, reine Kiefernbestände besitzen dort größere Ausdehnung. Deswegen könnte das Jahr 1922, mit einer jährlichen Niederschlagsmenge von über 700 mm (für Nürnberg), die Vermehrung des Jahres 1921 zunichte gemacht haben."

Durch BERWIGS und HESSELINKS Forschungen sind wir nun wohl darüber unterrichtet, daß in erster Linie trockene Witterung, in zweiter Linie erhöhte Temperatur eine Forleulenkalamität vorbereiten und begünstigen. Aber über die Frage, auf welche Entwicklungsstadien der Forleule und auf welche Lebensäußerungen (Flug und Schwärmen, Copula, Eiablage, Raupenfraß, Raupenhäutung usw.) sich diese klimatischen Einflüsse besonders auswirken, wissen wir recht wenig. Erschwert wird die Klärung dieser Fragen noch durch den Einfluß, den die Witterung mittelbar auf die Massenvermehrung der Forleule ausübt durch ihre Einwirkung auf die frühere oder spätere Entfaltung des Maitriebes. In großen Zügen kann man nur sagen, daß es sich nach den bisherigen Beobachtungen für den Ablauf einer Kalamität am günstigsten gezeigt hat, wenn die Erwärmung im Frühjahr erst spät einsetzt, und wenn nach Beginn des Hauptfluges steigende Temperaturen ohne Kälterückschläge nicht nur die Eiablage und die Embryonalentwicklung der Forleule fördern, sondern auch ein zeitiges Austreiben des Maitriebes begünstigen. Der Einfluß der Temperatur ist hier zwar ohne weiteres festzustellen, der Einfluß der Trockenheit jedoch nach unseren heutigen Kenntnissen noch nicht recht ersichtlich. Man kann zwar mit RATZEBURG (7, I, S. 153) vermuten, daß niederschlagsarmes Wetter die Flugzeit begünstigt (vgl. aber die Beobachtungen ECKSTEINS über die Unempfindlichkeit gegen Schnee und niedere Temperaturen bei Copula und Eiablage, S. 24) oder daß gleichmäßige trockene Witterung für das Raupenleben (Häutungen!) günstig sei (vgl. hierzu die Ausführungen WOLFFS, 11, S. 577 und 12, S. 618). Dagegen scheint mir die Trockenheit auf ein Entwicklungsstadium der Forleule, auf das gerade in diesem Zusammenhang bisher am wenigsten geachtet wurde, besonders einflußreich zu sein, nämlich auf die Puppe (vgl. S. 99).

Sodann fragt es sich, ob die einer Forleulenvermehrung günstigen klimatischen Bedingungen nur unmittelbar auf den Schädling selbst einwirken oder ob sie auch einen mittelbaren Einfluß ausüben können: die für den Schädling günstige (unter Umständen auch nur nicht nachteilige) Witterung kann auf Faktoren ungünstig einwirken, die unter anderen Witterungsverhältnissen seiner Massenvermehrung hemmend entgegentreten: Parasiten und Krankheiten. Diese Fragen sind bei der Forleule noch nicht näher untersucht, sie bedürfen aber, worauf auch ESCHERICH (3, S. 8) nachdrücklich hinweist, einer eingehenden Klärung. Für Nonne und Kiefernspinner besteht nach KNOCHE (S. 774) eine solche mittelbare

Einwirkung der Witterung nicht: „Die periodischen Massenvermehrungen der Nonne und des Kiefernspinners entstehen nicht, wie man früher des öfteren anzunehmen geneigt war, infolge des Mangels an Schädlingsfeinden, sondern sie werden durch Witterungsbedingungen hervorgerufen. Trockene warme Witterung begünstigt die Schädlinge, naßkalte dagegen wirkt hemmend auf ihre Entwicklung. Erstere ist so die unmittelbare Ursache der Entstehung von Massenvermehrungen, letztere die unmittelbare Ursache ihrer Beendigung." Dagegen haben BLUNCK, BREMER und KAUFMANN bei der Rübenfliege (*Pegomyia hyoscyami* PANZ.) festgestellt, daß die Temperatur die Vermehrung dieses Schädlings mittelbar durch Hemmung seiner natürlichen Feinde begünstigt: „Die Entwicklungsgeschwindigkeit der Rübenfliege steigt mit der Temperatur. Sie bringt es in Schweden oft nur auf zwei, bei uns aber bis auf vier Generationen. Wärme ist ihrem Gedeihen also an sich förderlich. Trotzdem liegt das Gebiet der Massen- und Dauerschädigung bei uns in den Rübenbaugebieten mit relativ niedriger Temperatur. ... Wir standen vor einem Rätsel, bis wir feststellten, daß die in Deutschland häufigsten Parasiten der Rübenfliege *Phygaedeuon pegomyiae* und *Opius fulvicollis* wärmebedürftiger sind als ihr Wirt. Nur bei höherer Temperatur, d. h. etwa bei 18—20⁰ Durchschnittstemperatur können sie in der Entwicklungsgeschwindigkeit mit der Fliege Schritt halten. Bei kühler Witterung schlüpfen die Wespen erst, wenn die von ihnen zu belegenden Fliegenlarven schon zur Verpuppung in die Erde gegangen sind. Ihr Stoß trifft ins Leere. Kühle Jahre müssen sich danach in verstärkter Tendenz zur Massenvermehrung der Rübenfliege auswirken. Im Einklang mit dieser Folgerung sehen wir in der Tat die Rübenfliegenjahre nach Sommern mit unternormaler Temperatur einsetzen" (BLUNCK, S. 12; vgl. auch BLUNCK, BREMER u. KAUFMANN).

b) Boden- und Bestandesverhältnisse.

Unsere heutigen, noch recht geringen Erfahrungen lassen vermuten, daß die Witterungsverhältnisse nur dann eine Eulenvermehrung hervorrufen, wenn auch die Bodenbeschaffenheit (Bodendecke und Bodenflora) und die Bestandesverhältnisse (Alter und Zusammensetzung der Bestände, Bestandesbonität) dem Entstehen einer Forleulenkalamität günstig sind. Auch die Frage nach dem Einfluß dieser Verhältnisse auf die Entwicklung einer Forleulenmassenvermehrung hat bisher in der Literatur wenig Beachtung gefunden. Doch erscheint gerade die Klärung dieser Fragen nicht nur von theoretischer, sondern auch im Hinblick auf die Bekämpfung von besonderer praktischer Bedeutung, während die Erkenntnis der klimatischen Bedingungen nur für die Prognose praktischen Wert hat.

In den Abschnitten über den Ort der Eiablage und über die von

Raupenfraß betroffenen Altersklassen wurde mehrmals den Äußerungen WOLFF u. KRAUSSES über diesen Gegenstand Raum gegeben (S. 38 u. S. 47). Beide Verfasser haben sich nochmals an anderer Stelle über den Einfluß der Bodenverhältnisse auf die Massenvermehrung der Forleule eingehend geäußert: ,,Bei einem Insekt, das im Boden (in der Streudecke) überwintert, ist die Abhängigkeit von bestimmten Bodenverhältnissen ohne weiteres verständlich. Leichte und trockene Böden begünstigen die Überwinterung der Puppe, für die Feuchtigkeit und ungenügende Ventilation eine Hauptgefahr bildet, denn beides begünstigt das Gedeihen der die Puppen zerstörenden Pilze. Und so beobachten wir tatsächlich, daß die Landstriche, die zu Zeiten von Forleulenfraßkalamitäten stets zu den Opfern des Schädlings gehören, armselige Kiefernheiden sind, die auf sterilen Dünensanden stocken. Damit ist nicht gesagt, daß sich von hier aus nun die Kalamität wie eine ansteckende Krankheit auf die Reviere mit besseren Bodenverhältnissen ausdehnt. Ein solcher Eindruck wird vielmehr nur dadurch erweckt, daß bei jahrelang anhaltender, die Gradation begünstigender Wetterlage schließlich auch die besseren Böden in jenen Zustand versetzt werden, der dem Schädling eine gute Durchwinterung ermöglicht. Der gleiche Vorgang läßt sich auch schon innerhalb eines einzelnen Revieres beobachten. Fast regelmäßig sind es hier Kuppen und Rücken, auf denen zuerst ein stärkerer Fraß sich bemerkbar macht, während Senken, die gewöhnlich feuchter zu sein und mächtigere Streudecken auszuweisen pflegen, erst 1 oder 2 Jahre später an die Reihe kommen'' (WOLFF u. KRAUSSE, 4, S. 39).

Bringt man diese Beobachtungen in Zusammenhang mit BERWIGS Feststellungen, so scheint mir deutlich hervorzugehen, daß sich hier (Puppenstadium und Bodenverhältnisse) besonders die für das Entstehen einer Kalamität vorteilhafte Trockenheit der Witterung auswirkt.

Vom Standpunkte des Forstwirtes hat MÜLLER (S. 103/105) eingehend zu der Frage Stellung genommen. Er weist daraufhin, daß die einer Massenvermehrung eines Forstschädlings günstigen klimatischen Faktoren nur unter den durch unsere Wirtschaft geschaffenen Verhältnissen wirksam werden können: einmal ist es die Form der Bestockung, die auf verhältnismäßig kleiner Fläche einem anwachsenden Insektenbestand für mehrere an Zahl zunehmende Generationen ausreichende Nahrung bietet; sodann aber ist es vor allem die Schaffung besonders günstiger Lebensbedingungen für ein Stadium des Schädlings. Bei der Eule ist nach seinen Darlegungen gerade die bei allen Insekten am meisten gefährdete Winterform durch die moderne Forstwirtschaft am meisten begünstigt: die geschlossenen und reinen Kiefernstangenorte bieten der Puppe Möglichkeit ,,in größter Zahl einigermaßen sicher zu überdauern''. ,,Zunächst ist kein Ort im Walde in seinen Temperaturverhältnissen ausgeglichener als der gleichförmige Stangenort. An und für sich sicher vor extremem Bodenfrost, sicher vor einer zu frühzeitigen Durchwärmung, welche ein zu frühes Auskommen bewirken könnte, sind diese Verhältnisse noch ausgeprägter in der scharf abgesetzten Zone zwischen Mineralboden und dem mit Nadeln durchsetzten gleichförmigen Moospolster, welches ein Übermaß von Feuchtigkeit ebenso abhält (absorbiert), wie ein zu scharfes Austrocknen verhindert. Dieser durch unsere Wirtschaft geschaffene ideale Keller ist das Winterquartier. Nicht in der Bodendecke, sondern unter ihr" (MÜLLER, S. 104). Dagegen ist nach MÜLLERS Ansicht ein derartig günstiger Überwinterungsplatz für die Forleulenpuppe im gemischten oder auch nur im ungleichartigen Bestande nicht denkbar. MÜLLER schließt daher: „Das Ende der gleichartigen reinen Kiefernstangenorte ist das Ende der Eule als Waldverwüster."

In ähnlichem Sinne hat sich auch RATZEBURG (9, S. 183) geäußert: „Die Eule wird da, wo der Boden durch Holz gehörig gedeckt und geschirmt ist (wie in jungen Beständen) am meisten begünstigt."

An dieser Stelle muß des Näheren auf die Veröffentlichung Freiherr VON VIETINGHOFF-RIESCHS (3) „Eine offene Frage in der Biologie der Kieferneule" eingegangen werden, die wichtige Beobachtungen und Anregungen zu weiteren Untersuchungen enthält und besonders wertvoll ist, da sie sowohl vom Standpunkt des Entomologen wie vom Standpunkt des Forstwirtes den Gegenstand betrachtet. v. VIETINGHOFF unterscheidet die natürliche autochthone Entwicklung der Kalamität von der Übertragungsentwicklung, die „zentrifugal, frontal oder intermittierend" sein kann:

Die autochthone Entwicklung flammt nach v. VIETINGHOFF meist im Stangenholz auf. Zur Klärung der Frage, warum dies der Fall ist, muß man nach v. VIETINGHOFF das Puppenstadium berücksichtigen. „Die abgebaumte Raupe ist beweglich und sucht sich die ihr zusagenden Örtlichkeiten, d. h. solche, die ihr Schutz vor Vertrocknung oder Nässe gewähren und ihr ein leichtes Einbohren unter die Streudecke erlauben. Die mechanische Hemmung also wird (neben den Faktoren der Feuchtigkeit und Trockenheit) im umgekehrt proportionalen Verhältnis zum quantitativen Vorkommen der Puppe stehen. Wir können nun in unseren Kiefernwäldern nur selten von einer Reinheit der Bodenflora im bestandsbildenden Sinne sprechen, sondern meist nur von dominierenden Typen in gewissen prozentualischen Verhältnissen. Doch auch dieses Mischungsverhältnis gibt immerhin ein gutes Bild und scheint für das quantitative Vorkommen der Eulenpuppen ausschlaggebend zu sein" (3, S. 40).

Als Typen der Bodenflora unterscheidet v. VIETINGHOFF:

a) Kohliger Humus, der im Inneren der Bestände selten ist, sich dagegen häufiger an ihrer Peripherie findet. Im kohligen Humus findet eine Verpuppung nicht statt, da jede Feuchtigkeit durch den Wachsüberzug fern gehalten wird, die Sonnenbestrahlung überaus stark ist und sich keine Streudecke bilden kann.

b) Der von der Flechte *Cladonia rangiferina* und verwandten Arten gebildete Typ. Er bietet der Puppe alle Vorteile leichter Durchdringung neben Schutz vor Vertrocknung.

c) Der aus dem Laubmoos *Hypnum Schreberi* in Verbindung mit anderen Laubmoosen, besonders Dicraneen, bestehende Typ, der für die Verpuppung der Forleule vorzüglich geeignet ist.

d) Der aus *Cladonia rangiferina* und *Hypnum Schreberi* gebildete Typ mit gleichen Vorteilen wie die beiden Typen b und c.

e) Der aus *Cladonia rangiferina* und Heidekraut, *Calluna vulgaris*, zusammengesetzte Typ. Die Durchwachsung von *Cladonia* mit *Calluna* kann alle Übergänge zeigen. Solange *Cladonia* vorherrschend ist, wird die Verpuppungsmöglichkeit noch gut sein. Ältere *Calluna* ist ungeeignet wegen der mechanischen Hindernisse, die ihr starkes Wurzelsystem bilden.

f) Der aus *Cladonia rangiferina* und Heidelbeere, *Vaccinium Myrtillus*, gebildete Typ. Heidelbeere bildet im allgemeinen ein geringeres Verpuppungshemmnis als *Calluna*, besonders dort, wo *Cladonia* nur leicht von ihr durchwachsen ist.

g) Der aus *Cladonia rangiferina*, *Hypnum Schreberi* und *Calluna* zusammengesetzte Typus.

h) Der aus *Cladonia rangiferina*, *Hypnum Schreberi*, *Calluna vulgaris* und *Vaccinium Myrtillus* zusammengesetzte Typ, dem als weitere Kombination auch Preißelbeere, *Vaccinium Vitis idaea* beitreten kann. Nach v. VIETINGHOFF wären die Typen g und h auch auf ihre mechanische Struktur zu prüfen und zu untersuchen, ob die Eule in ihr ein zusagendes Winterlager erreichen kann, oder ob die Verwurzelung des Rohhumus ein Hindernis bildet.

i) Der reine Heidekraut-(*Calluna vulgaris*-)Typ, der nach v. VIETINGHOFF bei der Verpuppung gemieden wird.

k) Reiner Heidelbeer-(*Vaccinium Myrtillus*-)Typ, der ebensowenig zur Verpuppung aufgesucht wird.

„Bodenflora von *Molinia coerulea*, *Pteris aquilina* und *Ledum palustre*, starke *Polytrichum*-Polster an vernäßten Stellen, *Sphagnum*-Bülten auf Moor oder *Funaria hygrometica*-Bestände weisen keine Puppenlager auf. . . . Dagegen schiebt sich die Raupe gern unter die Polster von *Leucobryum glaucum*, durch die sie aber nicht von oben, sondern von der Seite dringt" (v. VIETINGHOFF, 3, S. 41).

Auf die Frage, wie sich das Alter der Bestände zu diesen Typen verhält, äußert sich v. VIETINGHOFF, daß in ganz schlechten Beständen die Bodenflora von Anfang bis Ende (mit Ausnahme einer kurzen Dickungsperiode) die gleiche bleibt. Bei ihnen kann man aber von Altholzbeständen nur „im physiologischen, nicht im forstlichen Sinne" sprechen; das Altholz hat hier das Aussehen eines lückigen Stangenholzes. Anders dagegen bei Beständen, die man vom forstlichen Standpunkt aus in Kultur-, Dickungs-, Stangenholz und Altholzbestände einteilen kann: bei ihnen ist je nach dem Alter des Bestandes der Beschattungskoeffizient verschieden: „Zuerst gering (Ansiedlung von *Calluna* oder weiter wuchernde *Calluna*-Stöcke aus der letzten Abtriebsepoche), dann stärker, als Folge davon häufig ein Zurücktreten der *Calluna*, bis zum vollständigen Verschwinden, doch häufig auch ein Verbleiben; im Stangenholzalter wird *Calluna* meistens wenigstens insulär zurückgedrängt, sie geht dann die oben unter e, g und h genannten Mischungen ein. In Altholzbeständen, besonders je mehr sie die finanzielle Umtriebszeit überschritten haben, werden *Calluna* und *Vaccinien* (*myrtillus* und *Vitis-idaea*) wieder bestandbildend und halten, je mehr sie sich ausbreiten, desto stärker die Eule von der Verpuppung zurück. Auf etwas anmoorigen Stellen oder feuchterem Sande treten als rohhumusbildende und verpuppungshemmende Bodenpflanzen *Ledum palustre*, *Pteris aquilina* und *Vaccinium-Vitis-idaea* auf.

Die autochthone Vermehrung der Kieferneule wird also, der typischen Zusammensetzung der Bodenflora entsprechend, in Stangenhölzern geringerer Bonitäten vor sich gehen als in Althölzern mit Beerkrautüberzug, Sumpfporst, Pfeifenkraut (*Molinia coerulea*), oder Adlerfarn" (VON VIETINGHOFF, S. 41).

Außer der „autochthonen Entwicklung" ist nach v. VIETINGHOFF auch eine „Übertragungsentwicklung" der Kalamität möglich; sie wird jedoch auch von ihm offenbar für weniger wichtig und seltener angesehen.

Die „zentrifugale Übertragungsentwicklung" soll durch Schwärmen der Falter und Überwandern der Raupen erfolgen können, die Eiablage im Eruptionsstadium wohl überall vom Dickungsalter bis zum ältesten Altholz (ausgenommen jedoch die Kulturen) stattfinden. Da dieses im Eruptionsstadium vor sich geht, in dem Jahr also, in dem die Kalamität in der Regel mit dem Zusammenbruch endet, wird die Raupe gar nicht mehr zur Verpuppung kommen. Dauert die Massenvermehrung länger fort, so glaubt v. VIETINGHOFF, daß vielfach eine Abwanderung aus Althölzern mit verpuppungshemmender Bodenflora stattfinden dürfte. Er stellt daher die Frage: „Findet in Althölzern mit verpuppungshemmender Flora nicht nur Fraß, sondern auch eine autochthone Weitervermehrung der Forleule (wenigstens in gleicher Stärke wie im Stangenholz) statt?"

Eine Übertragung der Kalamität durch Wanderung der Raupen hat auch RATZEBURG (9, S. 183) angenommen, der angibt, daß die Eule, besonders bei eintretendem Futtermangel, gut wandert; er hält daher

Isolierungsgräben zum Schutz von Schonungen als geeignet, da die Raupen nach seinen Beobachtungen hierher nur durch Überwandern gelangen. Dagegen wanderten nach HAUSENDORFFS (1, S. 260) Beobachtungen 1924 in der Oberförsterei Grimnitz „gesunde fressende Raupen nicht oder doch nur ganz beschränkt auf wenige Meter Entfernung ... Ein Beweis für die geringe Wanderlust gesunder Raupen ist der Umstand, daß Dickungen ... nicht befressen wurden, auch wenn befressene ältere Bestände angrenzten" (vgl. die Beobachtungen v. KESSELS, S. 812)

Über die „frontal gerichtete Weiterentwicklung" der Kalamität spricht sich v. VIETINGHOFF nicht näher aus, sondern gibt nur an, daß „auch sie Übertragungsentwicklung zu sein scheint, soweit sie Althölzer mit verpuppungshemmender Bodenflora betrifft".

Die „intermittierende Entwicklung" der Kalamität setzt nach v. VIETINGHOFF Überflug der Falter voraus. Im Abschnitt über den Flug der Falter (S. 28) sind nach den Beobachtungen v. VIETINGHOFFS, HAUSENDORFFS und CONRADS einige Fälle angeführt, die die Möglichkeit einer solchen intermittierenden Entwicklung der Kalamität zeigen.

v. VIETINGHOFFS Ausführungen sollen, wie der Verfasser betont, keine Lehrsätze darstellen, sondern Anregungen zu weiteren Untersuchungen geben; denn gerade die Kenntnis der Bedeutung der Bodenflora für die Kiefernlebensgemeinschaft kann vielleicht die Frage lösen: „Wo entsteht die Forleulenkalamität?"

v. VIETINGHOFF nimmt an, daß die reinen Kiefernwälder der Lausitz wahrscheinlich schon seit Jahrhunderten ihren Mischwaldcharakter verloren haben (wenn sie ihn in geschichtlicher Zeit überhaupt besaßen), daß sie jedenfalls schon vor Beginn einer geregelten Forstwirtschaft vorhanden, aber im Gegensatz zu heute räumiger waren. Die Forleulenkalamitäten konnten daher nach Frh. v. VIETINGHOFF auch nie den Umfang der heutigen Massenvermehrungen annehmen: die Räumigkeit der Bestände gab der Heide dort, wo nicht intensive Streunutzung vorherrschte, die Möglichkeit, einen ausgedehnten zusammenhängenden Bodenüberzug zu bilden. Das Fehlen großer Eulenvermehrungen in früheren Jahrhunderten in den Revieren, in denen „der Wasserhaushalt des Bodens ehedem (und durch sorgsame Humuspflege heute wieder) einem Mischwald alle Lebensbedingungen gewährleistete", führt Frh. v. VIETINGHOFF in Anlehnung an ESCHERICH „zum großen Teil auf die höhere Parasitenwirkung des Mischwaldes und der daraus resultierenden größeren Stabilität des Gleichgewichts" zurück. v. VIETINGHOFF schließt daher mit den Worten: „Die waldbauliche Konsequenz lautet auch für die Lausitzer Kiefernheiden: Künstlicher Mischwald! Denn natürlich würden die ursprünglichen Gegengewichte gegen eine Massenverbreitung hier nur einen gewaltigen Rückschritt in der Forstkultur bedeuten. Wir können weder totale Verheidung noch radikale Streunutzung dulden."

An diese letzten Ausführungen v. VIETINGHOFFS sei gleich der Hinweis angeschlossen auf weitere mit den Boden- und Bestandesverhältnissen zusammenhängende Fragen in der Entstehungsgeschichte einer Forleulenkalamität. ESCHERICH (3, S. 4; 4, S. 56) hat darauf aufmerksam gemacht, daß es Fälle gibt, in denen das Klima als ausschlaggebend nicht in Frage kommen kann, „nämlich da, wo unter völlig gleichen klimatischen Verhältnissen, oft in naher Nachbarschaft große Unterschiede in dem Grad der Eulenfräßigkeit der Reviere bestehen". ESCHERICH vermutet, daß „strukturelle Differenzen der betreffenden Forsten" in Betracht zu ziehen seien. Wenn sich Anhaltspunkte dafür ergeben sollten, „daß Wälder von der Beschaffenheit A (z. B. Mischwald, intakte Streudecke usw.) sich weit widerstandsfähiger zeigen als Wälder von der Beschaffenheit B (z. B. reine Bestände, fehlende Streudecke), so würden wir wieder einen Schritt weitergekommen sein" (ESCHERICH, 4, S. 56/57).

Sogleich erheben sich aber dann, nach ESCHERICHS Darstellung, die neuen Fragen: „In welchen Ursachen ist die größere Widerstandsfähigkeit des Waldtypus A, bzw. die geringere Labilität des Gleichgewichtszustandes gelegen, so daß hier trotz der für die Eule günstigen klimatischen Konstellation (die im Waldtypus B zur Massenvermehrung führt) keine oder nur eine geringe Störung des Gleichgewichts stattgefunden hat?" (ESCHERICH, 4, S. 57).

Für diese Frage ist nach ESCHERICHS Ansicht die Untersuchung des Parasitenproblems von besonderer Bedeutung: „Denn es steht außer allem Zweifel, daß die Parasiten zu den Hauptfaktoren gehören, die die Niederhaltung der Schädlinge (also der besonders zur Massenvermehrung neigenden Insekten) bewirken" (ESCHERICH, 3, S. 5). Neben den Parasiten sind die Forleulenfeinde, die räuberischen Insekten, die insektenfressenden Vögel und Säugetiere und die Krankheiten in Frage zu ziehen. Bei der Untersuchung des Parasitenproblems ist nach ESCHERICH (3, S. 5/8) folgender Weg einzuschlagen: Es müssen zunächst die in den verschiedenen Entwicklungsstadien der Eule (Ei, Raupe und Puppe) parasitierenden Insektenarten überhaupt festgestellt werden (vgl. meine Ausführungen S. 61). Sodann ist der Wirkungsgrad der verschiedenen Schmarotzerarten festzustellen, um die wirklich wirksamen Arten kennen zu lernen (vgl. meine Zusammenstellungen S. 74). Ferner ist die Lebensweise dieser wirksamen Parasitenarten zu studieren (auf S. 75 habe ich das bis heute Bekannte zusammengestellt). Als weitere Aufgabe ergibt sich die Erforschung des Standes der Parasitenfauna in den verschiedenen Waldtypen, „das heißt, zu untersuchen, in welchen Wäldern der eiserne Bestand der Parasiten am höchsten und in welchen er am niedersten ist". Hier weist ESCHERICH mit Recht daraufhin, daß diese Frage nicht nur zur Zeit einer Eulenkalamität, sondern gerade in ruhigen Zeiten zu studieren sei. „Wir müssen Raupen aller Art aus den verschiedenen Waldtypen (Mischwälder, reinen Wäldern, mit und ohne Streudecke usw.) züchten und die davon auskommenden Parasiten nach Art und Zahl feststellen. Wir werden auf diese Weise zweifellos gewisse Waldtypen mit hohem und andere mit niederem Parasitenbestand feststellen können" (ESCHERICH, 3, S. 7). Während über die ersten Fragen wie aus dem Kapitel „Parasiten, Feinde und Krankheiten" ersichtlich ist, schon vielerlei bekannt ist, wurden gerade über die letzte Frage bisher noch keine Untersuchungen durchgeführt.

In diesem Zusammenhang ist auch die Frage der Zwischen- und Nebenwirte der wirksamen Parasitenarten zu betonen, auf die ich hier nicht näher eingehen kann (vgl. die Ausführungen ESCHERICHS, 3, S. 7; 4, S. 61). Es sei hier nur auf EIDMANNS (2, S. 89/90) Untersuchungen über den Kiefernspanner und seine Parasiten hingewiesen: „Der Kiefernspanner besitzt fast nur polyphage Parasiten, die sich auch in anderen Wirten entwickeln" (so hat der Heidekrautspanner, *Hematurga atomaria* L. nicht weniger als fünf Parasiten mit *Bupalus piniarius* L. gemeinsam). „Die Nährpflanzen dieser Wirte stellen fast nur strauch- und krautartige Gewächse dar ... Daher wird nicht allein die Rückkehr zum Mischwald, sondern vielmehr noch die Ansiedlung und Begünstigung einer möglichst artenreichen Kleinflora den Parasitenbestand heben und die Gefahr einer Spannerkalamität auf ein Minimum reduzieren können."

FRIEDERICHS hat in seiner Arbeit über „Waldkatastrophen in biozönotischer Betrachtung" betont, daß die letzten Ursachen solcher Katastrophen noch keineswegs geklärt sind, daß man aber als mutmaßliche Ursachen „klimatische, biozönotische und edaphische" Faktoren ansehen kann. Ich habe im Vorhergehenden dargestellt, inwieweit für das Entstehen einer Forleulenkalamität der Einfluß der Witterung wie der Boden- und Bestandesverhältnisse bereits festgestellt ist, und welche Fragen noch nicht geklärt sind, dabei auch die Bedeutung der biozönotischen Forschung gestreift. Es würde zu weit führen, hier des näheren einzugehen auf die verwickelten Fragen über die Bedeutung der Lebensgemeinschaft des Kiefernwaldes (wie des Waldes überhaupt) für das Entstehen von Schädlingskatastrophen, zumal es größtenteils Fragen sind, die noch völlig der Untersuchung und Klärung harren und vielfach über das Gebiet der Forstzoologie hinausgehend eng mit dem Gebiete des Waldbaues verknüpft sind. Eine eingehende Darstellung des Problems findet sich in der genannten Arbeit von FRIEDRICHS, sowie in der Abhandlung „Waldkatastrophen" von RÖHRL.

2. Dauer einer Forleulenkalamität.

Im vorhergehenden Abschnitt habe ich dargelegt, wie nach BERWIGS Feststellungen das Entstehen einer Forleulenkalamität in drei Etappen verläuft. 1. Jahr: Vorbereitungsjahr, 2. Jahr: Prodromalstadium, 3. Jahr:

Eruptionsstadium. Nach Escherich (3, S. 3/4; 4, S. 55) bricht meist in diesem Jahre die Kalamität zusammen. „Unter besonders ungünstigen Bedingungen kann dieses Eruptionsstadium aber noch ein weiteres Jahr dauern und der Zusammenbruch also dann erst im vierten Jahr erfolgen. Eine noch längere Ausdehnung des Eruptionsstadiums auf drei Jahre ist bis jetzt noch nicht beobachtet. ... Die ganze Entwicklung der Eulengradation vom ersten Anstoß bis zum definitiven Ende dauert ... drei im höchsten Falle vier Jahre, wovon zwei auf die Inkubation (Vorbereitungs- und Prodromalstadium und eines oder zwei auf das Eruptionsstadium fallen" (Escherich, 3, S. 4). Auf Grund seiner Feststellungen über die Dauer der bayerischen Eulenkalamitäten seit der Massenvermehrung 1807 äußert sich Berwig: „In der Geschichte der bayerischen Eulenkalamitäten ist kein Fall einwandfrei festgestellt, daß die Eule länger als drei Jahre an ein und demselben Ort frißt" (Berwig, 2, S. 215). Die gewöhnliche Dauer des schädliches Fraßes erstreckt sich nach Berwig auf zwei Jahre: das Prodromal- und das Eruptionsstadium. „Je nach Klimaverhältnissen wird dann das Jahr des Abflauens das Bild der Kalamität etwas ändern, bei günstiger Witterung kann der Fraß noch einmal aufflackern: ein letztes Aufbäumen gegen die vermehrten Parasiten und Krankheiten, bei normaler Witterung wird die Eule in diesem Jahr rasch ihren Feinden erliegen" (Berwig, 2, S. 217).

Eine bemerkenswerte Verschiedenheit in der Dauer des Eruptionsstadiums hat sich in den Gebieten der letzten norddeutschen Eulenmassenvermehrung gezeigt: 1921 war das Vorbereitungsjahr, 1922 das Prodromalstadium. In Ostpreußen wurde 1923 zum einzigen Eruptionsjahr mit ausgedehntem Kahlfraß, 1924 war bereits das Jahr des Abflauens, in dem nur noch vereinzeltes Schwärmen der Falter, jedoch keine Eiablage und Raupen mehr festgestellt wurden. Dagegen dauerte in den übrigen Gebieten (Schlesien, Grenzmark, Brandenburg, Pommern) das Eruptionsstadium 2 Jahre: 1923 und 1924 (nur in einzelnen Teilen, z. B. Kreis Lübben, trat schon 1923 Abnahme ein). Hierbei ist es auffallend, daß in den meisten Revieren Massenauftreten und Fraß im Jahre 1924 sogar stärker waren als 1923. Teils im letzten Drittel des Juni, teils Anfang oder Mitte Juli 1924 brach in allen Fraßbezirken die Forleulenkalamität zusammen. (Nur in den Randgebieten, in denen es zu keinem stärkeren Fraß gekommen war, erlosch das Auftreten erst 1925.) Es wäre wertvoll festzustellen, welche Faktoren (Witterung, Bestandesverhältnisse?) diese verschiedene Dauer des Eruptionsstadiums hervorgerufen haben.

3. Beendigung einer Forleulenkalamität.

„Mehr als bei den anderen forstschädlichen Raupen bereitet bei der Kieferneulenraupe die Natur selbst den Verheerungen ein Ende" (Judeich u. Nitsche, II, S. 934).

Welche Faktoren sind es, die eine Forleulenkalamität häufig mit überraschender Schnelligkeit und immer so energisch beenden, daß kein Forleulenfraß länger als 3 Jahre gedauert hat? Verfolgt man die Literatur, so findet man seit den ältesten Nachrichten über die fränkischen Eulenvermehrungen vom Ausgang des 18. Jahrhunderts bis zu den Berichten über die jüngste Kalamität in Norddeutschland Witterung, Krankheiten, Parasiten und Feinde der Forleule als Urheber des Zusammenbruchs einer Massenvermehrung genannt.

„Naßkalte Witterung ist ihnen gar sehr zuwider, warmes Wetter hingegen befördert ihr Gedeihen" (ZINKE, S. 104).

Die Frage, ob die Forleulenraupe, wie ZINKE schreibt, gegen Witterungseinflüsse besonders empfindlich sei, wird in der Literatur verschieden beurteilt. Besonders in den älteren Arbeiten findet sich die Ansicht vertreten, daß die Forleulenraupe sehr weichlich sei und durch Stürme, Regengüsse, Frost geschädigt werde.

In diesem Sinne hat sich besonders RATZEBURG mehrmals geäußert; so schildert er in den Forstinsekten (1, II, S. 173/174) seine Beobachtungen im Sommer 1833: „Die Raupen hatten sich schon in besorglicher Menge vermehrt und waren, in Folge des sehr warmen Juni-Wetters, im Juli fast schon ganz erwachsen. Mit dem Eintritt des stürmischen und regnichten Wetters in diesem Monat wurden sie immer träger und träger, und beim Anprällen am 26. und 27. Juli fielen fast nur todte von den Bäumen." Auch über die Verhältnisse in den Jahren 1865/68 äußert sich RATZEBURG (8, S. 291) ähnlich. Im Jahre 1865 erwachte die Vegetation früh, so daß dieses Jahr für die Vermehrung der Eule günstig wurde. Im Jahre 1866 wurde nach RATZEBURG der gleichmäßig heiße Juni für die schnelle und glückliche Ausbildung der bereits in Massen vorhandenen Raupen sehr vorteilhaft. „Das Jahr 1867, eines der merkwürdigsten im Decennio, begünstigte zwar noch den Flug und die Raupen gelangten auch noch zu einem verheerenden Fraße; allein der Juni gebot mit seiner beispiellosen Kälte der Ausbildung Stillstand und begünstigte das Verpilzen. Es fragt sich, ob, wenn der Sommer abermals günstig für die Verpuppung gewesen wäre, das Insect von Pilzen frei geblieben wäre und noch einen Cursus durchgemacht hätte." Im Jahre 1868 fanden sich nur noch wenige Forleulen. Wir sehen, daß RATZEBURG hier bereits für die Beendigung eines Fraßes die durch die Witterung begünstigte Wirkung der Krankheiten annahm. Auch in den „Waldverderbern" (S. 180) spricht er die Vermutung aus, daß das Massensterben der Raupen mit dem Auftreten der *Empusa*-Krankheit zusammenhängen könnte, und zwar auf Grund seiner Beobachtung, daß die Raupen massenhaft sterben, wenn sich später, im Juni, schlechtes Wetter mit kaltem Regen einstellt oder Gewitter auftreten.

KÖPPEN (S. 373/374) berichtet, daß im Gouvernement Wladimir 2 bis

3 Wochen alte Eulenraupen von einem heftigen Regen überrascht wurden und in Massen tot von den Bäumen fielen. 1867 wurde nach Köppen im Grodnoschen Revier am 7. (19.) Juli die Raupen durch grobkörnigen Hagel und Platzregen „sämtlich von den Bäumen herabgeschlagen, ihre Leichen bedeckten in einer Schicht von 1—1 ½ Zoll hoch den Boden und verpesteten bei ihrer Verwesung die Luft".

Berwig (2, S. 293/294) hat aus den Akten über die bayerischen Kalamitäten zahlreiche Mitteilungen angeführt, die für das Erlöschen einer Kalamität Witterungseinflüsse geltend machen: Hitze; anhaltende Hitze mit darauffolgenden heftigen Regengüssen, die das Abbaumen der Raupen veranlaßten; kühle Witterung; naßkalte Witterung; kalte Nächte; Gewitterregen, Platzregen; Hagelschlag; starke Winde und Stürme werden als Gründe der Beendigung von Massenauftreten genannt.

Dagegen äußern sich Wolff u. Krausse (1, S. 160) über die Witterungsempfindlichkeit der Raupen: „die Angaben über angeblich durch die geringe Behaarung der Raupen bedingte Empfindlichkeit gegen Witterungseinflüsse sind selbstverständlich unsinnig. Die Behaarung ist in dieser Beziehung ganz bedeutungslos und die Witterungseinflüsse spielen lediglich die Rolle von Faktoren, die die Entwicklung gewisser für die Entwicklung der Forleulenraupen verhängnisvoller Krankheitserreger begünstigen."

Berwig (2, S. 296) nimmt an, daß „ungünstige Witterung im Jahr des Abflauens nur beschleunigenden Charakter habe".

Auch Judeich u. Nitsche (II, S. 934) geben an: „doch wirken die niedrige Temperatur und die Feuchtigkeit nicht direkt, sondern durch Begünstigung der insektentötenden Pilze."

Es bestehen drei Möglichkeiten für die Einwirkung ungünstiger Witterungsverhältnisse: 1. unmittelbar schädigende Einwirkung auf die Raupen, die zu deren Absterben und damit zur Beendigung einer Kalamität führt, 2. unmittelbar schädigende Einwirkung auf die Raupen, die zwar nicht zu deren Absterben führt, sie aber anfälliger gegenüber Krankheitserregern macht, 3. keine unmittelbare Einwirkung auf die Raupen, aber begünstigende Einwirkung auf die Erreger der Raupenkrankheiten.

Stürme und starke Regengüsse können zweifellos unmittelbar schädlich wirken, besonders auf junge Raupen, indem sie den größten Teil der Raupen von den Bäumen herabwerfen; so hat Lang (S. 28) beobachtet, daß nach Gewittersturm mit wolkenbruchartigem Regen selbst in lichten Beständen an jedem Stamm mehrere, nicht selten sogar 1000 bis 1500 Eulenraupen sich unter Leimringen sammelten, die zur Kiefernspinnerbekämpfung angebracht waren. Besonders verderblich werden solche starken Niederschläge und Stürme für die Eiräupchen sein; da ihnen, zumal in Altholzbeständen, das Wiederaufbaumen kaum gelingen wird: bevor sie die Kronen erreichen, werden sie, wie auch Wolff und Krausse (1, S. 159) annehmen, verhungert sein.

Wieweit sich naßkalte Witterung als eine der drei genannten Möglichkeiten auswirkt, ist noch nicht hinreichend untersucht. Bei der Bewertung der älteren Literatur mit ihrer starken Betonung der Schädlichkeit von Witterungsunbilden muß man aber bedenken, daß hier sicher in vielen Fällen das Auftreten von Krankheiten nicht erkannt und das Sterben der Raupen fälschlich der Witterung allein zugeschrieben wurde. Ist doch selbst einem Beobachter wie Ratzeburg die Wirkung und Bedeutung der Krankheiten verborgen geblieben. Auch darf man nicht vergessen, daß Natur und Erreger der wichtigsten und häufigsten Krankheit der Forleulenraupen erst 1868 (wenn man von der wohl kaum bekannt gewordenen Angabe Verlorens 1846 absieht) von Bail erkannt wurden.

Unbestritten ist dagegen der Einfluß, den die Raupenkrankheiten auf die Beendigung einer Forleulenkalamität ausüben; seit dem fränkischen Massenfraß im Jahre 1725 bis zur norddeutschen Forleulenkalamität von 1923/24 wird immer wieder berichtet, daß Krankheiten (neben den Parasiten) eine Massenvermehrung beendet hätten. Die wichtigste Krankheit ist die durch *Empusa aulicae* Reich. hervorgerufene Pilzerkrankung der Raupen. Daneben dürfte wohl aber auch die „Wipfelkrankheit" der Raupen bei mancher der früheren Kalamitäten schon eine Rolle gespielt haben, wenn sie auch erst neuerdings sicher nachgewiesen wurde. Die praktische Bedeutung der durch *Isaria farinosa* Fries verursachten Pilzerkrankung der Puppen liegt in der Verminderung der Zahl der im Winterlager ruhenden Puppen; sie wird besonders wirksam am Ende des Eruptionsjahres (oder wenn noch ein weiteres folgt, des zweiten Eruptionsjahres) und trägt hier nebst den Parasiten bei, die letzten noch zur Verpuppung gelangten Forleulenreste einer Massenvermehrung zu dezimieren. (Eine Beschreibung dieser Krankheiten findet sich in Kapitel VII, 3.) Hier sei nur noch erwähnt, daß der (gewöhnlich am Ende des Eruptionsstadiums erfolgende) Zusammenbruch einer Forleulenkalamität durch die Wirkung der *Empusa*-Krankheit meist mit überraschender, schlagartiger Schnelligkeit erfolgt, so daß binnen wenigen Tagen die großen Raupenmassen bis auf kleine Reste eingegangen sind. Ein Beispiel hierfür führen Judeich u. Nitsche (II, S. 934) an: im Forstamt Gunzenhausen war am 4. Juli 1808 die Raupenzahl so groß, daß ein Aufgebot von 1000 Arbeitern zum Anprellen angeordnet wurde; „bereits am 12. Juli war aber dort keine lebende, gesunde Raupe mehr vorzufinden, dagegen lagen unzählige todte auf dem Boden oder klebten halb vermodert an den Bäumen".

Über die Parasiten der Forleule ist bereits im Kapitel VII, 1, das Hauptsächlichste gesagt worden: es findet sich dort eine Zusammenstellung der bisher als Forleulenparasiten bekannt gewordenen Hymenopteren und Dipteren und ihre Gruppierung nach dem Grade ihrer wirtschaftlichen Bedeutung, sowie Lebensbeschreibungen der Hauptschmarotzer. An dieser Stelle wäre zu besprechen, wie sich die Bedeutung der Forleulenparasiten als Beendiger einer Kalamität gestaltet.

Ritzema Bos hat in seiner Arbeit: „De gestreepte dennenrups" eine Berechnung aufgestellt, die recht gut die Zunahme der Parasiten im Vergleich zur Zunahme der Forleule verfolgen läßt und den endlichen Zusammenbruch der Kalamität durch die Wirkung der Schmarotzer veranschaulicht:

Ritzema Bos geht davon aus, daß sich auf einer Kiefer 10 Forleulenraupen befinden sollen, von denen 2 parasitiert sind. Vorausgesetzt wird, daß Eule und Schlupfwespe eine gleich große Zahl Eier legen, und daß bei beiden das Verhältnis von ♂ zu ♀ gleich groß ist.

Im 1. Jahre sollen die 8 nicht parasitierten Raupen 4 ♀ ergeben haben, die 4 × 100 = 400 Raupen hervorbringen. Von den 2 Schlupfwespen ist die eine ein ♀, das 100 Nachkommen liefert. Von den 400 Raupen werden dann 100 parasitiert, 300 nicht parasitiert.

Im 2. Jahre schlüpfen 300 Falter, davon 150 ♀, deren Nachkommenschaft 150 × 100 = 15000 Raupen beträgt. Von den 100 Schlupfwespen sind 50 ♀, die 50 × 100 = 5000 Nachkommen haben. Es werden dann von den 15000 Raupen 5000 parasitiert, 10000 nicht parasitiert.

Im 3. Jahre schlüpfen 10000 Eulen, davon 5000 ♀, deren Nachkommenschaft 5000 × 100 = 500000 Raupen ist. Von den 5000 Schlupfwespen sind 2500 ♀, so daß in diesem Jahre von den 500000 Raupen 250000 parasitiert werden.

Es schlüpfen also im 4. Jahre 250000 Eulen, von ihnen sind 125000 ♀. Es kommen aber auch 250000 Schlupfwespen aus, von denen ebenfalls 125000 ♀ sind. Es sind nun ebensoviel Schlupfwespen wie Eulen vorhanden; da beide gleichviele Eier legen, können alle Raupen parasitiert werden. Im 4. Jahre fressen wohl die Raupen noch, aber die Kalamität geht zu Ende und ist im nächsten Jahre völlig erloschen.

Wenn diese Berechnung auch theoretisch ist, so bleibt sie doch keineswegs hinter den tatsächlichen Verhältnissen zurück, sondern ist sogar eher zugunsten der Forleule ausgelegt. Das Verhältnis von ♂ zu ♀ ist bei der Forleule als 1 zu 1 angesetzt; dies würde mit Ecksteins und meinen Beobachtungen übereinstimmen; wenn man jedoch die Angaben anderer Autoren (vgl. S. 25) zugrunde legt, so bilden die ♀ nur ein Drittel der Zahl der ♂; das Verhältnis wäre also noch ungünstiger für die Forleule. Andererseits ist sogar bei einzelnen Parasitenarten umgekehrt die Zahl der ♀ im Verhältnis zu der der ♂ größer als in der Berechnung angenommen, z. B. bei *Banchus femoralis* Thoms.: ♂ : ♀ = 1 : 2. Ferner ist die angenommene Zahl der Eier des Forleulenweibchens angemessen der tatsächlichen Durchschnittseizahl des Forleulenweibchens. Einzelne Parasitenarten haben jedoch eine weit größere Eizahl; es sei nur an *Ernestia rudis* Fall. erinnert. Wenn schon hieraus erhellt, daß sich die Zunahme der Parasiten im Walde recht ähnlich verhalten wird, wie sie von Ritzema Bos errechnet wurde, so ist vor allem noch auf einen Punkt hinzuweisen, den Ritzema Bos geltend macht: der einen Raupenart stehen im Walde nicht, wie in dem Beispiel, eine, sondern mehrere Schlupfwespenarten und außerdem noch Tachinen (von denen eine der wichtigste Parasit ist!) gegenüber. Und wieviele Schmarotzer gerade die Eule aufzuweisen hat, geht wohl deutlich aus meiner Zusammenstellung (S. 62) hervor! Mit Recht führt Ritzema Bos einen Ausspruch von Smits van Burgst an: ,,Ich glaube nicht, daß es ein Insekt gibt, das mehr Parasiten hat, als die Forleule''. Die Schmarotzerzunahme kann sich daher im Walde unter Umständen noch schneller und wirksamer gestalten als in der Berechnung von Ritzema Bos.

Eine ähnliche theoretische Gegenüberstellung der Forleulengradation und der Schmarotzerzunahme hat Freiberger (1, S. 55) für Tachinen gegeben:

1. Jahr. Vorhanden 3 Falterpaare und 1 Tachinenpaar, von gleicher Fruchtbarkeit, also 6 Falter und 2 Tachinen; Verhältnis von Schädling : Parasit = 3 : 1.

Die Nachkommenschaft der 6 Falter seien 600 Raupen; hiervon werden tachiniert: 200 Raupen; es bleiben untachiniert 400 Raupen.

2. Jahr. Die 400 nicht tachinierten Raupen ergeben 400 Falter, die 200 tachinierten 200 Tachinen, also 400 Falter : 200 Tachinen = 2 : 1.

Die Nachkommenschaft der 400 Falter sind 40000 Raupen; hiervon werden tachiniert 20000 Raupen; es bleiben untachiniert 20000 Raupen.

3. Jahr. Die 20000 nicht tachinierten Raupen ergeben 20000 Falter, die 20000 tachinierten 20000 Tachinen, also 20000 Falter : 20000 Tachinen = 1 : 1.

Die Nachkommenschaft der 20000 Falter sind 2000000 Raupen; hiervon werden tachiniert 2000000 Raupen; es bleiben untachiniert 0 Raupen.

4. Jahr. Aus den 2000000 tachinierten Raupen entstehen 2000000 Tachinen.

Freiberger (1, S. 54) bemerkt hierzu: ,,Ist das Verhältnis von Falter und Tachine beim Beginn der Vermehrung für die Tachine noch ungünstiger als 3 : 1, wie im Beispiel unterstellt ist, dann erfolgt der Zusammenbruch später (im 4. oder selten im 5. Jahr). Der Zusammenbruch kann aber auch in diesem Falle schon im 3. Jahr stattfinden, und zwar dann, wenn — wie dies in der Regel zutrifft — die dem Schädling eigene Tachine durch andere Schmarotzer (Schlupfwespen) und Kleinlebewesen (Pilze usw.), die wie die Tachine und aus dem gleichen Grunde zwar die Vermehrung und Massenvermehrung des Schädlings

nicht verhindern, aber beim Zusammenbruch mitwirken können, unterstützt
wird. Auch andere Umstände als das wechselnde, bald stärkere, bald schwächere
Mißverhältnis zwischen Schädling und Tachine können den Zusammenbruch
verzögernd oder beschleunigend beeinflussen. Verzögernd wirkt der Umstand,
daß nicht aus allen Tachineneiern Tachinen entstehen. Viele Eier gehen verloren,
namentlich bei den Tachinenarten, die ihre Eier nicht direkt an die Raupe ablegen.
Aber auch bei den Arten, bei denen dies geschieht, entstehen Verluste: bei den
oviparen Arten werden die Eier namentlich bei der Häutung oft abgestreift,
bevor die Infektion stattgefunden hat, und bei den ovoviviparen und viviparen
Arten bleibt die Infektion oft ohne Wirkung. Auch werden häufig an eine Raupe,
in der sich nur eine Tachine entwickeln kann, mehrere Eier abgelegt. Diese Eiver-
luste können durch den beschleunigend wirkenden Umstand, daß die Tachine
nicht — wie im Beispiel unterstellt ist — gleich fruchtbar ist wie der Schädling,
sondern eine größere Fruchtbarkeit besitzt, wieder ausgeglichen werden."

Weiter weist FREIBERGER (1, S. 53/54) auf folgendes hin: der von seinem
Wirte völlig abhängige Schmarotzer kann sich nur vermehren, wenn sich der
Schädling vermehrt. Vermehrt sich der Schädling massenhaft, dann kann auch
der Schmarotzer massenhaft vorhanden sein, sobald jedoch die Massenvermehrung
zusammenbricht und der Schädling verschwindet, muß auch der Schmarotzer verschwinden. Nach FREIBERGER muß aber der Schmarotzer nach dem Zusamme-
bruch der Kalamität in noch weit stärkerem Maße als der Schädling an Zahl abnehmen: „Beim Zusammenbruch der Schädlingsvermehrung werden ... eine
Unmenge von Tachinen frei. Die im ersten Jahr nach dem Zusammenbruch
etwa noch vorhandenen Raupen werden daher von den in enormer Überzahl vorhandenen Tachinen in ausgiebigster Weise, im höchsten denkbaren Maß tachiniert, so daß der Schädling im zweiten Jahr nach dem Zusammenbruch so selten
vorhanden ist, daß er von den Tachinen nicht mehr gefunden werden kann. Im
zweiten Jahr nach dem Zusammenbruch werden deshalb so gut wie keine Raupen
tachiniert, und infolgedessen sind im dritten Jahr nach dem Zusammenbruch
so gut wie keine Tachinen mehr vorhanden, während sich der im zweiten Jahr
selten gewordene Schädling wieder erholt haben und in der Stärke des normalen
eisernen Bestandes vorhanden sein kann. Nach beendigtem Zusammenbruch ist
daher die Tachine in noch weit geringerer Zahl vorhanden wie der Falter, sie ist
in noch stärkerem Maße verschwunden wie der Schädling.

„Tritt nun, nachdem der Schädling nur noch in der Stärke des normalen
eisernen Bestandes, die Tachine aber in noch weit geringerer Zahl vorhanden ist,
einmal ein Jahr ein, in dem die Nachkommenschaft des eisernen Bestandes nicht
durch widrige Umstände vernichtet wird, dann sind die Tachinen wegen ihrer
verschwindend kleinen Zahl nicht imstande, die Nachkommenschaft des eisernen
Bestandes des Schädlings durch Tachinierung zu vernichten und die Vermehrung
bzw. Wiedervermehrung zu verhindern."

Mit der nun von Jahr zu Jahr fortschreitenden Vermehrung des Schädlings
können sich auch die Tachinen vermehren, vermehren sich sogar in schnellerem
Tempo als der Schädling, erreichen aber erst dann die zur Unterdrückung des
Schädlings nötige Zahl, wenn dessen Zunahme bereits zur Massenvermehrung
geworden ist. Die oben im Auszug wiedergegebene Berechnung FREIBERGERS
zeigt, wie dieser Verfasser (1, S. 54) anführt: „daß die Tachinen die Vermehrung
und Massenvermehrung nicht verhindern können, weil sie im 1. Jahr der Vermehrung in ganz ungenügender Zahl vorhanden sind; von den 600 Nachkommen
des eisernen Bestandes des Schädlings können nur 200 tachiniert werden."

Diese Gedanken FREIBERGERS sind in ähnlicher Form auch von anderen
Seiten gegen die wirtschaftliche Bedeutung der Parasiten geltend gemacht worden.

Sie gehören zu den noch umstrittenen Fragen des in der Literatur unter der Bezeichnung „Biologische Bekämpfung" zusammengefaßten Gebietes, eines Gebietes, dessen Behandlung allein eine Monographie füllen würde. Da diese Arbeit möglichst nur das über die Forleule Bekannte verzeichnen soll, kann ich auf eine Bestätigung oder Widerlegung der Einwände FREIBERGERS nicht eingehen, zumal, wie im ersten Abschnitt dieses Kapitels gezeigt wurde, gerade die Frage des Parasitenbestandes und seiner Wirksamkeit in der Zeit zwischen zwei Kalamitäten noch nicht untersucht ist.

Nur DOLLES (S. 258/259) hat einige Untersuchungsergebnisse mitgeteilt, die zeigen, daß die Zahl und Bedeutung der Parasiten auch in der Zwischenzeit zwischen zwei Kalamitäten doch nicht so gering sein kann, wie von FREIBERGER und anderen angenommen wird. Seit dem Jahre 1884 unterzog DOLLES in der Oberpfalz den Puppenbesatz von Beständen verschiedener Zusammensetzung einer ständigen Kontrolle; sein Hauptaugenmerk war hierbei auf die Untersuchung gerichtet, inwieweit drei der hauptsächlichsten Waldverderber: Kiefernspinner, Kiefernspanner und Kieferneule bei ihrem gewöhnlichen Auftreten von pflanzlichen und tierischen Schmarotzern befallen seien. Über die Kieferneule machte DOLLES folgende Beobachtungen: die meisten Puppen fanden sich in den reinen, weit weniger in den mit Fichte gemischten Kiefernbeständen. Es wurden jedoch auch stellenweise Puppen in den aus Tannen, Fichten und Buchen zusammengesetzten Beständen festgestellt, in denen Kiefer nur vereinzelt vorkam. Ein Teil der Puppen, im Durchschnitt 10% war stets „bewegungslos und verjaucht". Unter den Parasiten war neben Tachinen *Ichneumon nigritarius* vorherrschend. Der Parasitierungsgrad der Puppen wechselte von 25—80%. Die größte Anzahl Eulenpuppen wurde im Jahre 1890 in einem 70jährigen Kiefernbestande, dessen Bodendecke „Beerkraut, Heide und Hungermoos" bildete, gefunden: pro a gegen 1000 Stück; von ihnen waren 25% von Parasiten befallen. 1889 waren in diesem Bestande pro a 90 Puppen gesammelt worden. Mit Rücksicht auf die im Frühjahr 1890 entdeckte große Puppenzahl wurde dieser Bestand weiterhin mit besonderer Aufmerksamkeit beobachtet. Im Sommer 1890 vorgenommene Fällungen zur Feststellung von Eulenraupen blieben erfolglos. Im Jahre 1891 waren nur wenige Eulenpuppen, 70 pro a, in diesem Bestand vorhanden; die Schmarotzer dagegen betrugen 40% und beseitigten bei der geringen Zahl von Eulenpuppen für die Folge jede Gefahr. DOLLES Untersuchungen haben noch weitere wertvolle Feststellungen erbracht: Bei einem geringen Parasitenbesatz waren Tachinen vorherrschend. Bei zunehmender Parasitierung traten dagegen Tachinen mehr und mehr in den Hintergrund. Wenn sich das Prozentverhältnis des Parasitierungsgrades der Zahl 60 näherte, waren die Tachinen verschwunden und durch *Ichneumon nigritarius* ersetzt. Die Beobachtung, daß *Ichneumon nigritarius* als hauptsächlichster Parasit hervortritt, bestätigt die Vermutung (vgl.

S. 105), daß der Frage der Neben- und Zwischenwirte im Parasitenproblem eine besondere Bedeutung zukommt. In den von DOLLES untersuchten Beständen war stets der Kiefernspanner auch in mäßiger Zahl vorhanden. Nun findet sich *Ichneumon nigritarius* GRAV. sowohl als Parasit der Kieferneule als auch des Kiefernspanners. Außerdem macht es das von EIDMANN (S. 78) vermutete Vorkommen von zwei Generationen von *Ichneumon nigritarius* in einem Jahre und die verschiedene Zeit seines parasitären Lebens in diesen beiden Wirtsarten sehr wahrscheinlich, daß die eine Generation des Parasiten in *Panolis flammea* SCHIFF. und die andere in *Bupalus piniarius* L. lebt. Ferner lebt *Ichneumon nigritarius* noch in dem der gleichen Biozönose angehörenden Heidekrautspanner. *Ichneumon nigritarius* kann daher stets in einem ziemlich großen eisernen Bestand vorhanden sein, so daß er auch in den Zwischenzeiten zwischen zwei Kalamitäten, wie die Untersuchungen von DOLLES zeigen, wirksam werden kann. (Ebenso haben auch *Ichneumon bilunulatus* GRAV. und *Ichneumon pachymerus* HTG. Forleule und Kiefernspanner als Wirte! vgl. SACHTLEBEN, 3, S. 503 u. 507.) Die Beobachtungen von DOLLES haben gezeigt, „daß die gesündesten Puppen — wenn auch ein sehr geringer Prozentsatz — stets im Erdreiche (4%), die von pflanzlichen und tierischen Parasiten heimgesuchten zumeist in der Bodenstreudecke (96%) aufgefunden wurden, daß die von Jahr zu Jahr vorgenommenen Revisionen in allen Örtlichkeiten, in welchen die Kieferneule sich zu verbreiten suchte, wieder allmähl'che Abnahme derselben, progressive Zunahme der Parasiten ergaben. Die während einer 12jährigen Periode durchgeführten Nachforschungen nach dem Vorkommen der Kieferneule konnten daher Dank der genügenden Zahl der von ihnen beherbergten Gäste eine gefahrdrohende Ausdehnung dieses Insekts nicht konstatieren" (DOLLES, S. 259).

Um nun zu der Beendigung einer Forleulenkalamität durch die Parasiten zurückzukehren, so ist ja auch FREIBERGER der Ansicht, daß die Schmarotzer imstande sind, schließlich eine Massenvermehrung gründlich zu beendigen. FREIBERGER ist beizustimmen, wenn er nach eigenen Untersuchungen (1, S. 55) angibt, daß auch die tachinierte Forleulenraupe — ebenso wie andere tachinierte Raupen — weiter frißt. Das gleiche ist natürlich der Fall bei Raupen, die von anderen Schmarotzern parasitiert sind, da diese Parasiten ja ebenso wie die Tachine den Tod der Raupe erst bei oder kurz vor der Verpuppungszeit der Eulenraupe herbeiführen oder sogar die Raupe noch zur Verpuppung kommen lassen. Es wird also selbst in dem Jahre des Zusammenbruchs, an dessen Ende sämtliche Raupen parasitiert sind, einen ebenso großen Massenfraß geben, wie wenn alle Raupen gesund wären. Es ist daher öfters gesagt worden, daß die Schmarotzer ohne jegliche praktische Bedeutung wären, da sie ja erst auf dem Höhepunkt der Kalamität, wenn bereits ausgedehnter

Kahlfraß eingetreten ist, ihre Wirksamkeit entfalten könnten. Auch wenn man jegliche Bedeutung der Parasiten für die Verhinderung von Kalamitäten oder für die Hemmung einer einsetzenden Massenvermehrung leugnet und nur zugibt, daß sie wenigstens am Ende des (1. oder 2.) Eruptionsjahres die Forleule vernichten können, so muß man meiner Meinung nach doch hierin schon eine sehr beträchtliche wirtschaftliche Bedeutung der Schmarotzer erblicken. Denn wie im Kapitel über die Erholungsfähigkeit der Kiefer gezeigt wird, ist es durchaus nicht gleichgültig, ob ein Bestand ein- oder zweimal befressen wird. Es kann für viele Bestände Rettung bedeuten, wenn sie beim Wiederergrünen im Folgejahr nach einem Kahlfraß vor nochmaligem Fraß bewahrt bleiben. (Anders liegen natürlich die Verhältnisse bei der Fichte, bei der einmaliger Kahlfraß tötlich zu wirken pflegt.)

Genaue Angaben über das zahlenmäßige Auftreten der Forleulenparasiten finden sich in der Literatur nur vereinzelt.

So verzeichnet HARTIG (1, S. 260), daß während des Raupenfraßes im Charlottenburger Forst von den Mitte Juli 1837 durch Anprellen gesammelten Eulenraupen 5—6 ,,angestochen" waren; er vermutet aber, daß die parasitierten Raupen leichter herabgefallen seien, als die gesunden, und daß von diesen bereits ein großer Teil zur Verpuppung in die Erde gewandert sein könnte.

ESCHERICH u. BAER (S. 165) haben im Jahre 1907 im Sächsischen Staatsforstrevier Okrilla aus 789 Eulen- und Schmarotzerpuppen (kurz vor der Eulenflugzeit auf je 0,5 Ar in drei verschiedenen Abteilungen gesammelt) folgendes Zuchtergebnis erzielt:

Aus 376 Eulenpuppen wurden gezogen 295 Falter, 35 Ichneumoninen (*Ichneumon nigritarius* GRAV., *fabricator* F., *pachymerus* HTG., *bilunulatus* GRAV., *comitator* L., *Amblyteles rubroater* RATZ., *melanocastanus* GRAV.), 36 *Exochilum circumflexum* L. Die übrigen Puppen (10), die noch teilweise tote Schmarotzerlarven enthielten, waren tot.

Aus 413 Schmarotzerkokons und Tönnchenpuppen wurden gezogen: 36 Ophioninen (*Banchus femoralis* THOMS., *Enicospilus merdarius* GRAV.), 372 Tachinen (*Ernestia rudis* FALL., *Winthemia amoena* MEIG.) sowie 5 Hyperparasiten (*Phygadeuon variabilis* GRAV. und *Anthrax morio* L.).

Nach dem Schlüpfen der Imagines aus diesen 789 Eulen- und Schmarotzerpuppen standen sich also 37% Eulenfalter und 62% Schmarotzer gegenüber (1% der Gesamtzahl waren Hyperparasiten).

OUDEMANS (S. 335/336) teilt von der holländischen Massenvermehrung 1919/20 folgende Zahlen mit:

Auf einer Probefläche war die Zahl der Eulenpuppen 627, der Kokons von *Meteorus albiditarsis* CURT. 817, der Kokons von *Banchus femoralis* THOMS. 168, der Tönnchen von *Ernestia rudis* FALL. 1745.

Aus den 627 Eulenpuppen wurden gezogen: 240 Eulen, 134 *Ichneumon pachymerus* Htg., 4 *Ichneumon nigritarius* Grav., 3 *Exochilum circumflexum* L., 1 *Plectocryptus arrogans* Grav., 1 unbestimmte Ophionine.

Selbst wenn man die aus den Parasitenkokons und -tönnchen geschlüpften Hyperparasiten (vgl. Oudemans, S. 337) in Abzug bringt, ist die Zahl der Parasiten mindestens zehnmal so groß wie die der geschlüpften Eulenfalter.

Auch Berwig (2, S. 295) gibt zahlreiche Angaben über die hohe Parasitenzahl am Ende einer Kalamität: „1890 spielen die Tachinen in Grafenwöhr eine große Rolle bei der Beendigung. Im Jahre 1891 war ein Tachinenbelag von 41,7% vorhanden. Dadurch wurde der Fraß in der Hauptsache beendet, zum mindesten kam er im nächsten Jahre nicht mehr zur Geltung, denn der Prozentsatz an Tachinen betrug bis dahin 94,5%." In Vilseck, Wernberg und Freudenberg kamen auf 1225 Eulenraupen 3340 Tachinen. „1900 war in Heideck im 2. Jahre der Tachinenbelag 50% stärker als die Zahl der Eulenpuppen. Auch in Heideck ergaben sich beim Probesuchen auf eine Eule zwei Tachinentönnchen." „In Engeltal war im Vorjahr des Erlöschens das Verhältnis der Eule zu den Tachinen wie 1 : 3. In Nürnberg-Ost waren 69% Puppen gesund, 31% von Parasiten besetzt oder krank. In Nürnberg ergab sich im 2. Fraßjahr das Verhältnis von Eule zu Tachine 3 : 7 bis 14 : 78. Auf einer Stange waren 20—340 Raupen gewesen. In Schwabach waren im Vorjahr des Erlöschens von 519 Puppen 75% gesund, 25% von Parasiten besetzt oder krank. In Lauf a. Holz und Kosbach fanden sich bei 151 Raupen pro Stange 50% Eulenpuppen und 50 Tachinentönnchen. In Amberg, Pyrbaum und Etzenricht sind bei 35—300 Stück Raupen pro Stamm die Tachinen vierfach vorhanden." In 16 Forstamtsbezirken kamen in der Pfalz 1919/20 auf einer abgesuchten Fläche von 1583 qm 9783 gesunde Eulenpuppen, 3600 „Ichneumoniden" und 29524 Tachinentönnchen (vgl. die genaue Tabelle bei Berwig, 2, S. 213). „In Landstuhl-Nord, wo sich der Fraß schon 1918 bemerkbar gemacht hatte, sind bei der Puppenzählung keine Eulenpuppen, sondern nur noch Tachinentönnchen mit Ichneumoniden zu finden." (Weitere Angaben siehe Berwig.)

An der Beendigung einer Forleulenkalamität durch Krankheiten und Parasiten kann wohl nicht gezweifelt werden. Dagegen wird von vielen Seiten jede Möglichkeit abgestritten, daß Parasiten Forleulenkalamitäten (ebenso wie auch andere Schädlingsvermehrungen) zu verhüten imstande seien, oder diese Möglichkeit zum mindesten als außerordentlich selten bezeichnet. Diese Frage hängt naturgemäß eng mit der schon wiederholt besprochenen Frage des Parasitenbestandes in normalen Zeiten zusammen. Solange hierüber noch so wenig (ausgenommen die oben angeführten Feststellungen von Dolles) bekannt ist, scheint es mir müßig, theoretische Betrachtungen über den Gegenstand anzustellen, zumal es in der Natur der Sache liegt, daß die Verhütung einer Kalamität viel schwerer zu beobachten und nachzuweisen ist, als die Beendigung einer auf dem Höhepunkt stehenden Kalamität. Es sei nur ein Fall angeführt, der einwandfrei die Verhütung einer Massenvermehrung durch den Eiparasiten *Trichogramma evanescens* Westwood zeigt und zudem von Verfassern mitgeteilt wird, die wohl nicht als voreingenommen für die Wirksamkeit der Parasiten angesehen werden können: „Von der wirtschaftlichen Bedeutung dieser winzigen Schlupfwespe verschafft die Tatsache dem Leser den deutlichsten Begriff, daß im Jahre 1914 in der Oberförsterei Rittel bis zu 60% der von der Forleule abgelegten Eier durch den Schmarotzer vernichtet worden waren. Selbst sehr große Eiablagen von 10 und mehr Stück waren Ei für Ei von der Schmarotzerwespe belegt. In dem genannten Revier, wie in der Oberförsterei Eisenbrück, in der das Krankheitsprozent der Eier noch größer war, wurde ein nach Maßgabe der vorhandenen gesunden Puppenmassen und der Eiablage der Forleule zu erwartender schwerer Fraß durch den Parasiten vollständig verhindert. Die Polyphagie des Schmarotzers dürfte zur Erklärung dafür heranzuziehen sein, daß er in gewissen Revieren schon relativ zeitig die Massenvermehrung der Forleule unterbricht. Es handelt sich um Reviere, in denen entweder kurz vor der Forleule oder gleichzeitig mit ihr entweder der Kiefernspanner oder einige der meist harmlosen und zwei Generationen im Jahre erzeugenden, auf Beer- und Heidekraut sowie auf Laubholzunterwuchs lebenden Spannerarten auftreten. In solchen Revieren hat die Zehrwespe entweder kurz bevor die Forleule sich stärker vermehrt oder doch schon zu Beginn dieser Vermehrung reichliche Gelegenheit, für die Unterbringung ihrer Eier Sorge zu tragen. Wir stoßen also hier auf eine Erscheinung, die zum Verständnis der zwar nicht absoluten, aber doch immerhin in gewissem Grade vorhandenen und darum nicht zu gering zu veranschlagenden ‚Immunität‘ von Mischbeständen herangezogen werden kann.“ (Wolff u. Krausse, 4, S. 8/9; vgl. auch 3, S. 6 und Wolff, 10, S. 1290.)

Zur Ergänzung seien noch Feststellungen Walters (S. 32/35) über den Parasitierungsgrad der Forleuleneier durch *Trichogramma evanescens* Westw. in der Oberförsterei Biesenthal 1925 mitgeteilt:

a) von 1332 Eiern waren 920 trichogrammiert, 281 gesund oder geschlüpft, 131 faul oder vertrocknet,

b) von 899 Eiern waren 679 trichogrammiert, 172 gesund oder geschlüpft, 48 faul oder vertrocknet.

Neben den Parasiten und Krankheiten sind die im Kapitel VII, 2, genannten Feinde der Forleule unter den Gliederfüßlern für die Beendigung einer Kalamität ohne Bedeutung; wie Berwig (2, S. 296) mit Recht bemerkt, können sie „bei einer bereits ausgebrochenen im Eruptionsstadium befindlichen Kalamität wegen ihrer schwachen Vermehrungsfähigkeit nicht allzu viel ausrichten, im Verhältnis zu den Parasiten, deren progressive Vermehrung teilweise über der der Eule steht". Eine Ausnahme hinsichtlich ihrer forstlichen Bedeutung machen nur die Ameisen, die zwar bei der Beendigung einer Kalamität nie die Bedeutung der Krankheiten und Parasiten gewinnen aber durch ihre vorbeugende Tätigkeit von Nutzen sein können. RATZEBURG hat schon berichtet (9, S. 185), daß beim schlesischen Eulenfraß der 50iger Jahre des vorigen Jahrhunderts inmitten des Kahlfraßes unbefressene Horste blieben, in welchen Ameisenhaufen lagen. Besonders die letzte norddeutsche Forleulenkalamität hat eine Reihe von Veröffentlichungen hervorgerufen, in denen über den Nutzen der Ameisen, von denen die forstlich wichtigste *Formica rufa* L. ist, verschiedene Ansichten geäußert wurden. So bemerkt SCHÖNBERG (S. 1257), daß (im Gegensatz zu den unten angegebenen Beobachtungen von SCHULZ) im Eulenfraßgebiet gewöhnlich nur 2—4, seltener bis 6 und 8 Stämme durch die Ameise vor Fraß bewahrt wurden; nach seinen Feststellungen soll der in der Grenzmark und in der Neumark durch einen Ameisenhaufen bewirkte Schutz verhältnismäßig recht gering gewesen sein: in der Neumark im günstigsten Falle etwa $^1/_{20}$ ha. Ebenso hat sich nach CUSIGS (S. 99) Beobachtungen im Fraßgebiet der Oberförsterei Oranienburg die Wirksamkeit eines Ameisenhaufens stets nur auf eine geringe Anzahl von Stämmen, meist 4 bis höchstens 6 Stück, erstreckt. Als Erklärung für das hier gemeldete Versagen der Ameisen nimmt SCHULZ (3, S. 213), der sich um die Technik der künstlichen Vermehrung der Ameisen besonders verdient gemacht hat, an, daß für die ungeheure Ausdehnung des Fraßgebietes zu wenig Ameisenkolonien vorhanden waren oder daß diese zu weit auseinander lagen, um sich gegenseitig unterstützen zu können oder daß die Kolonien nur schwach bevölkert oder abgestorben waren. SCHULZ (2, S. 989), der allerdings in der von ihm verwalteten Oberförsterei seit Jahrzehnten eine groß angelegte Ansiedlung von Ameisen durchgeführt hat, berichtet dagegen, daß bei gleichzeitigem starken Nonnen- und Eulenfraß auf einer Fläche von etwa 1 ha um eine Kolonie auch nicht eine Nadel befressen wurde, während in den Revieren, die noch nicht künstlich mit Ameisen besiedelt waren, nesterweise Kahlfraß festgestellt wurde. (Ebenso reichten nach SCHULZ, 1, S. 745; 3, S. 213, bei starkem Nonnenfraß 40 Kolonien Ameisen vollkommen aus, 20 ha Kiefernstangenhölzer vor jedem Fraß zu schützen.) Auch SCHUPKE (S. 707) schildert die Wirksamkeit der Ameisen während der letzten norddeutschen Forleulenkalamität in Lagow (Mark) als günstig; in gleichem Sinne äußert sich auch VON SCHLÜTER (S. 844). Außer ESCHERICH (3, S. 9/10; 4, S. 15/20; 2, S. 1213 u. 1215), der ebenso wie SCHULZ (2, 3 und in: KRAUSSE u. SCHULZ) wiederholt Anregungen und Anleitung zur künstlichen Vermehrung der

Waldameise gegeben hat, hat sich mit der Frage der wirtschaftlichen
Bedeutung der Ameise, insbesondere der roten Waldameise, EIDMANN
in mehreren Arbeiten beschäftigt. Seinen genauen und eingehenden Untersuchungen (1, 3, 4 u. 5) verdanken wir ein deutliches Bild der forstlichen Bedeutung der roten Waldameise: „Es ist kaum zu bezweifeln,
daß die rastlose, nie aufhörende Tätigkeit der Ameisen gerade während
der Zeit des intensivsten Insektenlebens durch Dezimierung von Forstschädlingen dort, wo die Waldameise häufig ist und nicht gestört wird,
Kalamitäten überhaupt nicht zum Ausbruch kommen läßt. Es ist nach
alledem mit vollem Recht zu behaupten, daß die rote Waldameise in
Gegenden, wo ihre Kolonien häufig sind, durch ihre prophylaktische
Tätigkeit einen der wichtigsten Faktoren zur Verhütung von Insekten-
kalamitäten darstellt. Selbstverständlich würde es von großer Unkennt-
nis zeugen, wenn man annehmen wollte, daß die Waldameise eine einmal
ausgebrochene Kalamität zum Erlöschen bringen könnte. Aber gerade
die Verhütung von Gradationen, bei der die Ameisen einen so wesent-
lichen Faktor darstellen, ist ja für den Forstentomologen ein viel wich-
tigeres und erstrebenswerteres Ziel als die Bekämpfung der bereits ausgebrochenen Kalamität" (EIDMANN, 4, S. 321). Für den Nutzen der
roten Waldameise gegenüber der Forleule hat EIDMANN auf Grund der
Mitteilungen von BERWIG aus dem Eulenfraßgebiet der Oberförsterei
Griesel wertvolle Feststellungen mitgeteilt: Im Frühjahr 1925 waren in
der ganzen Oberförsterei von 7000 ha die Bestände mit Ausnahme der
jungen Schonungen fast völlig kahlgefressen. Als grüne Inseln in diesem
toten Wald konnte man nur hier und da kleine durch die Ameisen ge-
rettete Flächen sehen, die restlos grün geblieben waren: die sogenannten
„Ameisenhorste". In 19 Jagen der Oberförsterei Griesel, die mit
165 Ameisenhaufen besetzt waren, wurden 353,50 ha kahl und 207,50 ha
licht gefressen: 17,60 ha war die Gesamtfläche der über diese 19 Jagen
verteilten Ameisenhorste, deren Größe zwischen 0,30 und 2 ha schwankte.
Nach Angabe BERWIGS gab es in der Oberförsterei Griesel keinen Ameisenhaufen, der nicht in mehr oder minder großem Umfang den Bestand
gerettet hatte. Wichtig war ferner die Feststellung, daß das Jagdgebiet
der einzelnen Ameisenkolonie bei Vorhandensein reichlicher Nahrung
stark eingeengt wird. Während EIDMANN für normale Zeiten als größtes
Jagdgebiet einer großen *Formica rufa*-Kolonie 7 ha feststellen konnte,
war in Griesel das bejagte Gebiet durchschnittlich nur 0,11 ha. Wie
EIDMANN (3, S. 50) mit Recht betont, zeigen diese Beobachtungen, daß
die Ameisen sogar bei einer bereits im Eruptionsstadium befindlichen
Kalamität von großem Wert sein können. „Wären die vom Fraß betroffenen Reviere von einer genügend großen Zahl von Ameisenkolonien bevölkert gewesen, so wäre wahrscheinlich eine Kalamität von dem
Umfange, wie wir sie vor 3 Jahren in Norddeutschland erlebt haben,

gar nicht möglich gewesen, zum mindesten aber der Schaden wesentlich herabgesetzt worden.“

Den Forleulenvertilgenden Vögeln kommt ohne Zweifel ein weit größerer praktischer Wert zu, als den übrigen Forleulenfeinden mit Ausnahme der Ameisen. Soweit diese Vogelarten Stand- oder Strichvögel sind, ist ihre Tätigkeit nicht wie die der eulenfeindlichen Insekten auf eine bestimmte kurze Zeitspanne beschränkt, sondern kann auch während der kalten Jahreszeit durch Verminderung der im Puppenlager ruhenden Eulen wirksam werden. Sie sind viel weiter verbreitet und individuenreicher als andere Feinde, z. B. das Schwarzwild; besondere Bedeutung können bei Kalamitäten einige als Eulenfeinde in Betracht kommende Vogelarten gewinnen durch ihre Gewohnheit, sich zu Schwärmen zu vereinigen (vgl. S. 87). Aber auch selbst, wenn Stare und Krähen in großen Schwärmen in die Fraßbestände einwandern, werden sie doch nicht imstande sein, eine Kalamität von solcher Ausdehnung, wie sie eine Massenvermehrung der Forleule zu bringen pflegt, zu beendigen. An Befallsrändern, in schwach befallenen Beständen, bei der Vertilgung frei liegender, übrig gebliebener Puppen auf streuberechten Flächen können sie von Nutzen sein. „Zu einer Zeit, wo die Kalamität im raschen Zusammenbrechen war, und nur noch die Mumien der von *Empusa* befallenen Raupen dem menschlichen Auge sichtbar waren, hatten erlegte Vögel noch frische Raupen im Magen (Stare, Goldammer). Hier, als Nachlese und unter günstigen Bedingungen als Prophylaxe, sollte man den Vögeln auch heute noch ökonomischen Wert beimessen. Endlich an kleinen Infektionsherden. Ihre ganze Bedeutung könnte man erst nach Wiederherstellung des biologischen Gleichgewichts ermessen. Ob das möglich sein wird, ist eine andere Frage.“ So urteilt Frh. v. VIETINGHOFF (2, S. 10).

Einen Beitrag zur Lösung dieser Frage hat FREIBERGER (1, S. 111/114) geliefert. In dem unter seiner Verwaltung stehenden badischen Forstamt Schwetzingen, einem von Insektenplagen besonders stark heimgesuchten Kiefernwaldgebiet, hat FREIBERGER von 1907—1923 planmäßig praktischen Vogelschutz durch Schaffung von Nistgelegenheiten, Winterfütterung, Anlage von Tränken betrieben (vgl. FREIBERGER, 2). Seine Mitteilungen über die Wirkung der Maßnahmen während der Forleulenkalamität von 1918/1921 sind daher besonders interessant: Im Jahre 1920 war im ganzen Hardtgebiet ein starker Falterflug zu bemerken. In den reinen, gleichalten, vogellosen Kiefernkomplexen konnte schon in den ersten Junitagen eine merkliche Fraßwirkung festgestellt werden. Stellen, die infolge häufiger Insektenbeschädigungen kränkelnd, licht benadelt und schon im Jahr 1919 leicht befressen waren, waren schon nach 8—10 Tagen völlig kahl gefressen. Am 3. Juli 1920 war in den reinen, gleichalten, auch von streichenden Vögeln nur selten beflogenen Kiefernbeständen vollständiger Kahlfraß festzustellen. Angrenzende Kiefernbestände, „in denen zwar ebenfalls keine Vögel brüten und wohnen können, die aber von streichenden Vögeln weniger stark beflogen werden, waren teils ebenfalls kahl gefressen, teils mehr oder weniger stark beschädigt.“ Dagegen blieben die vogelreichen Bestände längs des Hardtbaches vollständig verschont, „und zwar nicht nur die mit reichlichem Laubholz, Unter- und Zwischenstand versehenen Flächen auf lehmigem Boden, sondern auch die reinen Bestände auf Sandboden und Flugsandhügeln. Während in den reinen, gleichalten, vogellosen und auch von streichenden Vögeln nur ungern beflogenen Kiefernkomplexen während der Fraßzeit kein Vogel zu sehen war, waren in den Hardtbachbeständen im Frühjahr 1920, wie alljährlich, Vögel in großer Zahl eifrig mit der Insektenvertilgung beschäftigt; sie haben hier, wie leicht zu beobachten und festzustellen war, die Nachkommenschaft der zugeflogenen Falter schon als Ei und junge Raupe bis auf den eisernen Bestand aufgefressen, so daß eine merkliche Beschädigung nicht entstehen konnte. Aber nicht nur die rechts und links am Hardtbach entlang ziehenden vogelreichen Bestände sind verschont gebieben, auch die auf beiden Seiten an diese Bestände angrenzenden, auf Sandboden stokkenden reinen Kiefernbestände, in denen kein Vogel brüten und wohnen kann, die aber von den zahlreichen großenteils aus frei brütenden Arten bestehenden Hardtbachvögeln stark beflogen werden, sind, soweit die Hardtbachvögel in sie eingedrungen sind, nicht beschädigt worden, so daß nach dem Fraß ein 1—2 km breiter, grün gebliebener weithin sichtbarer Streifen durch das Hardtgebiet hindurchzog und es in zwei Fraßgebiete zerlegte. Von diesem Streifen aus haben die Beschädigungen nach dem Innern der beiden Fraßgebiete zu überall Schritt für Schritt zugenommen" (Freiberger, 1, S. 112).

Wenn man auch diese Schutzwirkungen zum großen Teil als mittelbare Wirkung des Mischwaldes betrachten kann, so sind die folgenden Ausführungen Freibergers für die Beurteilung der Wirksamkeit des Vogelschutzes in reinen Kiefernbeständen wichtig: „Unbeschädigt geblieben sind aber auch die Abteilungen 2—12 und 24—30, in denen seit 1908 planmäßiger Vogelschutz betrieben wird, obgleich dieses Gebiet auf großen Flächen vollständig reine und gleichalte Kiefernkomplexe, echte Raupenwaldungen enthält, die im ungeschützten Gebiet überall rattenkahl gefressen wurden und obgleich das planmäßig geschützte Gebiet früher ganz außergewöhnlich stark von Insekten heimgesucht wurde" (Freiberger, 1, S. 112)[1].

Unter den Säugetieren kann als Forleulenvertilger das Schwarzwild allein Bedeutung haben. In Fraßbeständen von Revieren, die noch Schwarzwildbesatz aufweisen, brechen die Sauen im Herbst und Winter eifrig den Boden und suchen ihn nach Forleulenpuppen ab. Der Erfolg wird häufig recht günstig beurteilt: „Noch größeren Nutzen hatte man in den Orten, wo wirklich Schwarzwild zu finden war, denn dieses brach allnächtlich den ganzen Winter über in den mit Puppen besetzten Beständen," schreibt Ratzeburg (3, S. 221). Im Forstbezirk Dresden zeigte sich während der Eulenvermehrung im Jahre 1913 in der Dresdner Heide und im Moritzburger Revier die Tätigkeit des Schwarzwildes so günstig, daß eine vorübergehende Beschränkung des Schwarzwildabschusses angeordnet wurde (Neumeister, S. 165; vgl. auch König, 1, S. 94; 2, S. 773; Judeich u. Nitsche, II, S. 935; Berwig, 2, S. 297). Vergleicht man aber die große räumliche Ausdehnung eines Forleulen-

---

[1] An dieser Stelle sei auch noch auf die eingehenden Ausführungen Freibergers (1, S. 99/108) hingewiesen, welche die Frage erörtern, ob die Vögel durch Verzehren nützlicher Insekten (Parasiten) schädlich werden können.

fraßes mit den wenigen Revieren, in denen noch größere Bestände von Schwarzwild vorhanden sind, so wird man nicht zweifeln, daß schon aus diesem Grunde vom Wildschwein ein Nutzen nur auf kleinen Flächen erwartet werden kann. Von einer Überschätzung der Wirksamkeit des Schwarzwildes selbst auf kleineren Flächen, auf denen die Sauen stark gebrochen haben, warnen überdies WOLFF u. KRAUSSE (4, S. 37): „Man gebe sich aber einmal die Mühe und suche an solchen Stellen, wo das Schwarzwild gebrochen hat, sorgfältiger nach. Man wird erstaunt sein, welche Puppenmassen immer noch liegen geblieben sind. Man wird mit Überraschung feststellen, daß kaum eine davon durch Zertreten oder sonstwie nennenswert zu Schaden gekommen ist. Man wird sich endlich jedesmal wieder überzeugen müssen, daß die Sauen gerade die tieferen Schichten der Streudecke, die den größten Prozentsatz gesunder Puppen enthalten, so gut wie unberührt lassen. Sie nehmen aber hauptsächlich die in der oberflächlichen Streuschicht ruhenden Puppen; das sind vorwiegend die von Schmarotzern besetzten Puppen. Sie vertilgen somit in der Puppe des Schädlings gleichzeitig auch den Nützling, von dessen Tätigkeit ja die Beendigung der Kalamität sehr wesentlich mit abhängt."

VIII. Die Erholung der Kiefer nach dem Fraß der Forleule.

Am Ende einer Forleulenkalamität steht der Forstmann vor der Frage: Werden sich die kahl gefressenen Bestände wieder erholen oder müssen sie sogleich abgetrieben werden, um einem Verblauen des Holzes und einem Befall durch Borkenkäfer vorzubeugen? „In früheren Zeiten wurde das raupenfräßige Holz ohne weiteres abgetrieben, aus Furcht, daß es kahl auf dem Stamm stehend schnell verderben könnte," so berichtet RATZEBURG über die zu seiner Zeit übliche Behandlung der von der Eule befressenen Bestände. Er selbst war über die Erholungsfähigkeit der Kiefer anderer Meinung. In seinen Lehrbüchern und Arbeiten (6, 7, 8 u. 9) und besonders in seiner Schrift „Die Nachkrankheiten und die Reproduction der Kiefer nach dem Fraß der Forleule" hat RATZEBURG eingehend die Erfahrungen niedergelegt, die er in den Jahren 1859/61 nach dem brandenburgischen Eulenfraß gesammelt hatte. Im Gegensatz zur vorher geltenden Ansicht beantwortet er (5, S. 19) auf Grund seiner Beobachtungen die für die forstliche Praxis wichtigste Frage: „Ist eine Reproduction nach einem durch die Eule verübten Kahlfraße wirklich nachzuweisen? Ich glaube die Frage unbedingt bejahen zu dürfen." RATZEBURG hat als Beweis mehrere Beispiele beigebracht, in denen sich Kiefernbestände nach Eulenfraß wieder erholten. BERWIG (1) hat in einem kurzen geschichtlichen Rückblick zusammengestellt, wie bei früheren Forleulenkalamitäten in Bayern und Norddeutschland die Schäden häufig anfangs zu hoch angeschlagen wurden, späterhin aber ein günstigerer Verlauf festgestellt werden konnte. Auch der jüngste Forleulenfraß der Jahre 1922/24 hat Ratzeburg recht gegeben, so daß Wolff u. Krausse den heutigen Standpunkt über die Erholungsfähigkeit der Kiefer in den Worten zusammenfassen konnten: „In einem gut bewirtschafteten Revier kann die Regenerationskraft der Kiefer Leistungen hervorbringen, die niemand für möglich hält, der die mehr oder weniger wörtlich kahl gefressenen Bestände gesehen hat" (4, S. 44).

Die Frage, wann und wie das Wiederergrünen der Kiefer nach dem Forleulenfraß erfolgt, hat Ratzeburg in seiner Schrift über die Reproduction der Kiefer ausführlich behandelt. Seit Ratzeburgs Zeit wurde diesem Gegenstand keine Beachtung mehr geschenkt; erst die letzte Forleulenkalamität hat den Anlaß zu Lieses wertvollen pflanzenphysiologischen Betrachtungen gegeben, die in vielem Ratzeburgs Beobachtungen bestätigen, in vielem neue Ergebnisse erbracht haben (vgl. auch die Zusammenstellung Königs [4] über die in der Literatur niedergelegten Erfahrungen über die Erholungsfähigkeit der Kiefer). Für den Zeitpunkt des Wiederergrünens gibt es nach Ratzeburg keine Regel; er teilt Beobachtungen mit, nach denen das Wiederergrünen gleich im Fraßsommer erfolgt, und Feststellungen, in denen die Kiefern erst im nächsten Jahre wieder ergrünten. Im Fraßjahr 1924 erfolgte, allerdings bei günstigen Witterungsverhältnissen, vielfach sofortiges Wiederergrünen (Liese, 5, S. 253; Kittberg, S. 794; die Wahrheit über den Eulenfraß, S. 767).

Nach Liese (5, S. 254/255; 6, S. 70/72) kann die Wiederbegrünung auf folgende Weise vor sich gehen:

I. Durch Verlängerung bereits vorhandener Nadeln.

Die Fähigkeit hierzu besitzen nur die letztjährigen Nadeln, da bereits im ersten Jahre das Längenwachstum beendet wird.

1. Unversehrte Nadeln können wesentliche Verlängerungen erfahren.

2. Sind die Nadeln der Maitriebe abgefressen, ihre Stümpfe aber noch erhalten und in guter Verbindung mit dem lebenden Triebe, so können sich die stehengebliebenen Nadelstümpfe aus den Hüllscheiden hervorschieben und dabei Längen von 3—4 cm erreichen; häufig sind diese neuen Nadelteile auffallend gekrümmt: die Nadeln waren bis in den innersten Teil befressen und hatten dabei einseitig in ihrer teilungsfähigen basalen Zone Schaden erlitten.

II. Durch Entwicklung von schlafenden Knospen.

Von den alljährlich im Herbst angelegten Vegetationspunkten kommen im folgenden Frühjahr nie alle zur Entwicklung; sie bleiben als schlafende Knospen erhalten.

1. Es treiben die im Frühjahr an den Maitrieben nicht zur Entwicklung gekommenen Nadelpaare aus, deren Vegetationspunkte im Herbst des Vorjahres angelegt, aber im Frühjahr nicht zur Entwicklung gekommen waren. An den kahl gefressenen Trieben entstehen so unversehrte Nadelpaare, die durch Zartheit ihre nachträgliche Bildung erkennen lassen.

2. Sekundäre Quirltriebe. Von den alljährlich angelegten Seitenquirlknospen am Zweigende kommen im Frühjahr häufig einige nicht zur Entwicklung, verlieren aber nicht die Möglichkeit hierzu. Nach starkem Fraß können sie sich entwickeln und austreiben; im Gegensatz zu den normalen Quirltrieben können sie als „sekundäre Quirltriebe" bezeichnet werden.

3. Scheidentriebe. Die Nadelpaare der Kiefer schließen einen Vegetationspunkt ein, der unter normalen Verhältnissen nicht zur Entwicklung kommt. Durch Verletzungen der Kiefer können diese Vegetationspunkte zum Wachstum angeregt werden. Die Scheidentriebe sind stets von den beiden Nadeln oder Nadelstümpfen umgeben.

Die Ausbildung der Scheidentriebe und sekundären Quirltriebe wird von LIESE geschildert:

„Die Scheidentriebe und sekundären Quirltriebe können nun je nach den Verhältnissen sehr verschiedene Ausbildung erfahren. Bei nur geringer, frühzeitiger Beschädigung einiger Maitriebe (etwa durch Drehrost, Wildverbiß u. ä.) von sonst gut entwickelten jungen Kiefern bilden sie sich bisweilen gleich zu Langtrieben aus, an denen wie gewöhnlich Nadelpaare (= Kurztriebe) in großer Anzahl vorhanden sind. Bei stärkeren Schädigungen, wie dem Forleulenfraß, treten sie später auf und bilden dann gestauchte, kurz bleibende Triebe. Besitzt der Baum noch verhältnismäßig viel Nadeln, so wird der Scheidentrieb zwischen den beiden Nadeln eine gut entwickelte Knospe, die ohne Schaden den folgenden Winter überstehen kann und erst im Frühjahr austreibt. Bei sehr starkem Fraß dagegen entwickeln sich die Scheidentriebe und die sekundären Quirltriebe sofort zu den sogenannten Rosettentrieben. Diese werden aus flachen, 1—3 cm langen, häufig am Rande gezähnten Nadeln gebildet, die gewisse Ähnlichkeit mit den Primärnadeln der Kiefer besitzen, aber meist breiter an der Basis sind und rosettenartig an sehr gestauchter Achse stehen. Entwicklungsgeschichtlich gehen sie auf ergrünte innere Knospenschuppen zurück, die sonst an den Langtrieben zu den unscheinbaren, braunen, häutigen Schuppen werden, die in ihrer Achsel die Nadelpaare tragen.

Die Rosettentriebe werden als sichere Todeszeichen des Baumes angesehen; hiermit steht im Einklang, daß ihre Nadeln gegen Witterungseinflüsse wesentlich weniger geschützt sind als die normalen Kiefernnadeln; sie sterben nicht selten während des Winters ab. Es ist daher sehr wichtig, daß bei günstigen Verhältnissen (frühes Ende des Fraßes, also zeitiger Beginn der Wiederbegrünung; genügende Bodenfeuchtigkeit) aus den Rosettentrieben noch normale Nadelpaare hervorwachsen können, indem sich aus den Achseln der ergrünten Knospenschuppen die entsprechenden Nadelkurztriebe entwickeln. Diese „Übergangstriebe" traten im Jahre 1924 sehr reichlich in Erscheinung. Der Baum erhält durch diese Nadelpaare seine normale Benadelung, die auch gegen die Witterungseinflüsse genügend widerstandsfähig ist und daher den Winter gut übersteht. Außerdem schließen die Übergangstriebe im Herbst mit gut entwickelten Knospen ab, die den Rosettentrieben meist fehlen Im Gegensatz zu diesen erlauben daher die Übergangstriebe dem Baume im Frühjahr eine bedeutend schnellere und bessere Erholung. Die Unterscheidung zwischen beiden ist also für die Prognose der weiteren Lebensfähigkeit der Kiefern von großer Bedeutung" (LIESE, 6, S. 71/72).

Abb. 35. „Übergangstriebe". (Aus: LIESE, J.: Die sofortige Wiederbegrünung der Kiefer nach Forleulenfraß. Zeitschrift für Forst- und Jagdwesen, 58, Tafel I, Abb. 5, Berlin 1926).

„Es ist demnach die alte Ansicht bezüglich der Rosettentriebe, daß sie nämlich immer als sichere Todeszeichen anzusehen sind, dahin zu korrigieren, daß ihr Auftreten unmittelbar nach Beendigung des Fraßes zunächst keinerlei Schlüsse gestattet, daß man vielmehr erst warten muß, ob am Ende der Vegetationszeit vielleicht aus ihnen noch Übergangstriebe geworden sind. Vor Anfang Oktober sollte daher nie die Entscheidung über einen kahlgefressenen Bestand gefällt werden" (LIESE, 5, S. 255).

Durch diese Feststellung hat LIESE eine Möglichkeit des Wiederergrünens und Genesens der Kiefer aufgedeckt, die RATZEBURG noch nicht bekannt war. RATZEBURG hat „offenbar so günstige Erholungserscheinungen, wie sie dieses Jahr (1924) brachte, nicht erlebt" (KÖNIG, 8, S. 405). Nach RATZEBURGs Beobachtungen ist die Bedeutung der Scheidenknospen „nur eine provisorische: sie fungieren nur so lange, bis die Spitzenknospen wieder im Zuge sind und die Verarbeitung der Säfte übernehmen können" (RATZEBURG, 5, S. 28/29). Die Scheidenknospen „vertrocknen, meiner Ansicht nach, schon nach wenigen Jahren, besonders die in späteren Jahren nachgebildeten" (RATZEBURG, 5, S. 28). Nur durch die Spitzknospen kann nach RATZEBURG (5, S. 25) „eine feste, dauernde, also auch regelmäßige Beästung hergestellt werden . . ., aber auch nur durch die Spitzknospen der Quirlzweige, manchesmal nur durch die des drittletzten Quirls".

RATZEBURG faßt seine Erfahrungen über die Wirkungen des Forleulenfraßes und über die Spieß- und Neuwipfelbildung bei der Erholung der Kiefer in folgenden Sätzen zusammen:

„Die Forleule wird dadurch so schädlich, daß sie so ungewöhnlich früh im Jahre frißt, und daß die dann noch weichen Maitriebe der Kiefer von den sich einbohrenden Räupchen hart ergriffen werden und ihre Spitzknospen nicht alle zur normalen Entwicklung bringen können: die befallenen Triebe vertrocknen gewöhnlich bald und knicken um. Daher kommt es auch wohl, daß man in den von Kahlfraß betroffenen Orten zuerst die untersten Äste, oft 6—8 Quirle hinauf, absterben sieht, wenn auch der größte übrige Teil des Baumes wieder ergrünt.

Außerdem erkrankt aber auch bei Kahlfraß der Wipfel, wenn nicht außerordentlich günstige Verhältnisse der Witterung und des Bodens die Folgen des Fraßes auch hier bald verwischen. Zunächst wird der Kronenast, wenn auch nicht gleich getötet, so doch von Nadeln entblößt, und meist folgen dann auch einige der obersten Quirläste, wenn auch erst nach 2—3 Jahren, und werden zu Spießen. Man sieht sie schon von Weitem aus dem ergrünten Teile des Wipfels nackt oder kaum merklich benadelt hervorragen. Nach einigen Jahren verschwinden die Spieße allmählig wieder, je nachdem sich nämlich die begrünten Quirlzweige ausbreiten, und einer der kräftigsten, welcher nicht immer der oberste zu sein braucht die Tête nimmt und einen neuen Wipfel herzustellen strebt.

Inzwischen ist nämlich der Kronenast ganz abgestorben, obgleich sich Anfangs an ihm, wie auch an unteren Quirlzweigen, neue Knospen in Menge — Scheidenknospen — ausbildeten. Die letztern, welche also teilweise oder ganz wieder vertrocknen, haben nur den Zweck, für die Saftverarbeitung provisorisch, d. h. so lange zu sorgen, bis die Spitzknospen an den nicht getödteten Zweigen sich wieder erholt haben; die

Weiterverzweigung des Baumes würden also nur die letzteren übernehmen. Die Scheidenknospen würden sich auch schlecht zur Ast- und Stammbildung eignen, da sie zu unregelmäßig verteilt und nicht fest genug mit den Ästen, aus welchen sie kommen, verwachsen sind" (RATZEBURG, 5, S. 40/41).

Über die Verhältnisse, die das Wiederergrünen und die Erholung von Fraßbeständen begünstigen, hat sich RATZEBURG wiederholt geäußert. Sehr wichtig ist der Einfluß der Witterung. RATZEBURG führt mehrere Fälle an (7, S. 163; 9, S. 181), die zeigen, daß „Wasser und Luft nicht allein vor dem Raupenfraß und während desselben eine Rolle spielen, sondern ganz besonders in gewissen Perioden der Reproductionszeit von höchster Wichtigkeit sind". Feuchte und warme Witterung nach dem Fraß führt schnelles Wiederergrünen herbei, bei Trockenheit dagegen verdorren die neu gebildeten Triebe. Ebenso wirkt Dürre im Nachfraßjahr sehr schädlich auf die genesenden Fraßorte (RATZEBURG, 9, S. 182). LIESE (5, S. 246) „hält den feuchten Sommer und Herbst 1924 für die Hauptursache, weshalb die Erholung der Bestände so gute Fortschritte machen konnte". „Die Untermischung mit Laubholz, und wenn dies auch nur als unterdrücktes Unterholz existirte", ist nach RATZEBURG (7, S. 164) günstig für die Vorhersage. „Das günstige Erscheinen der Heide dürfte ebgnfalls dahin zu rechnen sein. Ich sah, daß sie in Bernau wie eine Art Unterholz wirkte, d. h. den Boden frisch erhielt und dadurch den Wuchs der genesenden Kiefern förderte." RATZEBURGS Beobachtung (7, S. 160; 6, S. 105), daß die Erholungsfähigkeit auf trockenen Böden größer ist als auf frischen und namentlich feuchten, wurde auch im Jahre 1924 wiederholt bestätigt (WAGNER, S. 856; HILF u. WITTICH, S. 814). Die Erklärung dieser auf den ersten Blick merkwürdigen Tatsachen geben HILF u. WITTICH: „Es bleibt dabei allerdings zu beachten, daß die sämtlich auf trockenen Talsandböden stockenden Bestände durch ihren mehr xerophilen Charakter gegen eine Entnadelung wesentlich widerstandsfähiger sind als die auf stärkere Transpiration eingestellten Kiefern feuchterer Standorte" (vgl. auch WOLFF, 8, S. 815 u. 816). Altholzbestände erholen sich nach RATZEBURG (7, S. 109) meist besser als Stangenhölzer. „Bäume, welche nur einmal gefressen sind, werden im Ganzen sich eher erholen, als zweimal gefressene. Bei den Doppelfrässigen geht im zweiten Jahre der ganze alte Nadelrest verloren und auch die schon entwickelten Scheidenknospen werden, da sie größtenteils bereits Nadeln getrieben haben, wieder gefressen, während sie bei einmal gefressenen Stämmen überall grünen" (RATZEBURG, 5, S. 42). So wurden in der Oberförsterei Breitenheide (Ostpreußen) „durch die unmittelbaren Folgen des Fraßjahres 1922 etwa 40 ha" vernichtet, „durch die erneute und sehr viel intensivere Wirkung des Fraßes 1923 weitere rund 2300 Hektar — davon rund 1400 Hektar Stangen- und

rund 900 Hektar Altholzbestände . . . " (CONRAD u. KRECKELER,
S. 84).

Im vorhergehenden habe ich auf Grund der Beobachtungen RATZE-
BURGS und der beim letzten Forleulenfraß gemachten Erfahrungen gezeigt, daß ein Forleulenfraß noch nicht zum Sterben der befressenen
Bestände zu führen braucht, daß vielmehr eine Wiederbegrünung und
Erholung der Kiefer nach Forleulenfraß möglich ist. Unter welchen Verhältnissen dies geschehen kann, habe ich ebenfalls dargelegt. Ich hoffe,
hierbei nicht den Eindruck erweckt zu haben, daß Forleulenfraß gefahr-
los für die Fraßbestände ist und vielleicht höchstens einen Zuwachsver-
lust mit sich bringt, wie er nach einem Insektenfraß bei Laubholz häufig
als einzige Schädigung zu bemerken ist. Die Gefährlichkeit des Forleulenfraßes dürfte aus folgendem Ausspruch RATZEBURGS (5, S. 41) genügend hervorgehen: „Die Vorhersage ist im ganzen nach Eulenfraß viel
schlechter als z. B. nach Nonnenfraß, und nach dem der Spanner und
Blattwespen an Kiefern, aber doch nicht so verzweifelt wie nach Kahlfraß durch den Kiefernspinner." Nach jedem Eulenfraß wird sich ein
mehr oder minder großer Holzabstand ergeben, dessen Größe nach der
räumlichen Ausdehnung des Fraßes, nach der Stärke der Entnadelung
der einzelnen Kiefern und nach den für die Erholung wichtigen Witte-
rungs-, Bestandes- und Standortsverhältnissen schwanken wird (über den
Einfluß der „Nachkrankheiten" wird unten gesprochen werden).

Die vorhergehenden Ausführungen über die Erholungsfähigkeit der
Kiefer sollten nur den Zweck haben, vor einem voreiligen Abtrieb[1] be-
fressener Bestände zu warnen. „Ist der Abtrieb unabwendbar, so darf
im Interesse möglichst guter Verwertung mit dem Entschluß und seiner
Umsetzung in die Tat nicht unnötig gezögert werden. Anderseits haben
erfahrene Praktiker, deren Namen in der forstlichen Welt einen guten
Klang haben, davor gewarnt, ohne zwingende Not voreilig abzutreiben,
die Axt sei nur dort anzusetzen, wo die befressenen Bäume zweifellos
dem Tode verfallen sind. Diese Warnung kann nicht dick genug unter-
strichen werden. . . . Aber die Frage, wo die Grenze der Hiebsnotwendig-
keit zu ziehen ist, ist eine heikle und für diejenigen, die im Eulenfraß
noch wenig Erfahrung haben, nicht leicht zu lösen" (WAGNER, S. 855).
Deshalb ist nach WAGNER vor allem einmal eine genügende Definition
des Beschädigungsgrades notwendig: man muß zwischen „Kahlfraß"
und „Totfraß" unterscheiden. Unter Kahlfraß ist eine völlige oder fast
vollständige Entnadelung zu verstehen, unter Totfraß außer dem Nadelverlust eine Zerstörung der Knospen. „Nur die totgefressenen Bäume
dürfen geschlagen werden, ganz gleichgiltig, ob es sich um ganze Flächen

---

[1] Über Einschlag und Verwertung des Eulenfraßholzes berichten u. a. BOHN-
STEDT, GERNLEIN und HILF.

handelt, oder um einzelne tote Bäume im Bestande. Dann sind eben
nur diese herauszuhauen, der übrige Bestandesteil, in dem das Leben
noch nicht erstorben ist, muß aber unbedingt erhalten bleiben" (WAGNER,
S. 856). WAGNER befindet sich hierin im Einklang mit RATZEBURG, der
sagte: „Was ist denn nun aber tödtlich? Nicht die Entlaubung, sondern
die Entknospung" (RATZEBURG, 7, S. 69). Im Gegensatz hierzu stehen
die Beobachtungen LIESES (1, S. 812): „Als unbedingt notwendig für
ein neues Austreiben ergab sich beim Stangenholz das Vorhandensein
von grünen Nadeln in der Krone; nur die mit Nadeln bzw. Nadelstümpfen versehenen Triebe entwickelten ihre Knospen. ... Inwiefern
beim Altholz auch bei völliger Entnadelung ein Neuaustreiben stattfinden
kann, ließ sich leider nicht feststellen, da hier alle Versuchsbäume in
den anscheinend völlig besenrein gefressenen Beständen eine wenn auch
geringe Benadelung zeigten und daher austrieben." Es besteht also
Übereinstimmung darüber, daß Bäume nach dem Verlust von Nadeln
und Knospen als „totgefressen" anzusehen sind; dagegen sind die Mei-
nungen geteilt, ob auch Bäume nach dem Verlust der Nadeln allein als
tot zu gelten haben oder ob sie des Wiederergrünens fähig sind.

„Das richtige Erkennen der Stämme, die tot sind oder sicher bis zum
nächsten Wadel absterben werden, ist ebenso schwer wie bedeutungsvoll für die Lösung der Aufgabe, einerseits kein Holz verblauen und verderben zu lassen, andererseits möglichst keinen Stamm zu fällen, der
sich noch erholen könnte; es fordert genaue Untersuchung bei gutem
Licht und häufige Nachprüfung des Urteils an genau angesprochenen
und dann gefällten Probestämmen" (KÖNIG, 8, S. 403).

Für den Tod eines Baumes werden von KÖNIG (8, S. 403) folgende Merkmale angegeben:

„Ein sicheres, aber meist sehr spät auftretendes Zeichen des Todes ist es,
wenn die Safthaut, auch nur fleckweise, sich bräunt und eintrocknet oder wie
aufgebacken erscheint.

Tot ist auch ein Stamm, der keine oder fast keine grüne Nadel hat, dessen
Maitriebe hängen und der kein Ersatzgrün, höchstens wenige Rosetten getrieben
hat, oder dessen Scheidentriebe vergilben; seine Triebe trocknen ein, werden
schwarz und springen wie Glas. Dabei ist die Safthaut am unteren Teil des
Schaftes fast stets frisch.

Baldigem Tod sicher verfallen sind die vom Waldgärtner oder einem anderen
rindenbewohnenden Käfer angebohrten Stämme; ferner solche, die beim ‚Fen-
stern‘ wenig Harz und dieses wenige langsam austreten lassen, wobei zu bemerken, daß rasches Austreten zahlreicher Harztröpfchen noch kein Beweis für
die Lebenskraft ist und oft selbst dann noch beobachtet werden kann, wenn alle
Kronenäste in ihren jüngsten Teilen vom letzten Triebe bis zum 4- oder 5jährigen
Zweige schon trocken sind; ferner die nahezu nadellosen Stämme, die den oben
geschilderten Toten in ihrer Erscheinung nahe kommen. Dagegen können die
‚Rosetten‘ nicht ohne Weiteres, wie dies seit RATZEBURG immer geschehen, als
sichere Vorboten des Todes gedeutet werden; ... Ein sehr übles Vorzeichen ist
es, wenn die Rosetten, Scheidentriebe usw. wieder vergilben. Die in einem vor-

geschrittenen Stand*des Absterbens befindlichen Stämme schneiden sich nach dem Holzhauerausdruck „trocken“, ohne Harzen, ab, und dieses harzarme Holz, beim Fällen weiß, wird nach den Beobachtungen Klopfers in Primkenau in aufgearbeitetem Zustande sehr bald blau. Hilf bestätigt, daß die absterbenden Stämme kein Harzen mehr zeigen; er beobachtete auf der Schnittfläche wässerigen Saftfluß und faulen Geruch.

Die Merkmale, die bloß in Nadelverlust und mangelhaftem Wiederergrünen bestehen, sind natürlich schwer zu umschreiben, da sie vielfach ohne die übrigen Zeichen des Absterbens auftreten. Die mit ihnen behafteten Stämme sind es, die den vorsichtig auszeichnenden Forstmann zwingen, unter Umständen mehrmals im Jahre mit dem Hiebe in denselben Bestand wiederzukehren. Diese Unbequemlichkeit muß in Kauf genommen werden.“

Im vorhergehenden ist mehrfach darauf hingewiesen worden, daß der rechtzeitige Einschlag gestorbener Bäume im Hinblick auf ihre Verwertbarkeit notwendig ist. Auf dem Stamm abtrocknende Hölzer „verblauen“ häufig. Diese „Blaufäule“ wird durch Pilze der Gattung *Ceratostomella* Sacc , hauptsächlich durch *Ceratostomella pini* Münch verursacht (Münch, S. 541). „Alle diese Pilze vermögen dem Nadelholz eine blaue Farbe zu geben, die besonders in feuchtem Zustand hervortritt. Das Myzel ist erst farblos, dann braun und durch das auffallende Licht wird die blaue Farbe erzeugt. Das Myzel verbreitet sich nur im Parenchym der Markstrahlen, die Verblauung tritt nur im Splint auf. Die Infektion setzt einen bestimmten Luftgehalt im Holze voraus, dessen Zunahme mit der Wasserabnahme parallel geht, deshalb sind auch die wasserreicheren dünnrindigen Teile bei der Kiefer viel weniger der Verblauung zugänglich, als die stark berindete und geschützte untere Stammpartie“ (Wimmer, S. 91). Vierwöchige Einwirkung des Pilzes beeinflußt weder das spezifische Gewicht, noch die Druckfestigkeit des Kiefernholzes (Münch, S. 323). Das verblaute Holz ist daher als Bauholz mit unveränderter Qualität benutzbar. Doch soll verblautes Holz als Brettware I. Klasse nicht verwendbar sein, da es sich nur mit halbem Druck wie gesundes Holz imprägnieren läßt und den Angriffen anderer holzzerstörender Pilze mehr ausgesetzt ist als jenes (Ill. Forst-Wörterbuch, S. 43). Rechtzeitiger Aushieb aller absterbenden Stämme ist daher notwendig; im Winter geschlagenes Holz ist schnell abzufahren und auf den Schneidemühlen vor Juni aufzuschneiden; nach Wimmer (S. 91) ist ferner Lagerung im Schatten, vor allem auch im Wasser, zweckmäßig.

Die Blaufäule ist „in der Regel als Parasitismus am gefällten Holz aufzufassen“ (Münch, S. 298). Wenn der Baum genügend luftreich und wasserarm ist, können die Blaufäulepilze nach Münch (S. 322) allerdings auch im stehenden lebenden Baum parasitisch werden Weit gefährlicher für die nach einem Forleulenfraß kränkelnden und noch nicht genesenen Kiefern sind aber die „Nachkrankheiten“ (Ratzeburg), die durch Borken- und Rüsselkäfer verursacht werden. „Wie bei vielen menschlichen Epidemien die Nachkrankheiten oft schlimmer sind als die primäre Er-

krankung, so fordern auch bei Waldkalamitäten die Nachkrankheiten
mitunter mehr Opfer als die primären Schädlinge" (Escherich, 4, S. 14).
„Während der Wirtschafter keinen Einfluß auf die Erholungsfähigkeit
an sich und auf die sie beeinflussende Witterung hat, kann sich sein
Willen und Geschick an Lösung dieser Aufgabe": der Bekämpfung der
Folgeschädlinge „erproben" (König, 8, S. 406; 6, S. 1308). Wolff und
Krausse weisen am Schlusse ihrer Betrachtungen über die Wiederbegrünung ausdrücklich daraufhin, „daß das Zustandekommen der Wiederbegrünung viel weniger. als man gewöhnlich annimmt, von der Kiefer
an sich und von dem Forleulenfraß, als vielmehr von den Borkenkäfer-
verhältnissen des Reviers abhängt. Selbstverständlich gibt es auch hier
Ausnahmefälle, in denen die Verhältnisse besonders ungünstig liegen.
In der Regel aber werden es doch immer Reviere sein, in denen man
aus irgendwelchen Gründen der Borkenkäfergefahr niemals hat recht
Herr werden oder ihr jedenfalls nicht genügend hat vorbeugen können,
in denen die Reproduktionskraft der Kiefer versagt, so daß trotz scho-
nendster Behandlung mit der Axt die nach und nach immer lückiger
werdenden Bestände schließlich nicht mehr zu halten sind. In Revieren,
die immer sehr frei von Borkenkäfern gehalten worden sind, wird der
Gang der Dinge in der Regel ein weit erfreulicherer sein, wenn gerade
auch jetzt dafür gesorgt wird, daß die Borkenkäfer in den Beständen
nicht Fuß fassen" (Wolff u. Krausse, 4, S. 49/50).

Als Folgeschädlinge nach Forleulenfraß kommen vor allem in Betracht: Von Rüsselkäfern der Kiefernjungholzrüsselkäfer (Kiefernkultur-
pissodes), *Pissodes notatus* F. (Eckstein, 9, S. 1018; 11, S. 1121/23) und
der Kiefernstangenrüßler, *Pissodes piniphilus* Hbst. (Ratzeburg, 5,
S. 29/39), von Borkenkäfern der Große und der Kleine Waldgärtner (Kie-
fernmarkkäfer), *Blastophagus piniperda* L. und *Blastophagus minor* Htg.
(vgl. König, 7, S. 29/31), und der Zweizähnige Kiefernborkenkäfer, *Pi-
tyogenes bidentatus* Hbst. (Vetter, S. 245/246). Bei dem letzten norddeutschen Forleulenfraß wurde der Zimmerbock (Schneiderbock), *Acan-
thocinus aedilis* L., zahlreich in noch nicht völlig abgestorbenen Bäumen
beobachtet (Eckstein, 10, S. 1043; Escherich, 4, S. 14). Der früher
als wirtschaftlich unbedeutend angesehene Zimmerbock wurde zuerst
von Seitner (2, S. 203) als Folgeschädling nach einem Kiefernspanner-
fraß festgestellt, hier verdiente er nach Seitner bei seiner Häufigkeit
ganz dieselbe Aufmerksamkeit wie die brütenden Waldgärtner. Auf
Grund der Beobachtung Ecksteins hat Escherich (4, S. 14) auf einen
weiteren sekundären Käfer den Blaurüssler, *Magdalis frontalis* Gyll.,
hingewiesen, der in den bei den Fällungen liegen bleibenden trockenen
Wipfeln zuweilen sehr zahlreich auftritt und „von diesen Brutstätten
aus mitunter auf Kulturen übergeht". Eine Darstellung der Naturgeschichte, Erkennung und Abwehr (vor allem rechtzeitiger Einschlag,

Schälen oder Abfahren befallener Stämme) dieser „Folgeschädlinge“, die
in den Handbüchern der Forstzoologie und des Forstschutzes eingehend
behandelt werden, würde über den Rahmen dieser der Forleule gewid-
meten Monographie hinausgehen.

IX. Bekämpfung.
1. Probesammeln und Prognose.

Bevor ich über die Mittel und Maßnahmen berichte, die zur Bekämpfung der Forleule angewendet wurden, und die Methoden bespreche,
die nach den heutigen Erfahrungen empfehlenswert sind, müssen einige
Worte über das „Probesammeln“ vorausgeschickt werden. Unter Forleulenprobesammlungen versteht man das Absuchen der Bodendecke und
der obersten Bodenschicht der Bestände nach Eulenpuppen und nach
den Kokons und Tönnchen der Parasiten. Durch das Probesammeln
oder Probesuchen soll festgestellt werden, wieviel gesunde, kranke und
parasitierte Forleulenpuppen und wieviel Ichneumonidenkokons und Tachinentönnchen im Durchschnitt auf den Quadratmeter des Bestandes
zu rechnen sind. Das Probesammeln ist schon in normalen Zeiten wichtig, da es einen Überblick gibt über den Bestand und die etwaige Zunahme einiger wichtiger Forstschädlinge in dem betreffenden Revier.
In den Staatsforsten werden daher allwinterlich Probesammlungen nicht
nur auf Forleule, sondern auch auf Kiefernspanner, Kiefernspinner und
Blattwespen durchgeführt. In Jahren, in denen eine Massenvermehrung
der Forleule droht oder bereits ausgebrochen ist, wird das Probesammeln zur Notwendigkeit. Auf Grund der Probesammlungen läßt sich
nicht nur eine Prognose für die nächste Fraßperiode stellen, sondern
auch festlegen, welche Bestände in der nächsten Fraßperiode am meisten
bedroht sind und eines besonderen Schutzes durch Bekämpfung bedürfen. Die Prognose auf Grund der Probesammlungen kann natürlich,
selbst dann, wenn sie auf Grund genauer Untersuchungen und unter
Beachtung größter Vorsicht gestellt wurde, nie unbedingt sicher sein;
die noch nicht vorauszusehende Witterung kann sich in der nächsten
Entwicklungsperiode des Schädlings günstig oder hemmend bemerkbar
machen (z. B. bei der Entwicklung des Maitriebes); es können auch Eiparasiten (z. B. *Trichogamma evanescens* WESTW.) noch vermindernd auf
die Ausbreitung der Forleule einwirken. Es ist daher auch durchaus
angebracht, sich in Zeiten einer Kalamität nicht nur auf das probeweise
Sammeln der Puppen im Winterlager zu beschränken, sondern auch den
Falterflug zu beobachten; an kalten regnerischen Tagen, wenn die Forleulen festsitzen, kann man Probestämme anprellen und die herabfallenden oder davonfliegenden Falter wenigstens grob zählen oder schätzen,
um einen ungefähren Überblick über die Falterzahl je Stamm zu er-

halten. Ebenso sind zur Zeit der Eiablage Probestämme zu fällen und die Eizahl festzustellen. Auch zur Raupenzeit ist das Schlagen von Probestämmen fortzusetzen; unter den zu fällenden Bäumen ist wasserdichtes Ceresinpapier auszubreiten, von dem die Raupen abzusuchen und zu zählen sind. Ebensolche Papierstreifen können auch in den Fraßbeständen zum Auffangen des Kotes und zur Feststellung der Kotmenge verwendet werden (näheres hierüber bei WOLFF u. KRAUSSE, 7). Am wichtigsten bleiben jedoch die Probesammlungen nach Puppen; ihre Durchführung wird überdies durch die lange Zeit, die hierfür bei der Forleule zur Verfügung steht, erleichtert.

Um die Technik des Forleulenprobesammelns haben sich besonders HILF u. WITTICH (2, 3, 4) auf Grund ihrer Feststellungen während der letzten norddeutschen Forleulenkalamität verdient gemacht. Hinsichtlich des Zeitpunktes (die Probesammlungen können natürlich frühestens nach Verpuppung der Raupen begonnen werden) haben HILF u. WITTICH (2, S. 274) angegeben, „daß eine Probesammlung um so weniger Anspruch auf Genauigkeit erheben kann, je früher sie durchgeführt wird". Eine sehr früh, etwa schon im August durchgeführte Probesammlung kann vielfach sogar nahezu wertlos sein, wenn sie nicht durch eine spätere Probesammlung im Winter ergänzt wird. Im Laufe des Herbstes und Winters kann sich der Gesundheitszustand der Puppen, besonders durch Befall von *Isaria farinosa* FRIES, so verändern, daß eine frühe Probesammlung ein falsches Bild ergibt. Umgekehrt können auch falsche Schlüsse entstehen: wenn eine frühe Probesammlung zahlreichen Befall von *I. farinosa* zeigt, so daß ein weiteres Umsichgreifen der Krankheit und damit starke Verminderung der Puppenzahl erwartet werden kann, und wenn dann z. B. durch Einsetzen scharfen Frostes die Wirksamkeit des Pilzes ausgeschaltet wird. Dagegen ist eine zweimalige Probesammlung, früh im Herbst und im Spätwinter, durchaus angebracht, falls sie sich durchführen läßt. Es wird sich dann ein gutes Urteil über die Veränderungen im Gesundheitszustand der Puppen bilden lassen. Nach HILF u. WITTICH (2, S. 274) sind die im vorgeschrittenen Stadium einer Fraßperiode festgestellten Puppenzahlen wesentlich günstiger zu beurteilen, als die vor oder zu Beginn einer Massenvermehrung gefundenen; es ist daher sinnlos, bestimmte Puppenzahlen für alle Verhältnisse als Grenze der Gefahrenzone angeben zu wollen. HILF u. WITTICH führen als Beispiel an, daß in der Oberförsterei Biesenthal eine Puppe je Stamm bei den Probesammlungen im Winter 1922/23 genügte, um den gewaltigen Massenfraß des Jahres 1923 aufkommen zu lassen. Dagegen erschien ihnen im August 1924 bei der Abfassung ihrer Veröffentlichung (2) der wesentlich größere Bestand von etwa drei Puppen je Quadratmeter als ein sehr beruhigendes und günstiges Ergebnis. Denn auf diese drei Puppen, die sich durch das Massensterben durch *Empusa aulicae* REICH.

hindurchgerettet hatten, lauerte überall der Tod: Die Parasiten und Krankheiten würden im kommenden Frühjahr den Räupchen ein Ende machen. Wie die Verhältnisse gezeigt haben, waren die Erwartungen HILFs u. WITTICHs durchaus richtig. Sie sagen daher mit Recht: „Also nie schematisch auf den gefundenen Puppenzahlen seine Prognose aufbauen, sondern stets nur unter Berücksichtigung aller im Rahmen der allgemeinen Entwicklung einzuschätzenden und zu würdigenden biologischen „Faktoren"!"

HILF u. WITTICH haben auch für die Größe und Lage der Probestreifen neue Grundsätze aufgestellt. Wie ich schon in Kapitel V, 4 angegeben habe, liegen die Forleulenpuppen nicht nur in einem Umkreis um den Stamm, sondern zum mindesten im ganzen Kronenbereich. Die alte Methode, eine tellerförmige Fläche rings um den Stamm abzusammeln, ist daher nicht angebracht. HILF u. WITTICH (2, S. 274) geben ferner an, daß nach ihren Beobachtungen die Prozentzahl der erkrankten Puppen vom Stamm nach außen hin erheblich abnahm, so daß die bisherige Art des Probesammelns zu günstige Resultate hinsichtlich des Gesundheitszustandes der Puppen ergeben mußte. Um ferner die Ergebnisse der Probesammlungen möglichst auf durchschnittliche Verhältnisse aufzubauen, geben HILF u. WITTICH (2, S. 275) folgende Ratschläge: „In jedem zur Sammlung bestimmten Bestande werden je nach dem gewünschten Genauigkeitsgrade verschieden viele, im Durchschnitt etwa vier rechtwinklige Probestreifen in der Art in die verschiedenen Bestandesteile gelegt, daß nach Möglichkeit alle Bestandes- und Standortsverschiedenheiten, die auf die Verteilung des Schädlings einen Einfluß ausgeübt haben können (Verschiedenheiten in der Bodendecke, Bestandesalter usw.), berücksichtigt werden. Z. B. würden in einer Abteilung, die zur Hälfte im Vorjahre stark befressen, zur Hälfte verschont war, bei vier Streifen zwei in die bereits befallenen, die anderen in die nicht befallenen Zonen zu legen seien. . . . Die Streifen, die zur bequemen Verrechnung grundsätzlich eine Ausdehnung von 5 : 1 m haben, so daß also in jedem Bestande normalerweise 20 qm abgesucht werden, sind so anzulegen, daß sie zwischen 2, niemals über 6 m entfernten Stämmen liegen und ein Stamm sich stets an einem Ende innerhalb oder außerhalb des Streifens befindet.

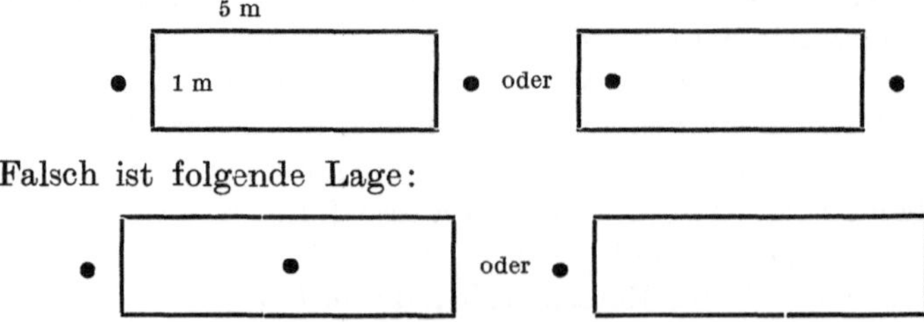

Falsch ist folgende Lage:

Ist der durchschnittliche Stammabstand geringer als 6 m, so sind die Streifen stets in das Gebiet des durchschnittlichen Stammabstandes unter Berücksichtigung obiger Gesichtspunkte zu legen, nicht etwa eine Lücke mit einem Stammabstand von 6 m auszusuchen." Da die Lage der Puppen im Boden in vertikaler Richtung, wie ich in Kapitel V, 4 angegeben habe, großen Schwankungen unterworfen ist, und da seit den Untersuchungen von DOLLES stets wieder beobachtet wurde, daß sich kranke Puppen vorzugsweise in der oberen Bodenschicht finden, muß die gesamte Bodendecke und, sofern sich im Mineralboden Puppen finden, auch dessen oberste Schicht abgesucht werden. Alles, was in der Bodendecke und im Boden gefunden wird: Forleulenpuppen, Ichneumoniden-kokons, Tachinentönnchen, Pilzbildungen usw. ist zusammen, nach Jagen, oder wenn man noch sorgfältiger sein will, nach Probestreifen, getrennt in Kästchen mit etwas feuchtem Moos zu verpacken. Jedem Kästchen ist ein Zettel beizufügen, auf dem die genaue Angabe des Sammelortes vermerkt ist. Es empfiehlt sich, die Probesammlungen von den Forstzoologischen Instituten oder den Hauptstellen für Forstlichen Pflanzenschutz der einzelnen Länder untersuchen zu lassen, denen zu diesem Zweck die Probesammlungen zuzustellen sind. Die Untersuchung durch den Betriebsbeamten selbst sollte, sogar wenn er Interesse für solche Dinge zeigt, doch nur dann durchgeführt werden, wenn er über genügende Kenntnisse verfügt, um die vielerlei Fehlerquellen zu vermeiden, die zu leicht bei diesen Untersuchungen entstehen können. Falls er es unternimmt, wird ihm die Arbeit von SCHEIDTER „Über die Feststellung des Parasitenbesatzes bei Forstschädlingen" eine gute Hilfe sein. Sicheren Aufschluß über den Gesundheitszustand der Puppen gibt — besonders in den ersten Monaten nach der Verpuppung — nur die Sektion. Die bekannte Druckuntersuchung auf aktive Beweglichkeit des Abdomens [1] kann mitunter täuschen, besonders wenn die Forleulenpuppe noch passiv beweglich ist und sich in ihrem Inneren eine Ichneumonidenlarve befindet, die auf den Druck reagiert. Auch die Färbung und Gestalt der Puppen läßt sich nicht in allen Fällen zur Erkennung des Gesundheitszustandes verwenden. Gesunde Forleulenpuppen sind allerdings in der Regel dunkel (beinahe schwarz-)braun (Abb. 16 der Farbentafel); tote und parasitierte rot- oder leicht gelblichbraun (Abb. 17 und 18 der Farbentafel). Parasitierte Forleulenpuppen sind ferner häufig mehr ge-

---

[1] Man nimmt den Vorderteil der Puppe zwischen Daumen und Zeigefinger, so daß das Abdomen frei hervorragt, und übt einen leichten Druck aus: gesunde Puppen schlagen dann mit dem Abdomen hin und her; tote oder parasitierte bleiben unbeweglich. (Doch ist auch bei diesen meist in der ersten Zeit das Abdomen noch passiv beweglich, vgl. oben.) Die Druckuntersuchung versagt bei Puppen, die im kalten Boden gelegen haben; sie müssen dann erst erwärmt werden (im Walde kann dies in der geschlossenen Hand geschehen).

streckt als gesunde, da die Intersegmentalhäute des Abdomens gespannt und erhärtet sind (Abb. 18 der Farbentafel); teilweise sind aber auch parasitierte Forleulenpuppen (insbesondere mit *Pteromalus alboannulatus* Ratz. besetzte) zusammengezogen und kürzer als gesunde (Abb. 17 der Farbentafel). Die passive Beweglichkeit der parasitierten Forleulenpuppen ist vielfach im Januar noch erhalten; in den meisten Fällen wird die parasitierte Forleulenpuppe erst zum Frühjahr hin völlig starr, so daß man dann das Abdomen nicht mehr mit dem Finger hin- und herbewegen kann.

2. Technische Bekämpfung.

a) Sammeln der Puppen und Raupen; Anprellen und Leimen; Raupengräben.

Das Sammeln der Forleulenpuppen wurde in früheren Zeiten häufig mit viel Aufwand an Menschen, Zeit und Kosten durchgeführt. Berwig (2, S. 176 u. 319) berichtet, daß noch 1882 im Forstamt Grafenwöhr ungefähr 800000 Raupen gesammelt wurden, und daß dies damals als einziges Mittel von einigem Erfolg bezeichnet wurde. Doch war das Sammelergebnis natürlich gegenüber den riesigen Raupenmassen bedeutungslos. Ratzeburg, der auch noch das Sammeln der Puppen als Notbehelf an Stelle des Schweineeintriebes nennt, weist aber schon darauf hin (1, II, S. 176/177), daß das Sammeln der überall unter der Schirmfläche liegenden Eulenpuppen viel mehr Mühe mache, als das Sammeln der um den Stamm herumliegenden Spinnerraupen; außerdem werde das Sammeln der Puppen dadurch erschwert, daß viele Puppen sogar in der Erde liegen. Ratzeburg sagt daher, daß es gewiß vorkommen wird, daß man beim Sammeln der Puppen bis in den zweiten Fraßsommer gelangt, ohne daß etwas Ausreichendes zur Vertilgung geschehen ist. Neben dem Sammeln der Puppen wurde auch sehr häufig das Sammeln der Raupen angewendet. Hierzu wurde entweder — und zwar in älteren Beständen — der Zeitpunkt gewählt, wenn die erwachsenen Raupen sich vom Baum zur Verpuppung in die Erde begeben (Ratzeburg, 1, II, S. 177); oder es wurden — in jüngeren Beständen — die Raupen durch Anprellen der Stämme herabgeklopft. Judeich u. Nitsche (II, S. 935) berichten hierzu, daß um das Jahr 1780 in Württemberg offenbar, um die Schlagschäden an den Stämmen zu verhüten, starke Seile um 3—4 nahe stehende Bäume gewunden und straff angezogen wurden; auf das Seil wurde dann mit großen Hebeln geschlagen. Die herabgefallenen Raupen wurden teils zertreten und zerquetscht, teils aufgesammelt, wobei das Unterlegen oder Unterhalten von Tüchern schon eine vorgeschrittenere Technik war. Berwig (2, S. 310) weist darauf hin, daß der hierzu erforderliche Aufwand an Menschen heutzutage nicht mehr möglich wäre: „man liest in den Akten, daß 1000 Mann dazu aufgeboten waren". Judeich u. Nitsche (II, S. 935) raten das Verfahren überhaupt nur in schwachen, noch mit der Hand zu schüttelnden Stangen durchzuführen, da bei starkem Anprellen ältere Stämme sehr schädliche Quetschwunden erhalten; zur Verhinderung solcher Schäden wurden nach Judeich u. Nitsche große Holzhämmer, die am Ende gepolstert waren, verwendet. Ein weiterer Nachteil dieser Methode ist, daß auf stärker bewachsenem Boden die Raupen, besonders in jugendlichen Stadien, schwer zu finden sind, wenn nicht Tücher untergelegt werden. Um das mühsame Sammeln der Raupen überhaupt zu umgehen, hat man mancherorts die anzuprellenden Bestände vorher geleimt; versuchsweise ist auch das Leimen, besonders älterer Bestände, ohne nachfolgendes Anprellen durchgeführt worden. Die Ansichten über die Wirksamkeit des Leimens, das aber gegen Forleule nur recht selten angewendet worden ist, sind sehr geteilt: Judeich u. Nitsche (II, S. 935) berichten über einen Versuch auf fast 500 ha des bayerischen Staatsforstreviers Grafenwöhr im Jahre 1892: „Nitsche hat 1892 Anfang Juni und Mitte Juli dieses Revier besucht und sich im allgemeinen von der Wirksamkeit der Leimringe auch hier überzeugt. Doch schien ihm immerhin die Beweglichkeit der Eulenraupe nicht groß genug zu sein, um einen ähnlichen Massenfang wie an den gegen die Nonne gelegten Ringen zu gestatten. Als durchschlagendes Mittel möchte er daher gegen die Eule das Leimen nicht ansehen." In Sachsen wurde 1913 im Forstbezirk Dresden nach den Mitteilungen von Neumeister (S. 164/165) durch Leimen und nachheriges Anprellen schwacher Stangenhölzer gute Erfolge erzielt. „Die Raupen fielen in großen Mengen herab und sammelten sich nach kaum 1 Stunde in bis 30 cm breiten Bändern unter den Leimringen." Die geprellten Stangenorte wurden durch Leimstangen isoliert. Die Revierverwaltung Okrilla sprach später aus, „daß auf den geleimten 26 ha der Erfolg ein immenser gewesen sei". Auch die Revierverwaltung Schwepnitz rühmte den vorbeugenden Einfluß des Leimens und Prellens in Stangenhölzern. Dagegen spricht sich Olberg auf Grund von Versuchen durchaus ablehnend gegen dieses Verfahren aus. Stangen von verschiedenem Brusthöhendurchmesser wurden am 17. und am 24. Juni angeprellt: beim zweiten Prellen am 24. Juni fielen nahezu von allen Bäumen mehr Raupen herab, als beim ersten Male (1031 Stück gegenüber 980 Stück). Das Prellen war dabei versuchsweise sogar so stark ausgeführt worden, wie es in der Praxis nicht ratsam gewesen wäre; das erste Prellen wurde mit umwickelter Axt, das zweite ohne Umwicklung der Axt vorgenommen; selbst beim ersten Prellen erhielten die Stämme schon erhebliche Verletzungen. Ein Versuchsstamm wurde so stark geprellt, daß er splitterte, dann von zwei Männern mit aller Kraft geschüttelt und schließlich geschlagen: die Krone enthielt noch 189 Raupen. Olberg sagt daher: „Was will die Vernichtung selbst von einigen 100 Raupen je Stamm bedeuten, wenn auf ihm vielleicht 1000 oder 2000 fressen.‘‘

Das Leimen von Beständen ohne vorheriges Anprellen ist noch weniger wirksam und wird nur in Einzelfällen von Erfolg sein, z. B. dann, wenn heftige Regengüsse oder Stürme die Raupen in vorher geleimten Beständen zu Boden werfen. Der Leimring, ein zuverlässiges Mittel gegen den Kiefernspinner, muß bei der Forleule in der Regel versagen, da ihre Entwicklung vom Ei bis zur erwachsenen Raupe in der Krone vor sich geht; ja selbst die zur Verpuppung in den Boden gehenden Raupen würden durch den Leimring nicht völlig erfaßt werden können, da sich ja ein Teil der Raupen aus der Krone zu Boden fallen läßt. Das Sammeln der Puppen und Raupen, das Anprellen der Stämme und das Leimen der Bestände sind denn auch heute gegen die Eule nicht mehr gebräuchlich.

Der Merkwürdigkeit halber sei noch erwähnt, daß von BECHSTEIN (S. 544) sogar folgender Vorschlag gemacht wurde: „Im May und Junius, wo die Eyer an den Nadeln kleben, ist das Abschneiden solcher Äste, besonders wo sie ohnehin das folgende Jahr zum Fällen einmal bestimmt sind, nicht undienlich.‘‘

In vereinzelten Fällen ist auch das Sammeln der Falter durch Anprellen der Stämme bei trübem Wetter, wenn die Falter wenig Fluglust zeigen und sich zum großen Teil bei Erschütterungen zu Boden fallen lassen, sowie der Falterfang mit Ködern angewendet worden (vgl. HESS-BECK, S. 466).

Zum Schutze unversehrter Orte in Fraßbeständen, besonders von Kulturen, sind mit Erfolg Isolierungsgräben angelegt worden (RATZE-BURG, 1, II, S. 177; JUDEICH u. NITSCHE, II, S. 935; NÜSSLIN-RHUMBLER, S. 430). Zu demselben Zwecke wird auch von JUDEICH u. NITSCHE sowie von NÜSSLIN-RHUMBLER das Legen von Leimstangen empfohlen (Anweisung vgl. bei JUDEICH u. NITSCHE, II, S. 838). Nach BERWIG (2, S. 320) hat sich 1890 in Grafenwöhr das Anlegen von Raupengräben (in einer Länge von 20000 m) zur Rettung von Jungbeständen und Kulturen gut bewährt: „Die Raupen wanderten vom 30. Juni bis 8. Juli selbst in nicht kahl gefressenen Beständen über mit Wasser gefüllte Gräben, wo sie massenhaft zugrunde gingen.‘‘ Auch in der Oberpfalz konnten im Jahre 1920 Kulturen durch Isolierungsgräben und geteerte Stangen geschützt werden.

All diese Maßnahmen kommen jedoch nur für kleinere Verhältnisse in Betracht und können bei der großen Ausdehnung der meisten Forleulenkalamitäten und den unzähligen Raupen- und Puppenmassen kaum eine Verminderung geschweige denn eine Vertilgung erreichen.

b) Streurechen.

Bis zum Jahre 1925, in dem zum ersten Male in Deutschland Versuche zur Forstschädlingsbekämpfung durch Verstäuben pulverförmiger Arsenmittel vom Flugzeuge aus durchgeführt wurden, mußte als wirksamstes Mittel zur Bekämpfung der Forleule das Zusammenrechen der Bodenstreu und das Aufsetzen der Streu auf Wälle angesehen werden. WOLFF hat in seiner Arbeit über den Kiefernspanner Theorie und Praxis des Streurechens eingehend behandelt. Eine kurze Anleitung zur Durchführung der Maßnahme geben WOLFF u. KRAUSSE (8, S. 7): „Zusammenbringen der Streu auf Wälle. Vorarbeit: Aufreißen der Bodendecke mit bespanntem Gerät (Waldigel, im Beerkraut nur mit Streifenschnittschar). Hauptarbeit: Zusammenharken auf Wälle. Nacharbeit: Wälle zu großen, wenn möglich 2 m hohen Haufen erhöhen, festtreten, womöglich mit Ätzkalk kalken, eventuell mit Giften behandeln. Kleinere Wälle von Beer- und Heidekrautdecken können in strengen Wintern durchfrieren. Sie verrotten dann ungenügend und versagen als Bekämpfungsmittel". Die Wirkung des Streurechens ist nach WOLFF u. KRAUSSE (1, S. 163) eine doppelte: 1. Die Mehrzahl der Puppen wird so hoch und fest mit Streu bedeckt, daß die Falter nicht (infolge Verfaulens der Puppe) oder doch nicht in flugfähigem Zustande hervorkommen; die Parasiten arbeiten sich jedoch, außer wenn sehr starke Selbsterhitzung im Innern des Streuwalles eintritt, zur Oberfläche hervor. Auch für den Kiefernspanner gibt WOLFF (1, S. 275) als Wirkung an: „Das Abrechen der Streu bis auf den mineralischen Boden hat den Zweck, möglichst alle Puppen an den Ort der sicheren Vernichtung, d. h. in das Innere des Streuhaufens, wo sie ersticken, verfaulen, oder wo mechanisch die auskommenden Falter zurückgehalten werden, zu bringen." 2. „In den von der Streu entblößten Flächen befinden sich nunmehr allen feindlichen Faktoren in erhöhtem Grade zugänglich gemacht in der alleroberflächlichsten Schicht des mineralischen Bodens die relativ gesündesten Puppenmassen" (WOLFF u. KRAUSSE, 1, S. 163). Sie sind nunmehr nicht nur den insektenfressenden Tieren leichter zugänglich gemacht, sondern werden auch stärker den klimatischen Einflüssen unterliegen: Sie kommen „nachweislich ... erheblich früher, also mit großer Wahrscheinlichkeit, ... vorzeitig zum Schlüpfen, ihre Nachkommenschaft ist also dem Hungertode preisgegeben". WOLFF u. KRAUSSE (1, S. 163) geben an, daß das Zusammenrechen der Streu in Wälle zur Bekämpfung der Forleule schon im Spätherbst stattzufinden hat. Diese Anweisung ist bei Anwendung des Verfahrens zu beachten. Ich habe im Winter 1924/25 Versuche im Reichsforstamt Zossen durchgeführt zur Feststellung, ob durch die Streuwälle eine mechanische Behinderung der Falter bewirkt wird: Die Versuche haben gezeigt, daß selbst 1,05—1,10 m hohe Streuhügel keine nennenswerte mechanische Behinderung auf die ausschlüpfenden Falter und Parasiten beim Auskommen an die Oberfläche ausüben konnten. Hierfür spricht auch, daß im Innern der Streuwälle keine aus der Puppe geschlüpften Falter oder Parasiten gefunden wurden, die die

Oberfläche nicht erreicht hatten; alle Tiere, die die Puppenhülle verlassen hatten, waren auch ins Freie gelangt. Die Wirkungsweise der
Streuwälle dürfte daher in dem im Innern der Wälle auftretenden Er-
hitzungsprozeß liegen, durch den bei längerem Anhalten die Puppen ersticken. Dagegen wurde die andere Wirkungsweise des Streurechens
deutlich beobachtet, daß nämlich die nicht mit in die Streuwälle gelangten, aber durch das Entfernen der oberen Streuschicht nunmehr
freiliegenden Puppen allen feindlichen Faktoren in erhöhtem Grade zugänglich gemacht sind. Auf den Versuchsflächen wurden überall viele
ausgefressene Forleulenpuppen und Tachinentönnchen gefunden, während die Kokons von *Banchus femoralis* THOMS. meist unversehrt waren.
Als Vertilger der Forleulen- und Tachinenpuppen wurden von mir Buchfinken (*Fringilla coelebs coelebs* L.) beobachtet, von denen sich häufig
zwanzig und mehr auf den berechten Flächen aufhielten. Bei der eben
geschilderten Maßnahme der Forleulenbekämpfung wird die Streu nach
dem Zusammenrechen in Wälle oder Haufen aufgeschichtet; diese können
im nächsten Jahre wieder auseinander gerecht werden, so daß die Streu
im Walde verbleibt. Von dieser Methode des Streurechens muß eine
andere unterschieden werden, bei der die Streu wohl auch zusammen-
gerecht, dann aber durch Abgabe an die Landwirtschaft aus dem Walde
entfernt wird. WOLFF hat in seiner Arbeit über den Kiefernspanner
(1, S. 219/243) eingehend dargelegt, daß diese Methode ihre theoretischen
und praktischen Bedenken hat. Nach WOLFF ist der Einwand durchaus
berechtigt, daß ein großer Teil der Puppen doch im Bestande bleibt,
besonders wenn die Streu schonend, etwa mit hölzernen Rechen, abge-
recht wird; „es tritt nur dann unter solchen Umständen ein voller Erfolg
ein (gegenüber dem Spanner!) wenn man das Glück hat, daß ein größerer
Drosselzug sich im Revier niederläßt und gründliche Nachlese hält . . .,
oder wenn man dann noch in großem Maßstabe Hühner (besser Puten)
eintreiben kann. Die Streuabgabe wirkt also nur im Verein mit anderen
natürlichen oder künstlichen, dem Spanner feindlichen Faktoren radikal"
(WOLFF, 1, S. 219/220). Bevor man sich für eine Abgabe der Streu ent-
scheidet, ist der Parasitierungsgrad zu untersuchen, da man sonst Gefahr
laufen würde, gerade die parasitierten und kranken Puppen, die nach
DOLLES Feststellungen in den oberen Streuschichten liegen sollen, aus
dem Bestande zu entfernen. Der andere Einwand, der seit langem gegen
die Streuabgabe erhoben worden ist, betrifft die Folge der Streuabgabe
für das Gedeihen des Bestandes. Auf diese rein forstliche Frage, die insbesondere bei der wichtigsten Nebennutzung des Waldes, der Streunutzung,
eine große Rolle spielt, und daher häufig untersucht und erörtert worden
ist, kann hier nicht eingegangen werden; ich muß auf die eingehende
Darstellung WOLFFs (1, S. 220/243) und auf den Abschnitt „Forstbe-
nutzung" der forstlichen Lehr- und Handbücher verweisen. Über die

Wirkungsweise des Streurechens ohne Aufsetzen in Wälle gegen die Eule berichtet Berwig (2, S. 322/323): 1882 zeigte sich in Grafenwöhr und Wernberg keine Wirkung durch die Wegnahme des Bodenüberzuges: „auf einer im Herbst 1882 entblößten Stelle von 2 qm fanden sich 36 Puppen vor, die teilweise mit dem Messer aus dem blanken Eis gebrochen werden mußten, dann nach kurzem Erwärmen in der Hand sich sofort bewegten und sich in normalem Zustande befanden“. Dagegen zeigte sich 1900 in den oberpfälzischen und mittelfränkischen Fraßgebieten manchmal die Entfernung der Bodenstreu als vorteilhaft: 1900 wurde nach dem Auftreten der Forleule (572 Raupen je Stamm) ein Teil eines 80jährigen Bestandes der Streunutzung geöffnet: „1901 sind in dem nichtberechten Teil bei den Probefällungen 645, in den berechten nur 65 Eulenraupen pro Stamm gezählt worden“ (Berwig, 2, S. 322).

Erwähnt sei noch, daß das Streurechen bereits 1798 von Zinke und 1805 von Bechstein (S. 543/544) zur Forleulenbekämpfung angegeben wird. Beide Verfasser raten jedoch, die Streu zu verbrennen: „Reiße man im Oktober und November mit eisernen Rechen alles Moos und die Erde zween Zoll tief in den angesteckten Revieren auf, schaffe dieses auf Haufen zusammen, um verbrennen zu können. Bleiben ja auf der Erde Puppen zurück; so sind sie doch aus ihrer natürlichen Lage gebracht, und werden theils von den Vögeln aufgesucht, theils aber auch von der eintretenden Winterkälte und Nässe verdorben“ (Zinke, S. 108).

c) Bekämpfung durch gifthaltige Stäubemittel.

Alle im vorhergehenden geschilderten Mittel und Maßnahmen zur Forleulenbekämpfung sind durch ein Verfahren überholt, das heute als wirksamstes Mittel zur technischen Bekämpfung forstschädlicher Raupen gilt und dessen erste praktische Durchführung gegen die Forleule gerichtet war. Nachdem im Jahre 1911 Zimmermann den Vorschlag zu einer Bekämpfung der Forstschädlinge durch Abwerfen von gifthaltigen Mitteln aus Luftfahrzeugen gemacht hatte, veranlaßte die jüngste norddeutsche Forleulenkalamität Escherich (4, S. 64/66 u. a. O.) und Wolff (6, S. 662; Wolff u. Krausse, 4, S. 42/43; 5, S. 19/20 u. a. O.) für die Verwendung des Flugzeuges zur Forstschädlingsbekämpfung einzutreten. Der erste praktische Versuch, Forstschädlinge durch arsenhaltige Stäubemittel vom Flugzeuge aus zu bekämpfen, wurde in der preußischen Oberförsterei Biesenthal im Mai 1925 untei Leitung von Wolff durchgeführt. Auf Grund der im Frühjahr festgestellten Puppenzahl und der Beobachtungen über den Falterflug mußte, wie Walter (S. 36/37) schildert, angenommen werden, daß bei einer nur mäßigen Ablage gesunder Forleuleneier die Restbestände des gefährdeten Revierteils der bereits 1923/24 sehr stark befressenen Oberförsterei Biesenthal dem Untergange geweiht seien. Die erste Durchführung des neuartigen Bekämpfungsverfahrens

im Walde zeigte, daß es abgesehen von technischen Unvollkommen-
heiten als aussichtsvoll anzusehen sei. Die Wirksamkeit der neuen Be-
kämpfungsweise gegen die Forleule konnte allerdings nicht festgestellt
werden, da das Auftreten der Raupen infolge starken Befalles der Eier
durch *Trichogramma evanescens* WESTW. soweit hinter den ursprünglichen Erwartungen zurückblieb, daß die weitere Durchführung der
Arsenverstäubung vom Flugzeuge aus in die Oberförsterei Sorau verlegt
wurde, wo starkes Nonnenauftreten herrschte. Wenn somit auch bisher
keine praktischen Erfahrungen über die Wirksamkeit des neuen Verfahrens gegen die Forleule vorliegen, lassen doch die in der Folgezeit
bei der Bekämpfung von Nonnen- und Kiefernspannerraupen in den
verschiedensten Teilen Deutschlands erzielten Ergebnisse annehmen, daß
die Bekämpfung durch staubförmige Giftmittel auch gegen die Forleule
erfolgreich ist. Außerdem liegen günstige Ergebnisse aus Laboratoriums-
versuchen vor; Versuche mit dem Präparat „Esturmit" der Chemischen
Fabrik E. MERCK, Darmstadt, ergaben gute Wirksamkeit gegen Ein- und
Zweihäuter, die jeweils zum Teil mit dem Mittel bestäubte Kiefernknospen, zum Teil mit Esturmit behandelte vorjährige Kieferntriebe erhielten.
In allen Versuchen gingen sämtliche Raupen innerhalb 3 Tagen ein; nur
von den Zweihäutern, denen bestäubte vorjährige Triebe gereicht wurden, lebte ein kleiner Teil bis zum 7. Tage (vgl. SACHTLEBEN, 3, S. 532
u. 533).

Der Vorteil der neuen Methode liegt in der Schlagfertigkeit, mit der
Arsenbeflüge bei Massenauftreten forstschädlicher Raupen eingesetzt
werden können, und in der Schnelligkeit, mit der eine Bekämpfung selbst
auf den ausgedehnten Flächen einer großen Kalamität durchgeführt werden kann. Ein Beispiel hierfür wird von WOLFF (13, S. 39) angeführt:
„Am 12. Juli 1926 erhielt die Firma E. MERCK von der Mecklenburg-
Strelitzer Staatsforstverwaltung den Auftrag, rund 230 ha Wald gegen
die Nonne zu bestäuben. Angesichts der weit vorgeschrittenen Entwicklung der Raupen mußte sofort eingegriffen werden. Am 13. Juli schon
begann die Arbeit und in $3^1/_2$ Tagen waren mit 39 Flügen 11355 kg
Esturmit über die Waldfläche gleichmäßig ausgestreut."

Als größtes Hindernis der Bekämpfung vom Flugzeuge aus muß un-
günstiges Wetter angesehen werden. Es ist jedoch zu erwarten, daß die
Bekämpfung der Forleule hierbei nicht so zu leiden haben wird, wie die
anderer Forstschädlinge, z. B. des Kiefernspanners (vgl. ESCHERICH, 6);
die Bekämpfung der Forleule fällt in eine Jahreszeit, in der in der Regel
gleichmäßigere Witterung zu herrschen pflegt.

Die technische Ausbildung der Arsenverstäubung durch Flugzeuge
steht auf einer praktisch schon recht befriedigenden Höhe. An der Ab-
stellung gewisser Mängel, besonders an der Verbesserung des in das Be-
stäubungsflugzeug eingebauten „Verstäubers" wird gearbeitet. Unter-

suchungen über die physikalischen Eigenschaften von Arsenbestäubungsmitteln bezwecken Verstäubungsmittel festzustellen, deren Haftfähigkeit, Regenbeständigkeit, leichte Verstäubbarkeit und gleichmäßige Verteilbarkeit allen Anforderungen entsprechen (vgl. die Untersuchungen von EIDMANN u. BERWIG).

Auf die vielen flug- wie verwaltungstechnischen Fragen, welche die Vorbereitung und Durchführung einer Schädlingsbekämpfung vom Flugzeuge aus erfordern, kann hier nicht näher eingegangen werden. Ich verweise auf die alle Einzelheiten behandelnden Flugblätter von GUSSONE und KOLSTER. Einen Überblick über die bisherigen Erfahrungen mit der Arsenverstäubung vom Flugzeuge aus geben die Veröffentlichungen von KIENITZ, WOLFF (13) und ESCHERICH (9) sowie SCHIMITSCHEKS Zusammenstellung über die heutigen Methoden zur Bekämpfung forstlicher Schädlinge[1].

Was den Zeitpunkt des „Arsenbefluges" gegen die Forleule anbelangt, so hat WOLFF (13, S. 49) betont, daß die Bekämpfung noch im Juni beendet sein muß, da gegen Ende Juni die ersten verpuppungsreifen Raupen aufzutreten pflegen. Über die Frage, wann mit der Flugzeugbekämpfung gegen die Forleule begonnen werden kann, werden erst Versuche im Walde Auskunft geben können. Es wird noch untersucht werden müssen, ob schon gegen das Eiräupchen die Arsenverstäubung eingesetzt werden kann. Gegen eine Bestäubung in diesem Stadium der Raupe spricht ihr Minierfraß im Innern der Knospen, für eine Bestäubung die harzige Beschaffenheit der jungen Maitriebe, die das Haften der Bestäubungsmittel erhöhen dürfte. Es fragt sich, ob das junge Eiräupchen beim Einbohren in die Knospen — vorausgesetzt, daß die Bestäubung sehr dicht ist — so viel Gift aufnimmt, daß eine tödliche Wirkung eintritt. Gegen den Einhäuter, besonders aber gegen den Zweihäuter kann schon zweifellos mit Gift vorgegangen werden. Wenn es die Witterungsverhältnisse irgend gestatten, versuche man die Bekämpfung möglichst vor dem Zeitpunkt durchzuführen, zu dem sich die Mehrzahl der Raupen zum vierten Male häutet; denn nach der vierten Häutung steigert sich durch den starken Nadelverbrauch der Raupen die Fraßwirkung äußerst schnell.

Die Kosten des Verfahrens betragen durchschnittlich je Hektar 50 bis 60 RM. Die Frage nach der Rentabilität des Bekämpfungsverfahrens muß im einzelnen Falle dem Wirtschafter überlassen bleiben; sie wird sich nach dem Alter der Bestände (z. B. Stangenholz oder schlagreifes

---

[1] Während der Drucklegung dieser Monographie erschien eine Arbeit von K. Escherich: „Die Flugzeugbestäubung gegen Forstschädlinge" (Flugschriften der Deutschen Gesellschaft für angewandte Entomologie, Nr. 12, Berlin, 1929), in der alle wissenschaftlichen und praktischen Fragen der Flugzeugbestäubung eingehend behandelt werden.

Altholz) und dem zu erwartenden Fraß (z. B. Licht- oder Kahlfraß: daher genaues Probesammeln und vorsichtige Prognose!) zu richten haben.

Um die Gefährdung von Wild und Vögeln (Haustiere sind von der Bestäubungsfläche fern zu halten!) zu vermeiden, sind nach den bisherigen Erfahrungen in wild- und vogelreichen Revieren sowie in Beständen, die in der Nähe von Feldmarken liegen, Bestäubungsmittel mit geringem Arsengehalt (etwa 11—18 As_2O_5) trotz der höheren Kosten anzuwenden (vgl. WOLFF, 13, S. 49; ESCHERICH, 7, S. 25; SCHIMITSCHEK, S. 14). Maßnahmen zum Schutze der durch das Verfahren besonders gefährdeten Bienen sind in dem Flugblatt von EVENIUS „Was muß der Imker bei einer Arsenbestäubung tun?" angegeben.

Bei kleinen Befallsherden, bei Massenauftreten in Gebieten stark wechselnder Gemengelage, wie zur Behandlung von Bestandesrändern in der Nähe von Ortschaften wird an Stelle des Flugzeuges zur Verstäubung pulverförmiger Giftmittel der Motorverstäuber treten können (vgl. GASOW, 1 u. 2; SACHTLEBEN, 1; ESCHERICH, 10). Der Motorverstäuber ist weniger abhängig von den Windverhältnissen, leistet sogar bei schwachem oder mittelstarkem Winde am meisten; auch ist bei der Verwendung des Motorverstäubers die Abgrenzung der zu bestäubenden Bestandesteile sowie die Abstufung der Bestäubungsdichte besser möglich als bei der Bestäubung vom Flugzeuge aus. Als größte mögliche Tagesleistung ist die Bestäubung von 20—25 ha anzusehen. Bei der großen räumlichen Ausdehnung der meisten Forleulenkalamitäten, wie auch bei der Beschaffenheit der von der Eule am stärksten befallenen Bestände (Stangenhölzer!) wird der Motorverstäuber allerdings nur in Einzelfällen bei der Forleulenbekämpfung in Verwendung treten können. Über die Eignung des Motorverstäubers hat sich ESCHERICH (10, S. 12) auf Grund der bisherigen Erfahrungen dahin geäußert, „daß die Methode den Giftstaub vom Boden aus mittels Motorverstäubers in die Kronen zu blasen, durchaus zukunftsreich erscheint und vor allem geeignet ist, kleinere Insektenherde erfolgreich zu bekämpfen und so den Ausbruch von Kalamitäten schon im Keime zu ersticken. Der Motorverstäuber stellt so eine sehr wertvolle Ergänzung zum Flugzeug dar, das ja nur bei größeren Ausmaßen eingesetzt werden kann".

3. Biologische Bekämpfung.

Die älteste Maßnahme einer biologischen Bekämpfung der Forleule ist das Eintreiben von Schweinen in die Fraßbestände während der Puppenzeit der Forleule. Schon ESPER (S. 350), ZINKE (S. 108) und BECHSTEIN (S. 544) geben diese Maßregel an. RATZEBURG hat sich mehrmals lobend über den Schweineeintrieb ausgesprochen, so in den „Forstinsekten" (II, S. 176): „Das Mittel bewährte sich vortrefflich, denn die

Schweine verzehrten ungemein viel Puppen. Man wird also den größten
Theil des Winters Zeit haben, dasselbe in Anwendung zu bringen. Nur
bei starkem Frost oder Schnee kann das Schwein nicht brechen. Wenn
die Schweine gehörig Wasser finden, gewähren ihnen auch die Eulenpuppen eine sehr gesunde Nahrung." 1853 (3, S. 221) bemerkt er wieder:
„Die Schweine haben überall da, wo man die Gemeinde zum Eintreiben
der Heerden bewegen, oder Schweine käuflich erwerben konnte, großen
Nutzen gestiftet." Beim Eulenfraß im Forstbezirk Dresden 1913 wurden
vom 18. September bis Ende November 200 Schweine in gefährdete Orte
des Laußnitzer Reviers eingetrieben. NEUMEISTER (S. 166) berichtet als
Ergebnis: „Nach dem Verhalten der behüteten Orte in der Folgezeit
muß der Nutzen des Schweineeintriebes anerkannt werden." Anläßlich
der letzten Forleulenkalamität wurde in Schlesien eine Waldschweine-
farm in Forleulenfraßbeständen eingerichtet, auf der die Schweine — es
kam nur das dem Wildschwein nahe stehende „Deutsche Weideschwein"
in Betracht — von der im Walde gebotenen Nahrung leben mußten
(STÜMPEL, S. 307). ECKSTEIN (5, S. 27) hat geschildert, daß neben günstigen Äußerungen auch häufig sehr absprechende Urteile über den
Schweineeintrieb gefällt worden sind. Er weist besonders darauf hin, daß
nicht befriedigende Ergebnisse darin ihre Ursache haben können, daß
die Schweine zu zeitig weiter dahin gehen, wo die meisten Puppen liegen,
und sich dort, wo nur wenige Puppen sind, nicht aufhalten. Ebenso
wie der zur Kiefernspannerbekämpfung häufig empfohlene Hühnerein-
trieb kann auch der Schweineeintrieb selbst bei gründlichem Arbeiten
der Tiere höchstens auf kleinen Flächen oder eng begrenzten Fraßherden
Nutzen leisten. Auch hier gilt wie für alle in früheren Zeiten ange-
wendeten Maßnahmen das schon 1736 ausgesprochene Wort ESPERS
(S. 350): „Man hat ferner angegeben, vermittelst der eingelassenen
Schweine, die Chrysaliden in dem Boden aufzusuchen, oder durch deren
Umwühlen sie zu zerstören, das aber ebenfalls seine Anstände hat, und
so ist uns kein Mittel gelassen, das im Großen könnte angewendet werden."

Dagegen scheint nach den Beobachtungen während der jüngsten norddeutschen Forleulenkalamität eine Maßnahme der biologischen Bekämpfung durchaus weiterer Versuche wert: die künstliche Vermehrung der
roten Waldameise, *Formica rufa* L. Im Kapitel VII, 3, habe ich ausführlich die Beobachtungen über die Wirksamkeit dieser Ameisenart
und die günstigen Ergebnisse, die mit ihrer künstlichen Ansiedelung gemacht wurden, dargestellt. Im Kapitel VI, 2, habe ich eingehend die
Darlegungen ESCHERICHs über die Fortpflanzungsverhältnisse der roten
Waldameise wiedergegeben, da sie zeigen, warum gerade bei ihr eine
künstliche Vermehrung möglich ist. Die Praxis der künstlichen Ameisenvermehrung ist besonders von SCHULZ-WIRSCHKOWITZ (2, 3 und in:

KRAUSSE u. SCHULZ) ausgearbeitet und auf seiner 3000 ha großen Oberförsterei so weit zur Anwendung gebracht worden, daß das Revier bereits weit über 1000 Kolonien aufweist. Die praktische Durchführung
der Neugründung von Ameisenkolonien ist besonders eingehend von
SCHULZ in dem gemeinsam mit KRAUSSE verfaßten forstlichen Flugblatt Nr. 13 geschildert, so daß hier nur auf diese Anweisung verwiesen
zu werden braucht.

Die biologische Bekämpfung mit Hilfe von Parasiten kann durch
Begünstigung des im Walde vorhandenen Parasitenbestandes oder durch
die künstliche Vermehrung und das Aussetzen von Parasiten erfolgen.
Beide Maßnahmen sind in ihrer Anwendung gegen Forstschädlinge, man
kann dies wohl ruhig so bezeichnen, noch nicht einmal im Anfangsstadium. Für die eine Möglichkeit, den Parasitenbestand im Walde zu
heben, haben die Feststellungen von DOLLES über den Parasitenbesatz
in normalen Zeiten und die Untersuchungen EIDMANNS über die Parasiten des Kiefernspanners (vgl. S. 113) wenigstens schon einen Fingerzeig
gegeben. Der andere Weg: künstliche Vermehrung und Aussetzen von
Parasiten erscheint dagegen noch recht aussichtslos und stößt daher in
der Regel in Fachkreisen heute noch auf völlige Ablehnung. Doch ist
auch diese Methode letzten Endes nur eine technische Frage, ebenso
wie die Arsenverstäubung vom Flugzeug aus, die man noch vor wenigen
Jahren als undurchführbar ansah. In den Vereinigten Staaten ist man
beispielsweise imstande, zur Bekämpfung von *Diatraea saccharalis* F.
den Eiparasiten *Trichogramma minutum* RILEY täglich in Mengen von
über 200000 Stück zu züchten (vgl. FLANDERS, S. 512). Bei verfeinerter
Zuchttechnik und bei großer Ausdehnung solcher Parasitenzuchtanstal-
ten wird die Produktion einer weit größeren Menge von Schmarotzern
möglich sein. Es ist natürlich eine zweite Frage, ob dieses Verfahren
bei derartigen Ausmaßen noch rentabel sein wird.

Fragt man, welche Schmarotzer der Forleule für solche Maßnahmen
überhaupt in Frage kommen könnten, so wären *Trichogramma evanescens* WESTW. und *Pteromalus alboannulatus* RATZ. zu nennen. Die
Hauptschmarotzer der Forleule sind allerdings 1 Tachine, 2 Ichneumoniden (und in Westeuropa 1 Braconide). Ichneumoniden und besonders
Tachinen bieten jedoch nach unseren bisherigen Erfahrungen über künstliches Züchten von Parasiten größere Schwierigkeiten als die Chalcididen,
zu denen *Tr. evanescens* und *Pt. alboannulatus* gehören. *Tr. evanescens*
hat bereits im Walde in vereinzelten Fällen der Forleulenvermehrung
ohne künstliches Zutun Einhalt gebieten können. Das Tier ist überdies,
wie die Arbeiten HASES gezeigt haben, leicht und in großen Mengen unter
künstlichen Bedingungen zu ziehen. Als Nachteil steht dem Aussetzen
entgegen, daß *Tr. evanescens* „pantophag“ ist und wahllos die Eier einer
großen Zahl verschiedener Insektenarten befällt. Im Gegensatz hierzu

ist *Pt. alboannulatus* ein Schmarotzer, der nur auf wenige der Biocönose des Kiefernwaldes angehörende Wirte angewiesen zu sein scheint. Der Nachteil, der sich hieraus für die künstliche Züchtung ergibt, wird durch den Vorteil aufgehoben, daß beim Aussetzen von *Pt. alboannulatus* sich der Parasit auf die Forleulenpuppe und die Puppen einiger anderer forstschädlicher Schmetterlinge, wie des Kiefernspanners und des Kiefernschwärmers, beschränken wird. Nach meinen Beobachtungen scheint es auch möglich zu sein, daß im Walde bei günstiger Temperatur bis zum Herbst mehr als eine Generation von *Pt. alboannulatus* in Forleulenpuppen auftreten kann. Bestätigt sich diese Vermutung, so würde die praktische Bedeutung dieses Schmarotzers noch steigen.

Ich möchte betonen, daß diese Betrachtungen über biologische Bekämpfung der Forleule durch Parasiten lediglich theoretische Erwägungen sind. Wenn sich jedoch einmal eine praktische Durchführbarkeit ergeben sollte, so wird die biologische Bekämpfung durch Parasiten dann besonders am Platze sein, wenn eine beginnende Massenvermehrung erkennbar wird. Zu ihrer rechtzeitigen Feststellung werden wir allerdings eines ausgebildeteren forstlichen Beobachtungsdienstes bedürfen, als wir bis jetzt besitzen.

4. Waldbauliche Maßnahmen.

Alle im vorhergehenden geschilderten Maßnahmen technischer wie biologischer Art, sind (mit Ausnahme der Versuche, den Bestand an Parasiten und Feinden im Walde zu erhöhen) „Bekämpfungsmaßnahmen". Sie beseitigen nicht die Ursache einer Massenvermehrung und müssen daher im Falle einer Kalamität jedesmal wieder — und meist mit erheblichen Kosten — von neuem angewendet werden.

Für das Entstehen einer Forleulenkalamität ist die Witterung zusammen mit Boden- und Bestandesverhältnissen maßgebend. Da die Witterungseinflüsse nicht ausgeschaltet werden können, sollte versucht (oder zum mindesten untersucht) werden, ob durch waldbauliche Maßnahmen eine Änderung der für die Entstehung einer Eulenvermehrung günstigen Boden und Bestandesbeschaffenheit herbeigeführt werden kann. In diesem Sinne sind daher auch während und nach der jüngsten Forleulenkalamität vielfache Vorschläge gemacht und besonders Schaffung von Mischbeständen, ferner auch Einführung des Dauerwaldes sowie Bodenbearbeitung und Bodenpflege angeraten worden. (Der Anbau anderer Kiefernarten an Stelle von *Pinus silvestris* L. dürfte nach den bisherigen Erfahrungen über die Nahrung der Forleulenraupen, vgl. S. 44, keinen Erfolg versprechen.)

Ob eine dieser Maßnahmen zu einem Ziel führen kann, und ob solche Maßnahmen überhaupt durchführbar sind, dazu bedarf es noch eingehender Untersuchungen, und zwar nicht nur forstzoologischer, son-

dern vor allem waldbaulicher Art. (Auf einige forstzoologische Fragen
habe ich schon im Kapitel VII, 1, hingewiesen.) Am nächstliegenden
erscheint mir die Untersuchung der Frage, welchen Einfluß Bodenbeschaffenheit und Bodenflora sowie das Bestandesalter und der Bestandes-
schluß auf die Forleulenpuppe ausüben, und ob Maßnahmen des Waldbaues eine Möglichkeit bieten, hierin für die Forleulenpuppe ungünstige
Verhältnisse herbeizuführen. Viel schwieriger wird es sein, in biologischer Hinsicht Aufklärung über die Bedeutung des Mischwaldes zu erhalten, da diese Frage eng mit dem großen Problem der Lebensgemeinschaft, der Biocönose, des Waldes zusammenhängt (vgl. S. 105). Sie
wird daher auch nicht allein durch Untersuchungen in unseren auf Er-
trag bewirtschafteten Forsten zu klären sein, sondern nur durch gleich-
zeitige Forschungen im natürlichen, sich selbst überlassenen Walde. Soviel, oder besser so wenig, wir aber heute wissen, scheint auch der Ur-
wald nicht frei von Schädlingskatastrophen zu sein (vgl. Röhrl, S. 303),
wie er auch durchaus nicht immer aus Mischwald besteht, sondern —
gerade bei der Kiefer — reine, gleichaltrige Bestände auf weiten Flächen
bilden kann (vgl. Schenck bei Wiedemann, S. 158/59 u. a.). Auch ist
bei der letzten norddeutschen Forleulenkalamität mehrfach beobachtet
worden, daß auch Mischbestände nicht vom Forleulenfraß verschont
blieben (z. B. Bouvier, S. 266; Stolberg-Wernigerode, S. 788/789;
Allers, S. 941 u. a.) oder daß in Mischbeständen stehende einzelne Kiefern kahl gefressen wurden (Hausendorff, 1, S. 259; v. Kessel, S. 812).
Über Beschädigung und Verschonung von Mischbeständen hat Graf zu
Stolberg-Wernigerode Beobachtungen mitgeteilt: An der Strecke
Schneidemühl—Kreuz waren zwei Waldstücke 50—60jähriger Kiefern
kahl gefressen: Das eine Waldstück war stark mit Laubholz unterbaut,
in dem anderen standen zahlreiche Eichen etwa von der gleichen Höhe
wie die Kiefern. Dagegen waren im Walde des Grafen Stolberg bei
Vietz die mit Laubholz durchmischten Bestände vom Fraß ganz verschont.
Graf Stolberg nimmt als Erklärung an: Eine absolute Sicherheit bietet
also der Mischwald nicht, das Entscheidende ist vielmehr meiner Ansicht
nach, daß dort, wo, wie in den ersten beiden Fällen, es sich um kleinere,
getrennt liegende Waldstücke handelt, in deren Nähe sich keine größeren
reinen Kiefernbestände befinden, wie das bei mir der Fall ist, die Eule
auch die Kiefern im Mischwalde kahl frißt. Graf Stolberg weist in
diesem Zusammenhange auch darauf hin, daß selbst wenn die Mischbestände die Kiefern nicht vor dem Kahlfraß der Eule schützen, sie
doch insofern günstig wirken, „als, wenn auch alle Kiefern kahl gefressen
werden sollten, doch der Gesamtholzverlust, da die Kiefer nur einen
Prozentsatz des Gesamtholzbestandes ausmacht, nicht so groß ist wie in
reinen Kiefernbeständen". Den auf Grund der Beobachtungen während
der letzten norddeutschen Forleulenkalamität gegen die Bedeutung von

Mischwäldern vorgebrachten Einwänden wird von anderer Seite entgegen gehalten, daß die im norddeutschen Forleulengebiet vorhandenen Mischbestände nur als kleine Inseln anzusehen seien, über die die Sturmflut der Eulenkalamität zusammenschlug (ALLERS, S. 941; ESCHERICH, 5, S. 293). Selbst wenn sich ergeben sollte, daß die Schaffung von Mischbeständen das Entstehen einer Forleulenkalamität hemmt oder verhütet, so fragt es sich noch, ob überhaupt in allen von der Forleule heimgesuchten Kieferngebieten eine Umstellung auf Mischwald möglich ist (CONRAD, 1, S. 418/419; 2, S. 495; CONRAD u. KRECKELER, S. 84). Zahlreiche Ratschläge für die Wahl verschiedener Holzarten bei der Aufforstung im Forleulenfraßgebiet sind zwar in der forstlichen Presse während des letzten Forleulenfraßes gegeben worden (z. B. BACKE, 1; CONRAD u. KRECKELER; DALMER; F. H.; HARBACH; LUBAU; METHNER; NOLTE; OBERDIECK; ROLLE; VORKAMPFF-LAUE u. a.), welche dieser Ratschläge durchführbar und erfolgreich waren, muß noch abgewartet werden.

In allen diesen forstzoologischen wie waldbaulichen Fragen, die eine Verhütung von Forleulenkalamitäten zum Ziel haben, stehen wir noch im Anfangsstadium der Forschung. Klarheit über sie werden wir nur erhalten, wenn der Forstzoologe gemeinsam mit dem Forstwirt im Walde selbst ihrer Lösung nachforscht.

Literaturverzeichnis[1].

Adler: Die Forleule und ihre Bekämpfung. Dtsch. Forstztg. **40**, 594/597.
Neudamm 1925. — **Albert:** Verwendung der Pechkiefer im Eulenfraßgebiet. Dtsch.
Forstwirt **7**, 360. Berlin 1925. — **Allers:** Eulen-Betrachtungen. Ebenda **6**, 940/941.
Berlin 1924. — **Altum, B.:** 1. Forstzoologie I; III, 1 u. 2. Berlin 1876; 1881 u.
1882. — 2. Massenhaftes Auftreten der Forleule im verflossenen Jahre 1883. Z.
Forst- u. Jagdwesen **15**, 696. Berlin 1883. — 3. Waldbeschädigungen durch Tiere
und Gegenmittel. Berlin 1889. — 4. Über den Fraß des Kiefernspanners, der
Forleule und der Kiefernblattwespen. Z. Forst- u. Jagdwesen **22**, 81/92. Berlin
1890. — *Aulló y Costilla, M.:* Lepidópteros dañosos a los pinares. Laboratorio
Fauna Forestal Española. Madrid 1922 (R. A. E. **11**, 99 [1924]).

Bachmetjew, P.: Die Schmetterlinge Bulgariens. Horae Societatis Entomo-
logicae Rossicae **35**, 436. St. Petersburg 1902. — **Backe:** 1. Insektenplage. Dtsch.
Forstztg. **39**, 591/592. Neudamm 1924. — 2. Noch einmal „Aufforstung der Großkahlschläge im Eulengebiet". Ebenda **40**, 949. Neudamm 1925. — **Baer, W.:**
1. Die Tachinen als Schmarotzer der schädlichen Insekten. Z. angew. Entomol.
6, 185/246; **7**, 97/163, 349/423. Berlin 1920; 1921. — 2. Die Parasiten der Kieferneule. Ebenda **11**, 23/34. Berlin 1925. — **Bail:** 1. Vorläufige Mitteilung über eine
durch Pilze verursachte Epidemie der Forleule, *Noctua piniperda* L. Krit. Bl.
Forst- u. Jagdwissensch. (Pfeil-Nördlinger) **50**, 244/250. Leipzig 1868. — 2. Über

---

[1] Im Literaturverzeichnis sind nur in der vorhergehenden Arbeit zitierte
Veröffentlichungen aufgeführt. Ein Verzeichnis sämtlicher über die Forleule
erschienenen Abhandlungen und Notizen würde das Literaturverzeichnis wohl auf
das Dreifache des Umfanges anschwellen lassen; auch würde sich wegen der Fülle
der Arbeiten, die in den verschiedensten forst- und landwirtschaftlichen Zeitungen
verstreut sind, Vollständigkeit kaum erreichen lassen. Besonders während der
jüngsten Forleulenkalamität sind zahlreiche Artikel und Notizen in der forstlichen Presse erschienen, die außer Angaben über Auftreten und Schaden besonders Ratschläge für Einschlag, Aufarbeitung und Verwertung des Eulenfraßholzes und für die Kulturtätigkeit und Aufforstung im Eulenfraßgebiet enthalten. (Vgl. z. B. Deutsche Forst-Zeitung, 39 u. 40, Neudamm 1924 u. 1925;
Der Deutsche Forstwirt, 6 u. 7, Berlin, 1924 u. 1925; Forstliche Wochenschrift
Silva, 12, Tübingen, 1924; Der Holzmarkt, 41, Berlin, 1924). Die Literatur über
das Auftreten der Forleule in den Jahren 1922/24 ist in meiner Arbeit „Das Auftreten der Forleule in den Jahren 1922 bis 1924" (SACHTLEBEN, 2) wiedergegeben.
Über Vögel als Forleulenvertilger findet sich die Literatur in den Arbeiten Frhr.
v. VIETINGHOFFS (1, 2, 4 u. 5). Außerdem verweise ich auf die Jahrgänge 1924
bis 1926 der „Bibliographie der Pflanzenschutzliteratur".

Arbeiten, die mir nur aus Referaten bekannt sind, sind mit * bezeichnet;
in Klammern ist das betreffende Referat zugesetzt; hierbei bedeutet R. A. E.:
Review of Applied Entomology, Ser. A, London. In Klammern stehende Titel
von Arbeiten sind nicht in der Originalsprache, sondern in Übersetzung angeführt.

Pilzepizootien der forstverheerenden Raupen. Schr. naturforsch. Ges. Danzig, N. F. II, 2, 1/22. Danzig 1869. — 3. Weitere Mitteilungen über den Fraß und das Absterben der Forleule, *Noctua piniperda*. Z. Forst- u. Jagdwesen 2, 135/144. Berlin 1870. — **Bando**: Über das Auftreten, die Verbreitung und den Fraß der Forleule, *Phalaena noctua piniperda* im Reviere Katholisch-Hammer und den angrenzenden Fürstlich v. Hatzfeldschen Forsten. Verh. schles. Forst-Ver. 1850, S. 273/289. Breslau 1850. — **Bankskiefer** im Eulenfraßgebiet, Die Verwendung der. Dtsch. Forstwirt 7, 314. Berlin 1925. — **Barbey, A.**: Traité d'Entomologie Forestière. Paris 1925. — **Bechstein, J. M.** und **G. L. Scharfenberg**: Vollständige Naturgeschichte der schädlichen Forstinsekten, 2, 541/544. Leipzig 1805. — **Beck**: Die Forleule. Märk. Landwirt 5, 422/424, 434/435. Berlin 1924. — **Becker, Th., M. Bezzi, K. Kertész,** und **P. Stein**: Katalog der paläarktischen Dipteren, III. Budapest 1907. — **Behr, v.**: Kranich und Forleule. Dtsch. Forstwirt 6, 1335. Berlin 1924. — **Berthoumieu, G.-V.**: Ichneumonides d'Europe et des pays limitrophes. Annales de la Société entomologique de France 1895, S. 213/296, 553/654. Paris 1895. — **Berwig**: 1. Eulenfraßfolgen, ein geschichtlicher Rückblick. Dtsch. Forstwirt 7, 109/110. Berlin 1925. — 2. Die Forleule in Bayern. Forstwiss. Zbl. 48, 165/181, 209/217, 259/267, 293/297, 318/328. Berlin 1926. — **Bieger**: Forleulenfraß — Dauerwald — Betriebseinrichtung. Dtsch. Forstwirt 6, 1033/1035. Berlin 1924. — **Bledowski, R.** und **Fr. K. Krainska**: Über die Entwicklung von *Banchus femoralis* Thoms. Verh. III. Internat. Entomol.-Kongr. Zürich 1925, S. 643. Weimar 1926. — **Blunck**: Die Erforschung epidemischer Pflanzenkrankheiten auf Grund der Arbeiten über die Rübenfliege. Z. Pflanzenkrkh. und Pflanzenschutz 39, 1/28. Stuttgart 1928. — **Blunck, H., H. Bremer** und **O. Kaufmann**: Untersuchungen zur Lebensgeschichte und Bekämpfung der Rübenfliege (*Pegomyia hyoscyami* Pz.). Arb. Biol. Reichsanst. Land- u. Forstw. 16, 423/573. Berlin 1928. — **Bohnstedt**: Bilder aus dem Eulenfraßgebiet. Forstwiss. Zbl. 47, 606/613. Berlin 1925. — *****Bohutinski**: Verheerendes Auftreten der Kieferneule in Böhmen. Vereinsschr. Forst-, Jagd- u. Naturkde 4, 259/260. Prag 1913/14 (R. A. E., 1, 394 [1913]). — **Boie, F.**: Beobachtungen und Bemerkungen. Entomol. Ztg. 18, 192/200. Stettin 1857. — **Bouché, P. Fr.**: Naturgeschichte der Insekten, besonders in Hinsicht ihrer ersten Zustände als Larven und Puppen. Berlin 1834. — **Bouvier**: Rückblick auf das Kieferneulenfraßjahr 1924/25. Dtsch. Forstztg. 41, 265/268. Neudamm 1926. — **Brahm**: Verzeichnis in Form eines Kalenders der im Jahre 1786 in Mainz gesammelten Schmetterlinge und Raupen. Neues Magazin für die Liebhaber der Entomologie (Fuessli-Römer), III, 2, 141/168. Zürich 1787. — **Brettmann**: Forleulenflug im Februar 1925. Dtsch. Forstztg. 40, 283. Neudamm 1925. — **Brischke, C. G. A.**: 1. Die Hymenopteren der Provinz Preußen. Schr. königl. physik.-ökonom. Ges. Königsberg, II, 1/37, 97/118 (1861); III, 1/14 (1862); VI, 176/212 (1864); XI, 65/106 (1870). Königsberg 1862, 1863, 1864, 1871. — 2. Die Ichneumoniden der Provinzen West- und Ostpreußen. Schr. naturforsch. Ges. in Danzig, N. F. IV, 3, 35/117; IV, 4, 108/210; V, 1 u. 2, 331/353; V, 3, 121/183. Danzig 1878, 1880, 1881, 1882. — **Brohmer, P.**: Fauna von Deutschland, 3. Aufl. Leipzig 1925. — **Brundin, J. A. Z.**: Fjärilar från Kronobergs län, III. Entomol. Tidskr. 46, 35/42. Stockholm 1925. — **Burgsdorff, v.**: Beobachtungen über Forleulenfraß. Dtsch. Forstztg. 39, 731. Neudamm 1924. — *****Buro**: Notiz über den Raupenfraß in den Trachenberger Forsten. Verh. schles. Forst-Ver. 1852, 164 u. 165. Breslau 1852 (Judeich u. Nitsche, II, S. 955).

Cecconi, G.: Manuale di Entomologia Forestale. Padova 1924. — **Conrad**: 1. Ein Fiasko der Forstwirtschaft. Dtsch. Forstwirt 7, 417/419. Berlin 1925. — 2. Wird die Forleulenkalamität weiter bestehen? Ebenda 7, 495. Berlin 1925. — **Conrad, A.** und **Kreckeler**: Feststellungen und Erfahrungen einer zweimaligen

Eulenfraßperiode in der Oberförsterei Breitenheide, Ostpreußen. Ebenda 7, 83/84. Berlin 1925. — *Crawford, J. C.: Some new Chalcidoidea. Insecutor Inscitiae Menstruus, 2, 180/182. Washington 1914 (R. A. E. 3, 241 [1925]). — Cusig: Nutzen der Waldameisen. Dtsch. Forstwirt 7, 98/99. Berlin 1925.

Dalla Torre, C. G. v.: Catalogus Hymenopterorum, III; IV. Lipsiae 1901/02; 1898. — **Dalmer, P.:** Eichen-Anbau in Mischung anderer Holzarten. Dtsch. Forstwirt 6, 937/940. Berlin 1924. — **Dolles:** Streifzug im Gebiete von Feinden unserer schädlichen Waldinsekten. Forstlich-naturwiss. Ztschr. 6, 257/270. München1897.

Eckstein, K.: 1. Forstliche Zoologie. Berlin 1897. — 2. Das Auftreten forstlich schädlicher Tiere in den Königlich preußischen Staatsforsten in den Jahren 1902—1905. Z. Forst- u. Jagdwesen 39, 320/335. Berlin 1907. — 3. Die Schmetterlinge Deutschlands mit besonderer Berücksichtigung ihrer Biologie, III. Stuttgart 1920. — 4. Die Kiefern- oder Forleule. Dtsch. Forstztg 38, S. 535/537. Neudamm 1923. — 5. Die Kiefern- oder Forleule, *Noctua piniperda*. Neudammer forstliche Belehrungshefte, 2. Aufl. Neudamm 1924. — 6. Bausteine zur Lebensgeschichte der Forleule. Z. angew. Entomol. 10, 313/326. Berlin 1924. — 7. Vertilgung von Forleulenpuppen durch Brachvögel. Dtsch. Forstztg. 39, 124. Neudamm 1924. — 8. Die Kiefern- oder Forleule, *Noctua piniperda*. Ebenda 39, 265 bis 267. Neudamm 1924. — 9. Die von der Forleule befressenen Dickungen. Ebenda 39, 1018. Neudamm 1924. — 10. Nochmals die Forleule. Ebenda 39, 1043. Neudamm 1924. — 11. Im Gefolge der Eule. Ebenda 39, 1121/1123. Neudamm 1924. — 12. Zur Biologie der Forleule. Forstl. Wschr. Silva 12, 176. Tübingen 1924. — **Eidmann, H.:** 1. Der Nutzen der Ameisen. Anz. Schädlingskde 1, 85/89. Berlin 1925. —2. Der Kiefernspanner in Bayern im Jahre 1925 mit besonderer Berücksichtigung des Parasitenproblems. Z. angew. Entomol. 12, 51/90. Berlin 1926. — 3. Weitere Beobachtungen über den Nutzen der roten Waldameise. Anz. Schädlingskde 3, 49/51. Berlin 1927. — 4. Die forstliche Bedeutung der roten Waldameise. Z. angew. Entomol. 12, 298/331. Berlin 1927. — 5. Die wirtschaftliche Bedeutung der Ameisen. Verh. Dtsch. Ges. angew. Entomol. auf der 6. Mitgl.-Vers. Wien, S. 28/37. Berlin 1927. — 6. Eizahl und Eireifung einiger forstlich wichtiger Schmetterlinge. Z. angew. Entomol. 13, 549/554. Berlin 1928. — **Eidmann, H.** und **W. Berwig:** Untersuchungen über physikalische Eigenschaften, insbesondere die Haftfähigkeit von Arsenbestäubungsmitteln. Forstwiss. Zbl. 50, 529/586. Berlin 1928. — **Escherich, K.:** 1. Die Forstinsekten Mitteleuropas, I; II. Berlin 1914; 1923. — 2. Zur Frage der künstlichen Ameisenvermehrung. Dtsch. Forstwirt 6, 1213/1215. Berlin 1924. — 3. Kieferneulenkatastrophe und Forstentomologie. Ber. über die 21. Hauptvers. Dtsch. Forstver. Bamberg 1924. — 4. Eine Reise ins norddeutsche Eulengebiet. Forstwiss. Zbl. 47, 1/20, 53/67. Berlin 1925. — 5. Mischwald und Insektenkatastrophen. Dtsch. Forstwirt 7, 293/299. Berlin 1925. — 6. Die Flugzeugbekämpfung des Kiefernspanners im bayrischen Forstamt Ensdorf. Forstwiss. Zbl. 48, 73/94. Berlin 1926. — 7. Neuzeitliche Bekämpfung tierischer Schädlinge. Berlin 1927. — 8. Über die Wirkung von verschiedenen Arsenpräparaten auf Forstschädlinge. Forstwiss. Zbl. 50, 5/13. Berlin 1928. — 9. Der heutige Stand der Arsenbekämpfung der Forstschädlinge mittels Flugzeug. Ebenda 50, 421/436. Berlin 1928. — 10. Der Motorverstäuber im Dienste der Forstschädlingsbekämpfung. Ebenda 51, 1/14. Berlin 1929. — **Escherich, K.** und **W. Baer:** Tharandter Zoologische Miszellen. Naturwiss. Z. Forst- u. Landw. 8, 164/168. Stuttgart 1910. — **Esper, E. J. Ch.:** Die Schmetterlinge in Abbildungen nach der Natur mit Beschreibungen, IV. Teil, 1, 343/355. Erlangen 1786. — **Eulenfraß,** Die Wahrheit über den. Dtsch. Forstztg. 39, 767/768. Neudamm 1924. — **Evenius, J.:** Was muß der Imker bei einer Arsenbestäubung tun? Forstl. Flugbl., Nr. 25. Neudamm.

Fabricius, J. Chr.: Mantissa Insectorum, II. Hafniae 1787. — **Flanders, S. E.:** Developments in *Trichogramma* Production. J. Economic Entomol. **21**, 512. Geneva 1929. — **Forleule,** Von der. Dtsch. Forstztg. **40**, 358. Neudamm 1925. — **Freiberger, W.:** 1. Zur Vogelschutzfrage, insbesondere zur wissenschaftlichen Begründung des wirtschaftlichen Vogelschutzes. Allg. Forst- u. Jagdztg. **103**, 49 bis 63, 92/115. Frankfurt a. M. 1927. — 2. Die Einrichtung des planmäßigen Vogelschutzes. Ebenda **103**, 232/246. Frankfurt a. M. 1927. — **Friederichs, K.:** Waldkatastrophen in biozönotischer Betrachtung. Anz. Schädlingskde **4**, 139/142. Berlin 1928. — **Fuchs, F.:** Schmarotzer aus Forleule. Naturwiss. Z. Forst- u. Landw. **6** 274. Stuttgart 1908. — **Fürst:** Über Insektenbeschädigungen in den Jahren 1894 und 1895. Forstwiss. Zbl. **17**, 602/607. Berlin 1895. — **F. H.:** Die Holzartenwahl bei Aufforstung in Raupenfraßgebieten. Dtsch. Forstwirt **7**, 1339 bis 1341. Berlin 1925.

Gasow, H.: 1. Versuche zur Bekämpfung des grünen Eichenwicklers (*Tortrix viridana* L.) mittels eines Motorverstäubers. Arb. Biol. Reichsanst. Land- u. Forstw. **15**, 99/107. Berlin 1926. — 2. Neuzeitliche Schädlingsbekämpfung im Forstbetrieb. Landw. Ztg. Westfalen u. Lippe **83**, 291/292. Münster 1926. — **Gernlein:** 1. Der Forleulenfraß, der Einschlag und die Verwertung des Eulenfraßholzes. Dtsch. Forstwirt **6**, 842/844. Berlin 1924. — 2. Holzwirtschaft und Forleulenfraß. Dtsch. Forstztg. **39**, 953/954. Neudamm 1924. — 3. Eulenfraß und Verwertung des Eulenfraßholzes in den preußischen Staatsforsten. Der Holzmarkt **41**, Nr. 170. Berlin 1924. — **Gigglberger:** Über massenhaftes Auftreten und Verschwinden der Forleule. Forstwiss. Zbl. **6**, 321/324. Berlin 1844. — **Goeze, J. A. E.:** Entomologische Beyträge zu des Ritter Linné zwölften Ausgabe des Natursystems, Dritten Theiles Dritter Band, S. 250. Leipzig 1781. — **Groos:** Zur Fällungsfrage in Kiefernbeständen nach Raupenfraß. Dtsch. Forstwirt **6**, 868. Berlin 1924. — **Guenée, M. A.:** Noctuelites **1**, 339/340. Paris 1852. — **Guse:** Zum Eulenfraß im Regierungsbezirk Gumbinnen. Z. Forst- u. Jagdwesen **4**, 53/61. Berlin 1872. — **Gussone, H.:** Vorbereitung und Durchführung einer Insektenbekämpfung durch Arsenbestäubung. Forstl. Flugbl., Nr. 20. Neudamm.

Habermehl, H.: 1. Beiträge zur Kenntnis der paläarktischen Ichneumonidenfauna. Z. Insektenbiol. **13**, 21; **14**, 292. Husum 1917; 1918/1919. — 2. Beitrag zur Kenntnis der primären und sekundären Schmarotzerwespen der Kieferneule (*Panolis flammea* Schiff. = *P. griseovariegata* Goeze). Dtsch. Entomol. Z. **1924**, 183/184. Berlin 1924. — **Hahn:** Kranich und Forleule. Dtsch. Forstwirt **7**, 56. Berlin 1925. — **Hampson, G. F.:** Catalogue of the Noctuidae in the Collection of the British Museum. (Catalogue of the Lepidoptera Phalaenae in the British Museum 5) 461/462. London 1905. — **Harbach:** Wiederaufbau der durch die Forleule vernichteten Waldbestände. Dtsch. Forstztg. **40**, 318/321. Neudamm 1925. — **Hartig, Th.:** 1. Über den Raupenfraß im Königl. Charlottenburger Forste unfern Berlin, während des Sommers 1837. Jber. über die Fortschr. Forstwiss. u. forstl. Naturkde **1**, 246/247. Berlin 1838. — 2. Über die parasitischen Zweiflügler des Waldes. Ebenda **1**, 275/306. Berlin 1838. — **Hartig, G. L.** und **Th. Hartig:** Forstliches und forstnaturwissenschaftliches Conversationslexikon. Berlin 1834. — **Hase, A.:** Beiträge zur Lebensgeschichte der Schlupfwespe *Trichogramma evanescens* Westwood. Arb. Biol. Reichsanst. Land- u. Forstw. **14**, 171/224. Berlin 1925. — **Hausendorff:** 1. Zum Fraß der Forleule in den Norddeutschen Kiefernrevieren. Forstl. Wschr. Silva **12**, 257/260. Tübingen 1924. — 2. Zur Flugzeit der Forleule. Dtsch. Forstwirt **7**, 1047. Berlin 1924. — **Hennert, C. W.:** Über den Raupenfraß und Windbruch in den Königl. Preuß. Forsten von dem Jahre 1791 bis 1794, 2. Aufl. Leipzig 1798. — **Henschel, G.:** Leitfaden zur leichteren Bestimmung der schädlichen Forst-Insekten, 1. Abt., 36/38. Wien 1861. — **Hering, M.:** Schmetterlinge,

Lepidoptera. Die Tierwelt Mitteleuropas (Brohmer-Ehrmann-Ulmer) Insekten, 3. Teil (**6**, 3. Liefg.), 67. Leipzig 1928. — **Hess-Beck:** Forstschutz, 5. Aufl., I: Schutz gegen Tiere von M. Dingler. Neudamm 1927. — **Hesselink, E.:** Een bijdrage tot de ecologie van het Grove-dennenbosch (*Pinus silvestris*). (Ein Beitrag zur Oecologie des Kiefernwaldes.) Mededeelingen van het Rijksboschbouwproefstation, III, 2, 203/313. s'Gravenhage 1928. — **Hilf, H. H.:** Einschlag und Verwertung des Forleulenholzes. 49. Jber. über die Vers. märk. Forstver., 52/60. Neudamm 1927. — **Hilf** und **Wittich:** 1. Erfahrungen über den Eulenfraß in der Oberförsterei Biesenthal. Dtsch. Forstwirt **6**, 813/814. Berlin 1924. — 2. Grundsätze für die Auswertung und Handhabung der Forleulenprobesammlungen. Forstl. Wschr. Silva **12**, 273/275. Tübingen 1924. — 3. Betrachtungen über die Ergebnisse der Forleulenprobesammlungen. Dtsch. Forstwirt **6**, 1190/91. Berlin 1924. — 4. Zur Frage der Ausführung der Forleulenprobesammlungen. Z. Forst- u. Jagdwesen **56**, 730/732. Berlin 1924. — **Hübner, J.:** Sammlung europäischer Schmetterlinge (*Noctuae*), S. 186 (Abb.: Lep., IV, Noct., II, Nr. 91). Augsburg 1805.

Illustriertes Forst-Wörterbuch. Herausgegeben von A. Schwappach, 2. Aufl. Neudamm 1924.

Jacentkovskij, A. V.: (Über die Spermatophore und die Viviparität bei *Panolis griseovariegata* Goeze.) Rev. Russe d'Entomol. **14**, XCIX—CIII (1914). Petrograd 1915. — **Judeich, J. F.** und **H. Nitsche:** Lehrbuch der Mitteleuropäischen Forstinsektenkunde. Berlin, I/II, 1895.

Kazanski, A. N.: (Kurzer Bericht über die Tätigkeit der Pflanzenschutzstation Ivanov-Voznesenski während des Sommers 1924). La Défense des Plantes **1**, 81. Leningrad 1924. — ***Kéler, S.:** O masowym pojawic sówki sonówki *Panolis griseovariegata* Goeze w lésnictwie Ruda nadlésnictwa L. P. Grajewo. Polsk. Pismo. Ent. II, 1, 41/45. Lwów 1923. (R. A. E. **11**, 350 [1924].) — **Keller, C.:** 1. Forstzoologischer Exkursionsführer. Leipzig und Wien 1897. — 2. Die Forstfauna der Schweiz im Vergleich mit den Nachbarländern. Festschrift für Zschokke, Nr. 1, S. 10. Basel (1920) 1921. — **Kessel, v.:** Vom Eulenfraß in Niederschlesien. Dtsch. Forstwirt **6**, 811/812. Berlin 1924. — **Kienitz:** Das Flugzeug im Dienste der Forstwirtschaft. 49. Jber. über die Vers. märk. Forstver., S. 8/17. Neudamm 1927. — **Kirchner, O. v., E. Loew** und **C. Schröter:** Lebensgeschichte der Blütenpflanzen Mitteleuropas **1**, 1. Stuttgart 1908. — **Knoche, E.:** Schädling, Klima und Bekämpfung. Arb. Biol. Reichsanst. Land- u. Forstw. **16**, 705/775. Berlin 1929. — **Kob, J. A.:** Die wahre Ursache der Baumtrockniss der Nadelwälder durch die Naturgeschichte der Forlphalaene (*Phalaena Noct. Piniperda*). Nürnberg 1786. — **Koch, R.:** Tabellen zur Bestimmung schädlicher Insekten an Kiefer und Lärche nach ihren Fraßbeschädigungen. Berlin 1913. — ***Kolossov, J. M.:** (Review of the pests of field crops and forests of the Ural. Bulletin de la Société Ouralienne d'Amis des Sciences Naturelles) **34**, 133/164. Ekaterinburg 1915 (R. A. E. **3**, 398 [1915]). — **Kolster:** Bekämpfung des Kiefernspanners durch Arsenbestäubung. Forstl. Flugbl., Nr. 24. Neudamm. — **König:** 1. Forleulenfraß und Schwarzwild. Dtsch. Forstwirt **6**, 94. Berlin 1924. — 2. Der diesjährige Forleulenfraß eine Katastrophe. Ebenda **6**, 773/774. Berlin 1924. — 3. Wieweit ist eine freundlichere Beurteilung der durch den Forleulenfraß geschaffenen Lage berechtigt? Ebenda **6**, 832. Berlin 1924. — 4. Die Erholungsfähigkeit der Kiefer nach Forleulenfraß. Ebenda **6**, 865/867. Berlin 1924. — 5. Ameisen gegen Massenvermehrung der an der Kiefer fressenden Raupen. Ebenda **6**, 891. Berlin 1924. — 6. Verhalten des Waldgärtners in den Eulenfraßbeständen. Ebenda **6**, 1308. Berlin 1924. — 7. Zur Bekämpfung des Gefolges der Forleule, insbesondere des kleinen Waldgärtners. Ebenda **7**, 29/31. Berlin 1925. — 8. Die Forleule und ihr jüngster Fraß. Forstwiss. Zbl. **47**, 399/415. Berlin 1925. — 9. Samen und Pflanzen für die Kulturen im Eulenfraßgebiet. Dtsch. Forstwirt **6**, 1098/1100. Berlin 1924. — **Köppen, Fr. Th.:** Die schädlichen Insekten Rußlands. Beiträge zur Kenntnis des Russischen Reiches und der angrenzenden Länder Asiens, II. Folge, **3**, 372/378. St. Petersburg 1880. — **Krankheiten und Beschädigungen** der Kulturpflanzen im Jahre 1920. Mitt. Biol. Reichsanst. Land- u. Forstw., H. 23, S. 94/95. Berlin 1922. — **Krausse, A.:** 1. Einige Notizen über die Forleulenraupe (*Panolis flammea* Schiff.). Internat. Entomol. Z. **18**, 93/94. Guben 1924. — 2. Weitere Notizen über die Forleule (*Panolis flammea* Schiff.). Ebenda **18**, 105/106. Guben 1924. — 3. Einige Notizen über die Forleulenpuppe. Ebenda **18**, 121/122. Guben 1924. — 4. Einige Notizen über Raupe und Puppe der Forleule. Dtsch. Forstwirt **7**, 311/312. Berlin 1924. — 5. Die Flugzeit der Forleule. Ebenda **6**, 925/926. Berlin 1924. — **Krausse, A.** und **Schulz:** Unsere Ameisen, besonders die Waldameise und ihre künstliche Vermehrung. Forstl. Flugbl., Nr. 13. Neudamm. — **Kryger, J. P.:** 1. The European *Trichogramminae*. Entomologiske Meddelelser **12**, 275/282. Kjobenhavn 1918/1919. — 2. Further Investigations upon the European *Trichogramminae*. Ebenda **13**, 183. Kjobenhavn 1920. — *****Ksenjopolsky, A. V.:** (Review of the Pests of Volhynia and Report of the Work of Volhynian Entomological Bureau for 1915. Published by the Zemstvo of Volhynia, Jitomir) 1916 (R. A. E. **5**, 199 [1917]).

Lakon, G.: 1. Die insektentötenden Pilze (Mykosen). In: Escherich, Forstinsekten Mitteleuropas **1**, 258/291. Berlin 1914. — 2. Die mykologische Forschung der Pilzkrankheiten der Insekten und die angewandte Entomologie. Z. angew. Entomol. **1**, 277/282. Berlin 1914. — 3. Die Insektenfeinde aus der Familie der Entomophthoreen. Ebenda **5**, 161/215. Berlin 1919. — **Lampa, S.:** Förteckning öfver Skandinaviens och Finlands Macrolepidoptera. Entomol. Tidskr. **6**, 72. Stockholm 1885. — **Lang, G.:** Raupenfraß durch Kiefernspinner, Eule und Nonne. Forstwiss. Zbl. **13**, 1/39. Berlin 1891. — **Leech, J. H.:** On the Lepidoptera of Japan and Corea, III, 2. Proc. Sci. Meetings Zool. Soc. Lond. for the Year 1889, 510/511. London 1890. — **Lemmel:** Die forstpolitische Bedeutung des Eulenfraßes von 1924. Dtsch. Forstztg. **39**, 903/909, 929/934. Neudamm 1924. — **Liese:** 1. Zur Frage der Wiederbegrünung in Forleulenbeständen. Dtsch. Forstwirt **6**, 812/813. Berlin 1924. — 2. Zur Frage der Rosettentriebbildung bei der Kiefer. Ebenda **6**, 963/964. Berlin 1924. — 3. Zum Forleulenfraß. Dtsch. Forstztg. **39**, 1061. Neudamm 1924. — 4. Neue Wege zur Feststellung des Gesundheitszustandes der Bäume. Z. Forst- u. Jagdwesen **56**, 689. Berlin 1924. — 5. Pflanzenphysiologische Betrachtungen zum Forleulenfraß. Mitt. Dtsch. Dendrol. Ges. (Jb.) Nr 35, 243/255. Wendisch-Wilmersdorf bei Thyrow 1925. — 6. Die sofortige Wiederbegrünung der Kiefer nach Forleulenfraß. Z. Forst- u. Jagdwesen **58**, 70/72. Berlin 1926. — **Ljungdahl, D.:** 1. Några lepidopterologiska anteckningar och puppbeskrivningar samt en del parasitstekelfynd. Entomol. Tidskr. **37**, 76 u. 84, Fig. 9 u. 28. Uppsala 1916. — 2. Etwas über die Oberflächenskulptur einiger Schmetterlingspuppen. Ebenda **38**, 217/224. Uppsala 1917. — **Loschge, F. H.:** Naturgeschichte der Forl- oder Kieferraupe. Naturforscher **21**, 27/65. Halle 1785. — **Luban:** Zur Aufforstung der Großkahlschläge im Eulengebiet. Dtsch. Forstztg. **40**, 849/850. Neudamm 1925. — **Lüderssen:** Nochmals die „Eulenkatastrophe". Dtsch. Forstwirt **6**, 824. Berlin 1924. — **Lyle, G. T.:** Contributions to our Knowledge of the British Braconidae, No. 1: Meteoridae. Entomologist **47**, 73/77. London 1914.

*****Macal, J.:** Sosnokaz borovy. Ochrana Rostlin **2**, 62/63. Prag 1922 (R. A. E. **11**, 177 [1924]). — **Malkewitz:** Insektenschäden. Dtsch. Forstztg. **38**, 563. Neudamm 1923. — **Matsumura, S.:** Die schädlichen Lepidopteren Japans. Ill. Z.

Entomol. 5, 366/367. Neudamm 1900. — **Mayr, G.**: Über die Schlupfwespengattung *Telenomus*. Verh. zool.-bot. Ges. Wien 29, 697/714. Wien 1879. — **Methner, A.**: Aufforstung von Großkahlschlägen im Eulengebiet. Dtsch. Forstztg. 40, 639/641. Neudamm 1925. — **Meyer, N. F.**: (Schlupfwespen, die in Rußland in den Jahren 1881—1926 aus Schädlingen gezogen sind. Reports of the Bureau of Applied Entomology) 3, 85. Leningrad 1927. — **Mintzlaff**: Beobachtungen über Forleulenfraß. Dtsch. Forstztg. 39, 758. Neudamm 1924. — **Mokrzecki, S.**: *1. (Report of the Institut of Forest Protection and Entomology at Skierniwice, Poland). Ecole sup. Agric. à Varsovie 1, 1922/23, Skiernivice (1923) (R. A. E. 12, 105/106 [1925]). — 2. Strzygónia Choinowka (*Panolis flammea* Schiff.). Wydawnictwa zwiazku zawodowego leśników w rzeczypospolitey polskiej. Warszawa 1928. — *Muhl: Ein Raupenfraß in der Main-Rheinebene. Allg. Forst- u. JagdZtg. 44, 350/352. 1868. (Judeich u. Nitsche, S. 955). — **Müller**: Umlernen! Z. Forst- u. Jagdwesen 57, 97/105. Berlin 1925. — **Münch, E.**: Die Blaufäule des Nadelholzes. Naturwiss. Z. Land- u. Forstw. 5, 531/573; 6, 32/47, 297/323. Stuttgart 1907; 1908.

*Nechleba: Der Forleulenfraß im Reviere Woleschna 1913. Vereinsschr. Forst-, Jagd- u. Naturkde 1913/14, 614/633. Prag 1914 (R. A. E. 2, 483/484 [1914]). — **Neumeister**: Mitteilungen über das Auftreten der Kieferneule im Forstbezirk Dresden. Z. angew. Entomol. 2, 164/167. Berlin 1915. — **Nolte**: Begründung von Mischbeständen im Fraßgebiet der Eule. Dtsch. Forstztg 39, 1143/1144. Neudamm 1924. — **Nördlinger**: Lebensweise von Forstkerfen oder Nachträge zu Ratzeburgs Forstinsekten. Stuttgart 1880. — **Nüßlin-Rhumbler** siehe **Rhumbler, L.**

Oberdieck: Buchen-Unterbau in Eulenfraß-Beständen. Dtsch. Forstwirt 7, 448. Berlin 1925. — **Olberg**: Ergebnis eines Versuches, die Forleule durch Prällen und Leimen zu bekämpfen. Z. Forst- u. Jagdwesen 57, 113/115. Berlin 1925. — **Oudemans, J. Th.**: Bijdrage tot de kennis der parasieten en hyperparasieten van de Gestreepte Dennenrups (*Panolis griseovariegata* Göze). Entomologische Berichten uitgegeven door de Nederlandsche Entomologische Vereeniging 5, 330/338. Putten 1928.

Panzer, G. W. F.: Die Forlphaläne (*Phal. Noct. Piniperda*) nebst den der Larve derselben nachstellenden Insekten systematisch bestimmt. Zwote Abtheilung von: Kob. J. A., Die wahre Ursache der Baumtrockniss der Nadelwälder durch die Naturgeschichte der Forlphaläne, S. 47/56. Nürnberg 1786. — **Pause**: Die Kiefern- oder Forleule. Sächs. landw. Z. 72 (46), 8. Dresden 1924. — **Paykull, G.**: Beskrifning oefver et nytt Svenskt Nattfly, *Phalaena Noctua Telifera*. Kongl. Vetenskaps Akad. Nya Handlingar. 7, 60/64. Stockholm 1786. — **Petersen, W.**: Lepidopteren-Fauna von Estland (Esti) 1, 62/199. Reval 1924. — **Pfankuch, K.**: Aus der Ichneumonologie (Hym.). Dtsch. Entomol. Z., S. 535/538. Berlin 1914. — **Prell, H.**: 1. Die Lebensweise der Raupenfliegen. Z. angew. Entomol. 1, 172 bis 195. Berlin 1914. — 2. Zur Biologie der Tachinen *Parasetigena segregata* Rdi. und *Panzeria rudis* Fall. Z. angew. Entomol. 2, 57/148. Berlin 1915. — 3. Grüne Schlupfwespenkokons in Kieferneulenrevieren. Anz. Schädlingskde 1, 54/55. Berlin 1925. — 4. Zur Biologie eines bisher verkannten Kieferneulenschmarotzers (*Microplitis decipiens* n. sp.). Z. wiss. Insektenbiol. 20, 137/147. Berlin 1925. — **Pryer, H.**: A Catalogue of the Lepidoptera of Japan. Trans. Asiatic Soc. Japan 12, 89. Yokohama 1885.

Ratzeburg, J. Th. Ch.: 1. Die Forst-Insekten, I/III. Berlin 1839/1844. — 2. Die Ichneumonen der Forstinsekten in forstlicher und entomologischer Beziehung, I/III. Berlin 1844/1852. — 3. Forstinsekten. 1. Die Forleule (*Phal. Noct. piniperda*). Krit. Bl. Forst- u. Jagdwiss. (Pfeil), 33, 218/222. Leipzig 1853. —

4. Die Thierwelt. In: Viebahn, G. v.: Statistik des zollvereinten und nördlichen Deutschlands. I., Landeskunde, S. 886/1118. Berlin 1858. — 5. Die Nachkrankheiten und die Reproduction der Kiefer nach dem Fraß der Forleule. Berlin 1862. — 6. Das forstliche Verhalten der Kiefer nach dem Eulenfraß mit besonderer Beziehung auf Schlesien. Verh. schles. Forst-Ver. 1863, S. 100/106. Breslau 1863. — 7. Die Waldverderbniss, I. Berlin 1866. — 8. Neue die Forleule (*N. piniperda*) betreffende Erfahrungen aus der Provinz Preußen. Eulen-Fraß im Regierungs-Bezirk Königsberg. Z. Forst- u. Jagdwesen **2**, 288/300. Berlin 1870. — 9. Die Waldverderber und ihre Feinde, 4. Aufl. von J. F. Judeich, S. 178/185. Berlin 1876. — **Rebel, H.:** Lepidopterenfauna von Herkulesbad und Orsova. Ann. des k. k. naturhistorischen Hofmuseums **25**, 335. Wien 1911. — ***Reichardt, A.:*** (*Panolis flammea* in the Viatka Government. Plant Protection), **1**, 49. Leningrad 1924 (R. A. E. **13**, 10 [1926]). — *(**Report of the Institut of Plant Protection** for 1923—24 [9th Year]. Latvian Central Agricult. Soc. Riga 1924 (R. A. E. **13**, 215 [1926]). — **Rhumbler, L.:** Forstinsektenkunde von O. Nüßlin, 4. Aufl. Berlin 1927. — **Rittberg, Graf v.:** Zum Forleulenfraß in der Mark Brandenburg. Dtsch. Forstwirt **6**, 793/794. Berlin 1924. — **Ritzema Bos, J.:** De gestreepte dennenrups (*Trachea piniperda* Panz. = *Panolis griseovariegata* Goeze). Tijdschr. over Plantenziekten **22**, 28/60, 71/103. Wageningen 1920. — ***Rodzianko, V. N.:*** 1. (On some insects injurious to forestry in the Baltic governments. Rep. Labor. Forest Entomol. for 1914). Riga 1914 (R. A. E. **3**, 217 [1915]). — *2. (On certain insects, injuring tree plantations in the Baltic governments. Report on the work in 1915). Petrograd 1916 (R. A. E. **4**, 378 [1916]). — **Röhrl:** Waldkatastrophen. Forstwiss. Zbl. **50**, S. 293/315. Berlin 1928. — **Rolle:** Dauerwald und Regeneration von Eulenfraßbeständen. Dtsch. Forstwirt **7**, 1276. Berlin 1925. — **Roman, A.:** Skånska parasitsteklar. Entomol. Tidskr. **38**, 260/284. Uppsala 1917. — **Rubner, K.:** Die pflanzengeographischen Grundlagen des Waldbaus. Neudamm 1925. — **Rüdiger, W.:** Stare vertilgen Raupen der Forleule. Dtsch. Forstztg. **41**, 339. Neudamm 1926. — **Ruschka, F.** und **L. Fulmek:** Verzeichnis der an der K. k. Pflanzenschutzstation in Wien erzogenen parasitischen Hymenopteren. Z. angew. Entomol. **2**, 390/412. Berlin 1915.

Sachtleben, H.: 1. Versuche zur Maikäferbekämpfung mit arsenhaltigen Stäubemitteln. Arb. Biol. Reichsanst. Land- u. Forstw. **15**, 19/46. Berlin 1926. — 2. Das Auftreten der Forleule in den Jahren 1922—1924. Mitt. Biol. Reichsanst. Land- u. Forstw., H. 30, S. 376/384. Berlin 1927. — 3. Beiträge zur Naturgeschichte der Forleule, *Panolis flammea* Schiff., und ihrer Parasiten. Arb. Biol. Reichsanst. Land- u. Forstw. **15**, 437/536. Berlin 1927. — **Salay, F. J.:** Katalog der Macrolepidopteren Rumäniens mit Berücksichtigung der Nachbarländer und der Balkanhalbinsel. Auszug aus Nr. 1—2 und 3—4 der „Wissenschaftlichen Bulletins" **19**, 145. Bukarest 1910. — **Scheidter, F.:** 1. Beitrag zur Lebensweise eines Parasiten des Kiefernspinners, des *Meteorus versicolor* Wesm. Naturwiss. Z. Forst- u. Landw. **10**, 300/315. Stuttgart 1921. — 2. Über die Feststellung des Parasitenbesatzes bei Forstschädlingen. Forstwiss. Zbl. **41**, 1/15, 66/74, 109/116. Berlin 1926. — [**Schiffermüller** (und **Denis**)]: Systematisches Verzeichnis der Schmetterlinge der Wienergegend, herausgegeben von einigen Lehrern am k. k. Theresianum, Wien 1776. — **Schimitschek, E.:** Moderne Bekämpfung forstlicher Schädlinge. Zbl. ges. Forstwesen **55**, 1/18. Wien 1929. — **Schlüter, v.:** Zur Eulenfraßplage. Dtsch. Forstwirt **6**, 844. Berlin 1924. — **Schmiedeknecht, O.:** Opuscula Ichneumonologica, I/V. Blankenburg i. Thür. 1902/1927. — **Schneider, P.:** Erfahrungen aus einem Forleulenfraß-Gebiet. Dtsch. Forstwirt. **7**, 389/390. Berlin 1925. — **Schönberg:** Ameise gegen Kieferneule. Ebenda **6**, 1257/1258. Berlin 1924. — **Schulz:** 1. Insektenschäden in Schlesien. Dtsch. Forstztg. **23**, 742/745. Neudamm

1908. — 2. Künstliche Vermehrung der Ameisen. Dtsch. Forstwirt **6**, 989/990. Berlin 1924. — 3. Nochmals: Künstliche Vermehrung der Waldameisen. Ebenda **7**, 213/215. Berlin 1925. — **Schulze, H.**: Über die Fruchtbarkeit der Schlupfwespe *Trichogramma evanescens* Westwood. Z. Morph. u. Ökol. Tiere **6**,553/585. Berlin 1926. — **Schupke**: Beobachtungen beim Eulenfraß, Lagow in der Mark und Umgebung. Dtsch. Forstztg. **39**, 707/708. Neudamm 1924. — **Sch.**: Massenhaftes Auftreten von Raupenfliegen. Ebenda **40**, 630. Neudamm 1925. — **Scopoli, J. A.**: Introductio ad Historiam Naturalem sistens Genera Lapidum, Plantarum et animalium, Pragae 1777. — **Sedlaczek, W.**: Über das Auftreten der Forleule (*Panolis griseovariegata*) in Nordböhmen im Jahre 1913. Verh. zool.-bot. Ges. Wien **65**, 91/101. Wien 1915. — **Seitner, M.**: 1. Beobachtungen beim Kiefernspinnerfraß im Großen Föhrenwald bei Wr.-Neustadt 1913—1914. Zbl. ges. Forstwesen **41**, 12/13. Wien 1915. — 2. Der Kiefernspanner in Galizien 1915—1917. Ebenda **47**, 198/213. Wien 1921. — **Sitowski, L.**: Strzygonia choinowka (*Panolis flammea*) i jej pasorzyty na ziemiach polskich (I, mit englischem Auszug: S. 9/10; II, mit deutschem Auszug: S. 17/18). Odbitka z Rocznikow Nauk Rolniczych **12**. Poznan 1924. — **Smits van Burgst, C. A. L.**: 1. In Nederland waargenomen parasieten van de gestreepte dennenrups. Tijdschr. over Plantenziekten **26**, 201/207. Wageningen 1920. — 2. Hyperparasitisme bij primaire parasieten van de gestreepte dennenrups (*Panolis griseovariegata* Goeze): Superparasitisme. Ebenda **27**, 45/49. Wageningen 1921. — 3. Lijst van de namen der in Midden- en West-Europa waargenomen parasieten en hyperparasieten van de Gestreepte Dennenrups (*Panolis griseovariegata* Goeze). Entomologische Berichten uitgegeven door de Nederlandsche Entomologische Vereeniging **7**, 237/241. Putten 1927. — **Sprengel, L.**: Untersuchungen über Zustand und Entwicklung der Eier in den Ovarien geschlüpfter Lepidopteren. Anz. Schädlingskde **4**, 25/30. Berlin 1928. — **Spuler, A.**: Die Schmetterlinge Europas, I. Stuttgart 1908. — **Stolberg-Wernigerode, A.** Graf **zu**: Eulenfraß im Mischwalde. Dtsch. Forstztg. **39**, 780/789. Neudamm 1924. — **Stubenrauch**: Forstliche Plauderei. II. Kalamitäten im Kiefernwalde. Zeitschr. Forst- u. Jagdwesen **56**, 545/559. Berlin 1924. — **Stümpel, E.**: Sterbende Wälder. Ill. Landw. Ztg. **44**, 306/307. Berlin 1924.

Taschenberg, E. L.: 1. Die Hymenopteren Deutschlands nach ihren Gattungen und theilweise nach ihren Arten. Leipzig 1866. — 2. Forstwirthschaftliche Insektenkunde oder Naturgeschichte der den deutschen Forsten schädlichen Insekten. Bremen 1874. — **Theuerkauf, K.**: Von der Forleule. Dtsch. Forstztg. **40**, 308. Neudamm 1925. — **Thunberg, C. P.**: Dissertatio Entomologica sistens Insecta Suecica **4**, 55. Uppsaliae 1792. — **Torka, V.**: Ichneumoniden der Provinz Posen. Dtsch. Entomol.-Z. S. 419—428. Berlin 1915. — **Trägardh, I.**: 1. Sveriges Skogsinsekter. Stockholm **1914**. — 2. Skogsentomologiska Bidrag II. Meddelanden fran Statens Skogsförsöksanstalt **20**, 416/418. Stockholm 1923. — **Tubeuf, Frhr. C. v.**: 1. *Empusa aulicae* Reichardt und die durch diesen Pilz verursachte Krankheit der Kieferneulenraupe. Forstl.-naturwiss. Z. **2**, 31/47. München 1893. — 2. Beendigung von Raupen-Epidemien durch *Empusa*. Ebenda **6**, 474/476. München 1897. — **Tullgren, A.**: Skadedjur i Sverige. Åren 1912—1916. Meddelande Nr. 152 från Centralanstalten för försöksväsendet på jordbruksområdet, Entomologiska avdelningen, Nr. 27, S. 69. Stockholm 1917. — **Tullgren, A.** und **Wahlgren, E.**: Svenska Insekter. Stockholm 1920/22. — **Tutt, J. W.**: The British Noctuidae and their Varieties, II, 128/129. London 1892.

Verloren, H.: 1. Waarnemingen over de buitengewone vermenigvuldiging van *Noctua piniperda* en *Hylesinus piniperda* in de Dennenboschen te Zeist. Algemeene Konst- en Letterbode voor het jaar 1846, S. 205/207, 233/238 Haarlem 1846. — 2. Waarnemingen over de buitengewone vermenigvuldiging van

Noctua piniperda en *Hylesinus piniperda*, in de Dennenboschen der provincie Utrecht. Algemeene Konst- en Letterbode voor het jaar 1847, S. 130/137. Haarlem 1847. — **Vetter, G.:** 1. Zur Bekämpfung der Käfer im Eulenfraßgebiet. Dtsch. Forstwirt 7, 245/246. Berlin 1925. — **Vietinghoff-Riesch, Frhr. A. v.:** 1. Das Verhalten paläarktischer Vögel gegenüber den wichtigeren forstschädlichen Insekten. IV. Die Kieferneule (*Panolis piniperda* Pz.). Z. angew. Entomol. 11, 247 bis 254. Berlin 1925. — 2. Kieferneule und Vogelwelt. Anz. Schädlingskde 1, 8/10. Berlin 1925. — 3. Eine offene Frage in der Biologie der Kieferneule. Ebenda 1, 40/42. Berlin 1925. — 4. Prinzipielles zur Frage der Schädlingsbekämpfung durch Vögel, besonders in forstlicher Beziehung. Verh. Dtsch. Ges. angew. Entomol. auf der 5. Mitgliederversammlung zu Hamburg, S. 40/47. Berlin 1927. — 5. Ernährungsbiologie und soziale Struktur. Mitt. Ver. sächs. Ornithol. 2, 138/139. 1928. — **Villers, C. de:** Caroli Linnaei Entomologia, Faunae Suecicae Descriptionibus Aucta 2, 278. Lugduni 1789. — **Vorkampff-Laue:** Zur „Kulturtätigkeit im Forleulenfraßgebiet". Dtsch. Forstwirt 7, 44. Berlin 1925. — **Vorontzov, A.:** (La faune des insectes nuisibles des forêts dans le gouvernement de Nizhni-Novgorod pendant les années 1924 et 1925). La Défense des Plantes 3, 389. Leningrad 1926. — **Voukassovitch, P.:** Contribution à l'étude d'un Champignon entomophyte. *Spicaria farinosa* (Fries) var. *verticilloides* Fron. Ann. des Epiphyties 11, 73/106. Paris 1925.

*Wagner:** Über das Auftreten der *Phalaen. Noctua piniperda* in dem Forstrevier Katholisch-Hammer. Verh. Schles. Forst-Ver. 1852, S. 155/163. Breslau 1852 (Judeich u. Nitsche II 965). — **Wagner:** Die Erholung der Eulenfraßbestände in der Rietschener Heide. Dtsch. Forstwirt 6, 855/857. Berlin 1924. — **Walter, G.:** Die Bekämpfung der Forleule und der Nonne in den Oberförstereien Biesenthal und Sorau im Jahre 1925. Neudamm 1926. — **Werth, E.:** Klima- und Vegetations-Gliederung in Deutschland. Mitt. Biol. Reichsanst. Land- u. Forstw., H. 33. Berlin 1927. — **Wiedemann, E.:** Die praktischen Erfolge des Kieferndauerwaldes. Braunschweig 1925. — **Wilde, O.:** Die Pflanzen und Raupen Deutschlands, II Berlin 1861. — **Willkomm, M.:** 1. Insektenschäden. Jb. Königl. sächs. Akad. für Forst- u. Landwirthe zu Tharandt 13, N. F. 6, 267/268. Leipzig 1859. — 2. Forstliche Flora von Deutschland und Österreich, 2. Aufl. Leipzig 1887. — **Wimmer, E.:** Die Lehre vom Forstschutz. Berlin 1924. — **Wolff, M.:** 1. Der Kiefernspanner (*Bupalus piniarius* L.). Beih. zur Z. Forst- u. Jagdwesen 1913. Berlin 1913. — 2. Über eine Raupenpest der Forleule (*Panolis piniperda* L.). Mitt. Kaiser Wilhelms Instituts für Landwirtschaft in Bromberg 6, 60. Berlin 1914. — 3. Biologie der Forleule, des Kiefernspanners und der Nonne. 40. Vers. des Preuß. Forst-Ver. für die Provinzen Ost- u. Westpreußen zu Braunsberg am 9. u. 10. Juni 1913. Königsberg i. Pr. 1914. — 4. Neue Studien über die Biologie von Forstinsekten. Z. Forst- u. Jagdwesen 47, 290/308. Berlin 1915. — 5. Entomologische Mitteilungen. 1. Die europäischen Trichogrammatinen unter Berücksichtigung ihrer praktischen Bedeutung als Schmarotzerinsekten. Ebenda 47, 543/555. Berlin 1915. — 6. Die Massenvermehrung der Forleule. Dtsch. Forstztg. 39, 659/662. Neudamm 1924. — 7. Über Nebenwirtspflanzen der Forleule. Ebenda 39, 739/740. Neudamm 1924. — 8. Nachschrift zu Backe, Boden- und Witterungseinflüsse beim Eulenfraß. Ebenda 39, 815/816. Neudamm 1924. — 9. Über die Lebensweise der Forleule. Dtsch. Forstwirt 6, 822/824. Berlin 1924. — 10. Über Flugzeit und Massenvermehrung der Forleule. Ebenda 6, 1290/1291. Berlin 1924. — 11. Der Fraß der Forleule in unseren Kiefernforsten. Z. Forst u. Jagdwesen 56, 576/578. Berlin 1924. — 12. Der Fraß der Forleule in unseren Kiefernforsten. Landw. Wschr. Provinz Sachsen 26, 618/619. Halle 1924. — 13. Bemerkungen zu Theorie und Praxis des Arsenbefluges. 49. Jber. über die

Vers. Märk. Forstver., S. 38/51. Neudamm 1927. — **Wolff, M.** und **A. Krausse:**
1. Die forstlichen Lepidopteren. Jena 1922. — 2. Die wichtigsten Forstinsekten
von I. Will, 2. Aufl. Neudamm 1922. — 3. Die prognostische Untersuchung von
Forleulenfraßkalamitäten und ihre Verwendung für die forstliche Praxis. Schr.
der Arbeitsgemeinschaft dtsch. Naturforsch. u. Philosophen, H. 5. Berlin. —
4. Die Krankheiten der Forleule und ihre prognostische Bedeutung für die Praxis.
Breslau 1925. — 5. Waldverderber und ihre Bekämpfung. Naturwiss. Umschau
der Chemiker-Ztg. 14, 18/20. Cöthen 1925. — 6. Die Forleule, ihre Lebensweise
und ihr verderblicher Fraß. Heger 4, 515/522. Breslau 1925. — 7. Frühdiagnose
und Kontrolle von Fraßkalamitäten im Walde sowie Vorsichtsmaßregeln beim
Arsenbeflug. Forstl. Flugbl., Nr. 7. Neudamm. — 8. (Mit **Hilf, H. H.** und **J. Liese**):
Forleule (*Panolis flammea* Schiff.). Forstl. Flugbl. Nr. 1. Neudamm.

Zederbauer, E.: Klima und Massenvermehrungen der Nonne und einiger
anderer Forstschädlinge. Mitt. aus dem forstl. Versuchswesen Österr., H. 26,
S. 53/69. Wien 1911. — **Zinke, G. G.:** Naturgeschichte der schädlichen Nadel-
holzinsekten nebst Anweisung zu ihrer Vertilgung. Weimar 1798.

Erklärung der nebenstehenden Tafel.

1. Forleulenfalter, ♂ (rötlich-braunes Extrem).
2. Forleulenfalter, ♀ (graues Extrem).
3. Forleulenfalter, ♀ (zwischen beiden Extremen liegende Färbungsvariante).
4. Frisch abgelegte Forleuleneier.
5. Eier, aus denen die Forleulenraupen geschlüpft sind.
6. Eier, aus denen *Trichogramma evanescens* Westw. geschlüpft sind.
7. Eier, die von den geschlüpften Forleulenraupen stark befressen sind.
8. Forleulenraupe nach der 1. Häutung.
9. Raupe nach der 2. Häutung (dunkelgrünes Extrem).
10. Raupe nach der 2. Häutung (hellgrünes Extrem).
11. Raupe nach der 4. Häutung (dunkelgrünes Extrem).
12. Raupe nach der 4. Häutung (hellgrünes Extrem).
13. Verpuppungsreife Raupe, Rückenansicht.
14. Verpuppungsreife Raupe, Seitenansicht.
15. Parasitierte Forleulenraupe (die Sektion der Raupe ergab: 5 lebende und
    3 tote Larven von *Ernestia rudis* Fall., 1 Ichneumonidenlarve).
16. Forleulenpuppe.
17. Parasitierte Forleulenpuppe.
18. Parasitierte Forleulenpuppe.

Vergrößerung aller Abbildungen 2:1, nur Abb. 4—6 6:1. Abbildung 1—7 und 16—18 sind von
Kunstmaler ERICH SCHRÖDER, Wilhelmshorst, 8—15 von Kunstmaler AUGUST DRESSEL, Berlin-
Friedenau gezeichnet.

Verlag von *Julius Springer* in Berlin.